本书是依据高等职业教育培养应用型高技能人才的目标，为适应工程材料与成型工艺专业教学改革的新形势而编写的。本书通过对焊接结构生产中的破坏性检测技术（如力学性能分析、金相检验、化学成分分析与腐蚀试验）和无损检测（如外观检查、射线检测、超声检测、磁粉检测、渗透检测、涡流检测）等内容的介绍，使学生掌握焊接检测的基本知识，熟悉焊接结构常用的检测方法及工艺，进而能对主要检测设备和仪器进行基本操作。

本书适合高等职业教育各类院校焊接专业使用，也可供从事焊接和检测工作的工程技术人员参考。

本书配套有电子课件，凡选用本书作为教材的教师可登录机械工业出版社教育服务网（www.cmpedu.com），注册后免费下载。本书无损检测部分的教学资源，也可登录国家精品课程资源网（www.jingpinke.com，高职高专“焊接接头无损检测”国家级精品课程）查询。

图书在版编目（CIP）数据

焊接检测技术/马世辉，李小棒主编．—北京：机械工业出版社，2013.5（2025.6重印）

国家精品课程配套教材

ISBN 978-7-111-42243-3

Ⅰ.①焊…　Ⅱ.①马…②李…　Ⅲ.①焊接-检验-高等职业教育-教材
Ⅳ.①TG441.7

中国版本图书馆CIP数据核字（2013）第080345号

机械工业出版社（北京市百万庄大街22号　邮政编码100037）
策划编辑：于奇慧　责任编辑：于奇慧　王海霞　版式设计：霍永明
责任校对：张　媛　责任印制：常天培
河北虎彩印刷有限公司印刷
2025年6月第1版第11次印刷
184mm×260mm・11.75印张・289千字
标准书号：ISBN 978-7-111-42243-3
定价：39.80元

电话服务
客服电话：010-88361066
010-88379833
010-68326294

网络服务
机　工　官　网：www.cmpbook.com
机　工　官　博：weibo.com/cmp1952
金　书　网：www.golden-book.com
机工教育服务网：www.cmpedu.com

封底无防伪标均为盗版

前　言

20世纪的最后十年，焊接技术在我国国民经济建设各个领域的应用在广度和深度方面均发生了质的飞跃，焊接结构作为焊接技术的载体，在国民经济生产的各个领域，如石油化工、船舶和海洋石油工程、军工、核设施、航空航天、冶金建筑、能源工业等，都有了广泛应用。显然，这些焊接结构必须是高质量的，否则一旦出现事故，必将造成惨重的损失。现今，焊接检测技术已被广泛应用于上述经济建设的各个领域，并在焊接结构的质量控制中起着不可替代的作用。

本书以高等职业教育培养应用型高技能人才的目标为主旨，选取知识点以“必须”、“够用”为度，叙述上力求通俗易懂、简明扼要；注重焊接检测基础知识与技能培养的结合，力求做到理论联系实际。由于焊接专业具有很强的实践性、应用性，在编写过程中结合最新行业标准，合理设置教材内容，着重培养学生解决生产现场技术问题的能力和应用新技术的能力。本书适合高等职业教育各类院校焊接专业使用，也可供从事焊接和检测工作的工程技术人员参考。

本书对焊接结构在生产中的破坏性检测（如力学性能分析、金相检验、化学成分分析与腐蚀试验）和无损检测（如外观检查、射线检测、超声检测、磁粉检测、渗透检测、涡流检测）等内容作了适当介绍。以无损检测相关内容为重点，结合现行的国家标准及行业标准，着力介绍应用，重点介绍了各种检测技术在承压设备检测中的操作方法。本书共分7章，内容包括焊接检测基础知识、焊接接头破坏性检测和目视检测、射线检测、超声检测、表面检测、非常规焊接无损检测技术及耐压试验和泄漏检测。

参加本书编写的有承德石油高等专科学校的马世辉、李小棒、刘翔宇、王爱华、吴静然；河北机电职业技术学院的张金娟；大庆职业学院的李志宇；辽宁机电职业技术学院的刘丹；烟台工程职业技术学院的王金涛、陈瑛。全书由马世辉、李小棒任主编，刘翔宇、王金涛任副主编。承德石油高等专科学校许利民教授认真审阅了全书，并提出了很多宝贵意见和建议，在此表示衷心的感谢。

限于编者水平，书中难免有不妥之处，敬请广大读者批评指正。

编　者

目　录

前言

第 1 章　焊接检测基础知识 ………………… 1

1.1　焊接检测概述 ………………… 1

1.2　金属焊接工艺缺陷 ………………… 2

习题 ………………… 13

第 2 章　焊接接头破坏性检测和目视检测 ………………… 15

2.1　破坏性检测 ………………… 15

2.2　目视检测 ………………… 22

2.2.1　目视检测概述 ………………… 22

2.2.2　目视检测设备与仪器 ………………… 22

2.2.3　目视检测操作 ………………… 26

习题 ………………… 26

第 3 章　射线检测 ………………… 28

3.1　射线检测基本原理 ………………… 28

3.1.1　射线的概念和种类 ………………… 28

3.1.2　X 射线和 γ 射线的产生 ………………… 29

3.1.3　射线照相法的原理及特点 ………………… 30

3.2　X 射线检测设备及器材 ………………… 32

3.2.1　X 射线机 ………………… 32

3.2.2　X 射线检测使用的器材 ………………… 36

3.3　射线照相质量的影响因素 ………………… 42

3.4　射线透照工艺 ………………… 45

3.4.1　射线透照参数的选择 ………………… 45

3.4.2　透照方式的选择和一次透照长度的计算 ………………… 49

3.4.3　曝光曲线的制作和应用 ………………… 53

3.5　暗室处理技术 ………………… 55

3.5.1　暗室基础知识 ………………… 55

3.5.2　暗室处理程序和方法 ………………… 57

3.6　射线照相底片的评定 ………………… 60

3.6.1　评片基本要求 ………………… 60

3.6.2　评片基础知识 ………………… 62

3.6.3　评片工作的主要步骤 ………………… 65

3.7　射线透照工艺（书面文件）和检测记录 ………………… 66

3.8　射线检测辐射防护 ………………… 69

习题 ………………… 71

第 4 章　超声检测 ………………… 73

4.1　超声检测的物理基础 ………………… 73

4.1.1　超声波简介 ………………… 73

4.1.2　超声波在介质中的传播 ………………… 74

4.2　超声检测器材与设备 ………………… 77

4.2.1　超声波探头 ………………… 77

4.2.2　超声波检测仪 ………………… 79

4.2.3　超声波检测仪和探头的主要性能及其组合性能 ………………… 84

4.2.4　试块 ………………… 86

4.2.5　耦合剂 ………………… 89

4.3　超声检测技术 ………………… 90

4.3.1　超声检测方法分类 ………………… 90

4.3.2　检测条件的选择 ………………… 95

4.4　纵波直探头检测技术 ………………… 96

4.4.1　检测仪器的调整 ………………… 96

4.4.2　扫查 ………………… 99

4.4.3　缺陷的评定 ………………… 100

4.5　横波斜探头检测技术 ………………… 105

4.5.1　检测仪器的调节 ………………… 105

4.5.2　扫查 ………………… 109

4.5.3　缺陷的评定 ………………… 110

4.6　缺陷的质量分级 ………………… 112

4.7　超声检测通用工艺规程、工艺卡和操作记录 ………………… 114

习题 ………………… 116

第 5 章　表面检测 ………………… 118

5.1　磁粉检测 ………………… 119

5.1.1　磁粉检测原理、适用

范围及特点 …………………… 119

5.1.2　磁粉检测器材和设备 …… 120

5.1.3　磁粉检测技术与工艺 …… 127

5.1.4　磁粉检测的基本步骤 …… 132

5.1.5　磁粉检测通用工艺规程和工艺卡 …………………… 135

5.2　渗透检测 …………………… 136

5.2.1　渗透检测原理及特点 …… 136

5.2.2　渗透检测材料及设备 …… 137

5.2.3　渗透检测方法 …………… 142

5.2.4　渗透检测的基本步骤 …… 144

5.2.5　渗透检测通用工艺规程和工艺卡 …………………… 146

5.3　涡流检测 …………………… 148

5.3.1　涡流检测原理及特点 …… 148

5.3.2　涡流检测器材与设备 …… 149

5.3.3　涡流检测的一般程序 …… 151

5.3.4　涡流检测通用工艺规程和工艺卡 …………………… 153

习题 …………………………………… 153

第6章　非常规无损检测技术 ………… 155

6.1　声发射检测技术 …………… 155

6.2　红外检测技术 ……………… 160

6.3　激光全息检测技术 ………… 163

6.4　其他射线检测技术 ………… 166

6.4.1　X射线实时成像检测技术 ………………………… 166

6.4.2　高能X射线照相 ………… 167

6.4.3　数字化射线成像技术 …… 168

6.4.4　X射线计算机层析成像技术 ……………………… 170

6.4.5　中子射线照相 …………… 171

6.5　磁记忆检测 ………………… 172

习题 …………………………………… 174

第7章　耐压试验和泄漏试验 ………… 175

7.1　耐压试验 …………………… 175

7.2　泄漏试验 …………………… 177

习题 …………………………………… 181

参考文献 ………………………………… 182

第1章　焊接检测基础知识

【学习目标】

1）掌握焊接检测方法的种类，金属焊接各种工艺缺陷的类型及概念。

2）了解各种缺陷产生的原因，熟悉各种缺陷的预防措施。

1.1　焊接检测概述

20世纪的最后十年，焊接技术在我国国民经济建设各个领域的应用在广度和深度方面均发生了质的飞跃，焊接结构作为焊接技术的载体，在国民经济生产的各个领域，如石油化工、船舶和海洋石油工程、军工、核设施、航空航天、冶金建筑、能源工业等，都有了广泛应用。显然，这些焊接结构必须是高质量的。现代化焊接结构生产要求实行全面质量管理，即要求产品在设计、制造、安装与维修等所有环节都实行质量保证和质量控制，对于生产过程中保证和控制质量的重要手段之一的质量检验，则要求其贯穿于整个生产过程的始终。焊接结构生产的质量检测简称焊接检测，可具体地认为是采用调查、检查、度量、试验和检验等方法，对产品的焊接质量同其使用要求不断进行比较的过程。

焊接检测是保证焊接质量的前提。焊接检测的目的是以预防为主，积极做好施焊前的各项准备工作，最大限度地避免或减少焊接缺陷的产生。焊接过程中进行检测的目的是预防和及时发现焊接缺陷，对已发生的焊接缺陷进行有效的修复，保证焊接结构（件）在制造过程中的质量。由于条件限制，焊前和焊接过程中有些检测项目无法进行，所以应在焊后对焊接结构（件）进行质量检验，以确保焊接结构（件）质量完全符合技术要求。

焊接检测按检测方法不同，可分为破坏性检测、非破坏性检测和工艺性检验。

1. 破坏性检测

破坏性检测是指直接从产品的焊接接头上取样，对其进行各种理化性能的检测。焊接接头理化性能检测项目包括力学性能试验、化学分析与试验和金相与断口的分析试验。

（1）力学性能试验　包括拉伸、弯曲及压扁、冲击、硬度、疲劳、韧度等试验。

（2）化学分析与试验　包括化学成分分析、晶间腐蚀试验和铁素体含量测定试验。

（3）金相与断口的分析试验　包括宏观组织分析、微观组织分析和断口检验与分析。

2. 非破坏性检测

非破坏性检测是采用各种物理手段检测焊接接头的致密性，而不破坏焊接结构完整性的检测方法。焊接结构的非破坏性检测包括以下内容。

（1）外观检测　包括母材、焊材、坡口、焊缝等表面质量检验，成品或半成品的外观几何形状和尺寸的检验。

（2）无损检测　无损检测方法很多，实际应用中比较常见的有以下几种：

1）常规无损检测。包括超声检测（UT，Ultrasonic Testing）、射线检测（RT，Radiographic Testing）、磁粉检测（MT，Magnetic Particle Testing）、渗透检验（PT，Penetrant Testing）和涡流检测（ET，Eddy Current Testing）。

2）非常规无损检测。包括声发射（AE，Acoustic Emission）检测、红外检测、激光全息检测和磁记忆检测等。

（3）耐压试验和泄漏试验　承压设备的容器、管道和其他某些受压部件，按相应技术监督规程的要求应做压力试验，以检验结构和焊接接头的整体强度和密封性。压力试验包括耐压试验和泄漏试验。

1）耐压试验。主要用于强度检验，包括液压试验（主要是水压试验）和气压试验。

2）泄漏试验。主要用于结构上可拆连接部位和焊接接头的密封性检验，包括气密性试验、吹气试验、载水试验、水冲试验、沉水试验、煤油试验、氨渗透试验、氦检漏试验、卤素检漏试验等。

3. 工艺性检验

工艺性检验是指在产品制造过程中，为了保证工艺的正确性而进行的检验，包括材料焊接性试验、焊接工艺评定试验、焊接电源检验、工艺装备检验、辅机及工具检验、结构的装配及质量检验、焊接参数检验、焊接热参数（预热、后热及焊后热处理）检验等。

1.2　金属焊接工艺缺陷

焊接缺欠是指在焊接接头中因焊接产生的金属不连续、不致密或连接不良的现象，简称缺欠。焊接缺欠的存在将影响焊接接头的质量，而焊接接头的质量又直接影响着焊接结构（件）的安全使用。焊接缺欠和焊接缺陷的区别是：存在焊接缺欠时，虽然焊接接头的质量和性能下降，但只要不超过规定限值，不影响设备的运行，就是允许的，不致对焊接结构的运行产生危害；焊接缺陷是焊接过程中或焊后，在接头中产生的不符合标准要求的缺欠，或者说焊接缺陷超出了焊接缺欠的规定限值，是不允许的。存在焊接缺陷的产品应被判废或进行返修，因为焊接缺陷的存在将直接影响焊接结构件的安全使用。

之所以要对焊接缺陷进行分析，一方面是为了找出缺陷产生的原因，进而在材料、工艺、结构、设备等方面采取有效措施，以防止缺陷产生；另一方面是为了在焊接结构（件）的制造或使用过程中，能够正确地选择焊接检测的技术手段，及时发现缺陷，从而定性或定量地评价焊接结构（件）的质量，使焊接检测达到预期的目的。

根据GB/T 6417.1—2005（《金属熔化焊接头缺欠分类及说明》），金属熔化焊接头焊接缺欠可根据其性质、特征分为以下6个种类（大类）：裂纹、孔穴、固体夹杂、未熔合及未焊透、形状和尺寸不良及其他缺欠。每种缺欠又可根据位置和状态进行分类。

根据GB/T 6417.2—2005（《金属压力焊接头缺欠分类及说明》），金属压力焊接头焊接缺欠可根据其性质、特征分为以下6个种类（大类）：裂纹、孔穴、固体夹杂、未熔合、形状和尺寸不良及其他缺欠。每种缺欠又可根据位置和状态进行分类。

1. 裂纹

裂纹就是在应力作用下，接头中局部区域的金属原子结合力遭到破坏所产生的缝隙。裂纹不仅会给生产带来许多困难，而且可能带来灾难性的事故。据统计，在世界上焊接结构所出现的各种事故中，除少数是由于设计不当、选材不合理和运行操作上有问题外，绝大多数是由裂纹引起的脆性破坏。因此，裂纹是导致焊接结构发生破坏的主要原因。

在焊接生产中，由于钢种和结构类型的不同，可能出现各种裂纹，如图 1-1 所示。裂纹按其产生的本质不同，大体上可以分为以下五大类：热裂纹、再热裂纹、冷裂纹、层状撕裂和应力腐蚀开裂裂纹。

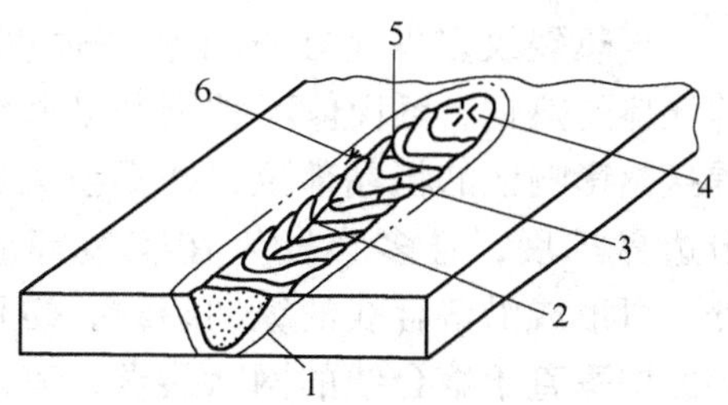

图 1-1　各种裂纹的外观

1—热影响区　2—纵向裂纹　3—间断裂纹　4—弧坑裂纹　5—横向裂纹　6—枝状裂纹

（1）热裂纹　热裂纹是焊接生产中比较常见的一种缺陷，从常用的低碳钢、低合金钢到奥氏体不锈钢、铝合金和镍基合金等都有产生热裂纹的可能。热裂纹可分为结晶裂纹、液化裂纹和多边化裂纹三类。

1）结晶裂纹。结晶裂纹是指在焊缝金属凝固后期，低熔点共晶（如碳钢和低合金高强度结构钢中的磷、硅、镍，不锈钢、耐热钢中的硫、磷、硼、锆等）被排挤在与柱状晶交遇的中心部位，形成液态薄膜，此时在由收缩产生的拉伸应力的作用下，这个液态薄膜的薄弱地带将开裂而形成结晶裂纹，也称为凝固裂纹。

结晶裂纹的特征是沿奥氏体晶界开裂，其敏感的温度区间是固相线温度以上稍高的温度（固液状态）。结晶裂纹的形态和分布如图 1-2 所示，这种裂纹易产生在含硫、磷杂质较多的碳钢、单相奥氏体钢、镍基合金和某些铝合金的焊缝中。

2）液化裂纹。在焊接热循环峰值温度的作用下，由于近缝区或多层焊层间部位的被焊金属含有较多的低熔点共晶而被重新熔化，在拉伸应力的作用下沿奥氏体晶界发生开裂的裂纹称为液化裂纹。

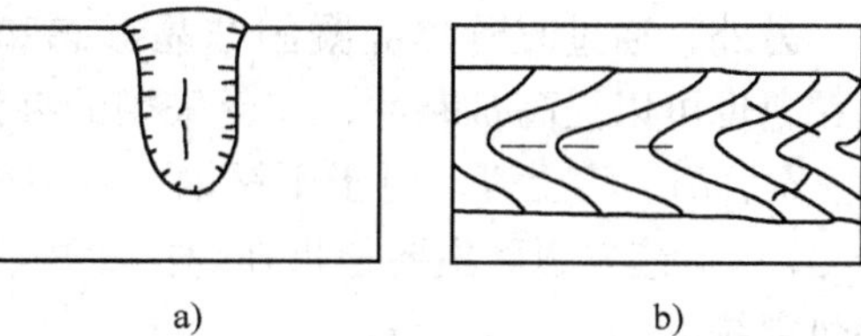

图 1-2　结晶裂纹的形态和分布

a）沿焊缝中心线分布　b）斜向分布

液化裂纹主要发生在含有铬、镍的高强度钢、奥氏体钢，以及某些镍基合金的近缝区或多层焊的层间部位。当母材和焊丝中的硫、磷、碳、硅含量偏高时，液化裂纹的倾向将显著提高，其形态和分布如图 1-3 所示。

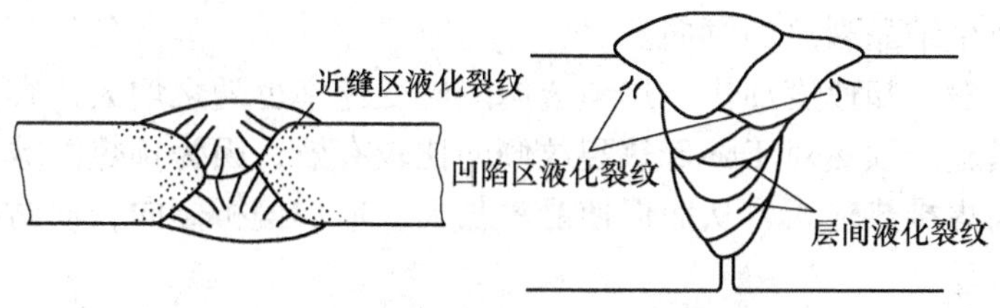

图 1-3　液化裂纹的形态和分布

3）多边化裂纹。多边化裂纹多数产生于焊缝中，它是在形成多边化（已经凝固的晶粒中，在一定的温度和应力下形成二次边界）的过程中，由于焊接材料在高温下的塑性很低而造成的，故又称高温低塑性裂纹。多边化裂纹多发生在纯金属或单相奥氏体合金的焊缝中和热影响区处或多层焊的前层焊缝中，其发生部位比液化裂纹距熔合线更远一点。

（2）再热裂纹　采用含有某些沉淀强化合金元素钢材的厚板焊接结构，在进行消除应力热处理或在一定温度下工作的过程中，在焊接热影响区粗晶部位产生的裂纹称为再热裂纹。由于这种裂纹是在再次加热过程中产生的，故称为再热裂纹，又称为消除应力处理裂纹，简称 SR 裂纹，如图 1-4 所示。

再热裂纹多发生在低合金高强度结构钢、珠光体耐热钢、奥氏体不锈钢和某些镍基合金焊接热影响区的粗晶部位，并沿粗大奥氏体晶粒边界扩展，且多半发生在咬边等应力集中处。可形成沿熔合线的纵向裂纹，也可形成粗晶区中垂直于熔合线的网状裂纹，其断口呈被氧化的颜色。

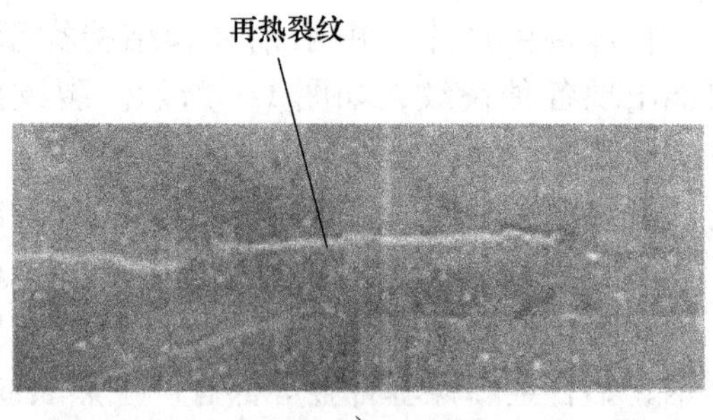

a)

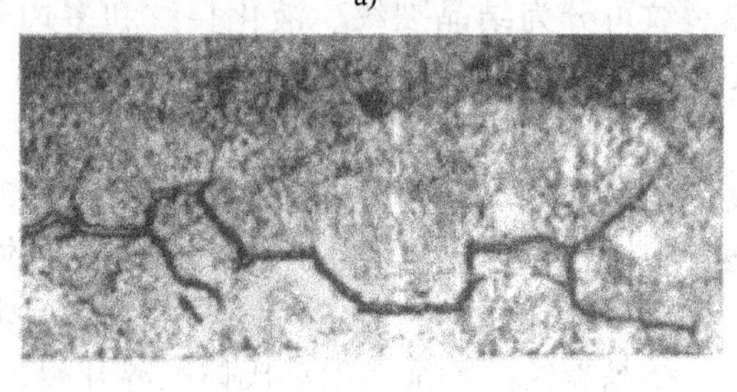

b)

图 1-4　再热裂纹（位于下熔合线附近）

a）缺陷全貌　b）局部放大（200×）

热裂纹和再热裂纹的预防措施简述如下：

1）冶金方面。焊接低碳钢、低合金钢时，有害元素 S、P、C 不仅能形成低熔共晶，还能促进偏析，从而增大结晶裂纹的敏感性。为了消除它们的有害作用，应尽量限制母材和焊接材料中 S、P、C 的含量；同时，可在焊接材料中加入适量的 Mn、Ti、Zr 等合金元素，以克服 S、P 的不良作用，提高焊缝抗热裂纹的能力。重要的焊接结构应采用碱性焊条或焊剂。

另外，通过改善焊缝凝固结晶形态和细化晶粒，也可以提高抗裂性，广泛采用的办法是向焊缝中加入细化晶粒元素，如 Mo、V、Ti、Ni、Zr、Al、稀土等。对于不锈钢，希望得到铁素体相低于 5% 的双相组织焊缝。

2）工艺方面。主要是指在焊接参数、预热、材质、接头设计和焊接顺序等方面预防焊接热裂纹。

①　焊接参数。提高焊缝成形系数可以提高焊缝的抗裂性能，而为了控制成形系数，必须合理调整焊接参数。平焊时，焊缝成形系数随焊接电流的增大而减小，随焊接电压的增大而增大；焊接速度提高时，不仅焊缝成形系数会减小，而且由于熔池形状改变，焊缝的柱状晶将呈直线状，从熔池边缘垂直地向焊缝中心生长，最后在焊缝中心线上形成明显的偏析层，从而增大了产生结晶裂纹的倾向。

②　预热。一般冷却速度加快，焊缝金属的应变速率也随之增大，容易产生热裂纹。为此，应采取缓冷措施。预热对于降低热裂纹倾向比较有效，因为预热能减慢冷却速度；但预热温度过高将提高焊接热输入，从而促使晶粒长大，增加偏析倾向，使防裂效果不明显，甚至适得其反。

③　材质。采用碱性焊条和焊剂，其熔渣具有较强的脱硫能力，因此具有较高的抗热裂能力。

④　接头设计和焊接顺序。焊接接头的形式不同，将影响接头的受力状态、结晶条件和热量分布等，因而热裂纹的倾向也不同。表面堆焊和熔深较浅的对接焊缝的抗裂性较好；熔深较大的对接焊缝和角焊缝的抗裂性能较差，因为这些焊缝的收缩应力方向基本垂直于杂质聚集的结晶面，故其产生热裂纹的倾向较大。

为了减小结晶过程中的收缩应力，在接头设计和焊接顺序安排方面应尽量降低接头的刚度和拘束度。例如：在设计上减小焊接结构的板厚，合理布置焊缝；在施工上合理安排焊件的装配顺序和每条焊缝的先后顺序，避免在焊缝处于刚性拘束状态下进行焊接，设法让每条焊缝有较大的自由度。起弧时用引弧板慢速起弧，断弧时用引出板逐渐断弧，以减少弧坑裂纹的产生。对于厚板焊接结构，常采用多层焊，其裂纹倾向比单层焊有所缓和，但应注意控制各层的熔深。在焊接接头处避免应力集中（如错边、咬肉、未焊透等），也是降低裂纹倾向的有效方法。

（3）冷裂纹　冷裂纹是焊接过程中最为普遍的一种裂纹，它是焊后冷却至较低温度时产生的。对于低合金高强度结构钢，冷裂纹大约出现在钢的马氏体转变温度 *Ms* 附近，是由拘束应力、淬硬组织和扩散氢的作用产生的。冷裂纹主要发生在低、中合金钢和中、高碳钢的焊接热影响区，如图 1-5a、b 所示；个别情况下，如焊接超高强度钢或某些钛合金时，冷裂纹也出现在焊缝金属上，如图 1-5c 所示。

1）淬火裂纹（淬硬脆化裂纹）。一些淬硬倾向很大的钢种，其焊接时即使没有氢的诱发，仅在应力的作用下也能导致开裂。焊接含碳量较高的 Ni-Cr-Mo 钢、马氏体不锈钢、工具钢及异种钢等时，都有可能出现这种裂纹。淬火裂纹完全是由于冷却时发生马氏体相变而脆化造成的，焊后常立即出现，在热影响区和焊缝上都可能发生。

2）氢致裂纹。氢致裂纹是具有延迟特征，即焊后经过数小时、数日甚至更长时间才出现的冷裂纹，因此也称为延迟裂纹。氢致裂纹按分布情况可分为焊趾裂纹、焊道下裂纹和焊根裂纹，如图 1-5 所示。普通低合金钢的氢致裂纹在焊后 24h 内产生（一般情况下，焊趾裂纹发生在焊后数分钟内，焊道下裂纹发生在焊后数小时），高合金钢则在焊后 10 天内产生。氢致裂纹产生时，有时可察觉到断裂的响声。

焊趾裂纹起源于焊缝与母材交叉处有明显应力集中的部位，一般由焊趾表面开始向母材深处延伸，可能沿粗晶区扩展，也可能向垂直于拘束方向的细晶区或母材扩展，裂纹的取向经常与焊缝纵向平行。另外，对于焊接结构中 X 形坡口的对接接头及 K 形坡口的 T 形接头，在咬边或其他形状缺陷的影响下，易产生焊趾裂纹。

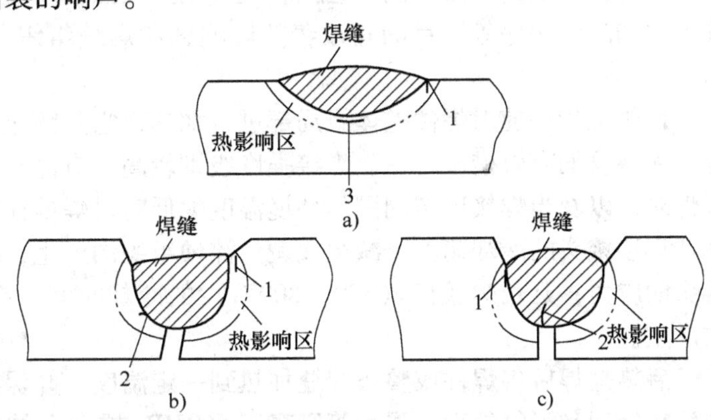

图 1-5　焊接接头区的冷裂纹分布形态

1—焊趾裂纹　2—焊根裂纹　3—焊道下裂纹

一般情况下，焊道下裂纹的取向与熔合线平行，经常发生在淬硬倾向大的材料中，位于热影响区的粗晶内。当钢中沿轧制方向有较多和较长的 MnS 系夹杂物时，焊道下裂纹也可按沿轧制方向分布的硫化物呈阶梯状扩展。

焊根裂纹起源于焊缝根部最大应力处，随后在拘束应力的作用下向焊缝内或热影响区扩展。裂纹出现的部位取决于焊缝金属及热影响区的强度、伸长率和根部形状。

3）低塑性脆化裂纹。某些塑性较低的材料冷却至低温时，由于收缩而引起的应变超过了材料本身所具有的塑性储备或材质变脆而产生的裂纹，称为低塑性脆化裂纹。例如，补焊铸铁、堆焊硬质合金和焊接高铬合金时，就容易出现这类裂纹。低塑性脆化裂纹通常是在焊后立即产生，无延迟现象。

4）冷裂纹的预防措施。钢种的淬硬倾向、焊缝中的氢含量及其分布、焊接接头的拘束应力状态是影响冷裂纹形成的三大要素。

焊接时，钢种的淬硬倾向越大，越容易产生冷裂纹。

当焊接热影响区中氢的含量足够高时，能使具有马氏体组织的热影响区进一步脆化，形成焊道下裂纹；当氢的含量稍低时，仅在有应力集中的部位出现裂纹，容易形成焊趾裂纹和焊根裂纹。

拘束应力主要由不均匀加热和冷却过程中产生的温度应力、金属相变时由于体积变化引起的组织应力和焊接结构在拘束条件（如结构形式、焊接位置、施焊顺序及方向、构件刚性等）下产生的应力三部分组成。

三大影响因素对冷裂纹产生的影响既有各自的内在规律，又相互联系、相互依赖。焊接冷裂纹的预防措施就是对三大影响因素进行控制：

① 控制母材的化学成分，尽量选择碳当量低或对冷裂纹敏感度小的钢材，使钢种的淬硬倾向减小，从而使产生冷裂纹的可能性减小。

② 减少氢的来源，改善焊缝金属的塑性和韧性。例如：焊前严格烘干焊条和焊剂；选用优质的低氢和超低氢焊接材料；选用强度级别比母材略低的焊条，以减小焊接应力，降低冷裂倾向；选用奥氏体焊条焊接淬硬倾向较大的低、中合金高强度钢；向焊接材料中加入某些合金元素，如 Mo、V、Ti、Nb、B、稀土等韧化焊缝。

③ 正确选择焊接工艺。包括合理选定焊接热输入、预热、层间温度、后热、焊后热处理方法和施焊顺序等。目的是改善热影响区和焊缝组织，促使氢的逸出及减小焊接拘束应力。

预热是指焊前对焊件整体或局部进行加热，它是防止厚板、低合金和中合金钢接头产生焊接冷裂纹的有效措施之一。焊接强度级别较高、有淬硬倾向、导热性能良好或厚度较大的焊件时，以及当焊接区域周围的环境温度太低时，焊前往往需要对焊件进行预热。预热可以降低焊接接头的冷却速度，减少或避免淬硬组织的产生；减小焊接区的温度梯度，降低焊接接头的应力；延长焊接区（500～800℃）的冷却时间，有利于氢的逸出，从而可防止冷裂纹产生。

后热是焊后将焊件或整条焊缝加热到一定温度，并保温一段时间后空冷的措施，包括低温后热处理和消氢处理。强度等级高于 650MPa 或合金的总质量分数大于 3% 的低合金钢和中合金钢的厚壁多层焊缝中，经常产生相对于焊缝横向分布的延迟冷裂纹。为了避免氢在焊缝表层下富集，防止横向延迟裂纹产生，可进行消氢处理。消氢处理的温度为 300～400℃，时间为 1～2h，必须在焊接结束后立即进行。

消除应力退火是一种重要的焊后热处理方法。消除应力退火是指将焊件以一定速度均匀地加热到 Ac_1 以下足够高的温度（530～620℃），保温一段时间后随炉冷却到 300～400℃，最后空冷。消除应力退火有以下作用：减小焊接接头中的残余应力，消除冷作硬化，提高焊接接头抗脆性断裂和耐应力腐蚀的能力；改善焊接接头的金相组织，提高其塑性；消除焊缝中的氢气，提高焊接接头的抗裂性和韧性。

④ 加强工艺管理。许多焊接裂纹缺陷并不是由选材不当或设计不合理造成的，而是由施工质量差造成的。因此施工时应注意以下问题：

- 仔细清理焊接坡口及其两侧 30mm 的区域，以去除铁锈、油污和水分等，并防止已清理过的坡口被再次污染。不得使用未经烘干的焊条或焊剂，若条件允许，每位焊接操作者都应配备焊条保温筒，保证使用前焊条处于干燥状态。

● 提高装配质量，避免因出现过大错边或装配间隙而造成未焊透、夹渣或焊缝成形不良等缺陷。尽量不使用夹具进行强制装配，以免造成过大的装配应力和拘束应力，这些都会增加冷裂倾向。

● 对于重要结构，如压力容器等，严格要求操作者遵守持证上岗制度，按工艺规程操作，防止产生气孔、夹渣、未焊透、咬边等工艺缺陷，因为这些缺陷将构成局部应力集中，成为氢的富集场所，从而增加了冷裂倾向。

● 注意施工环境，避免在阴雨潮湿天气下施工；冬天在室外焊接时，要采取防风雪措施，以免焊缝过快地冷却。

（4）层状撕裂　大型厚壁结构在焊接过程中，会沿钢板的厚度方向出现较大的拉伸应力，如果钢中有较多的夹杂物，则会沿钢板轧制方向出现一种台阶状的裂纹，一般称其为层状撕裂。层状撕裂属于低温开裂，一般低合金钢的撕裂温度不超过400℃。层状撕裂易发生在低合金高强度钢厚壁结构的T形接头、十字接头和角接头处，如图1-6所示。

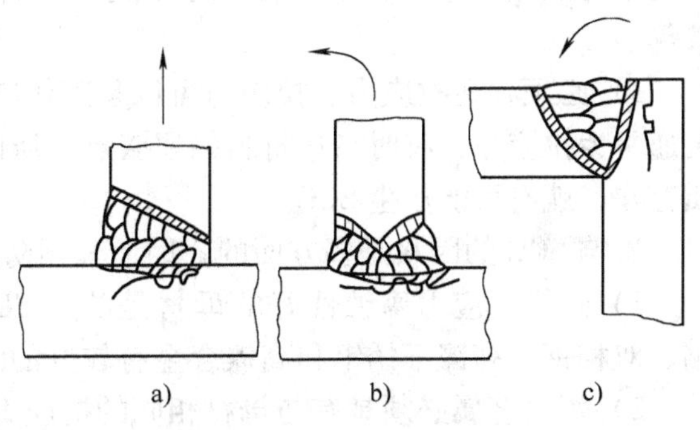

图1-6　层状撕裂的类型

a）由焊根裂纹引起　b）由夹杂物开裂后沿热影响区扩展　c）产生在母材厚度中心附近

层状撕裂的主要类型及产生原因和预防措施见表1-1。

表1-1　层状撕裂的主要类型及产生原因和预防措施

主要类型	产生原因	预防措施
焊根或焊趾处，由冷裂等引起的层状撕裂	1）由冷裂引起（淬硬及拘束应力） 2）轧制成条、片状的MnS夹杂 3）由角变形引起的弯曲拘束应力或由缺口引起的应力、应变集中 4）氢脆	1）降低钢材的焊接冷裂敏感性 2）降低钢材中的含硫量，选用精炼的抗层状撕裂用钢 3）防止角变形，改善接头形式及坡口形状，从而防止应力、应变集中 4）降低焊缝中的含氢量
以夹杂物为裂纹源并沿热影响区扩展的层状撕裂	1）MnS、SiO_2、Al_2O_3等夹杂物 2）存在Z向拉伸拘束应力 3）氢脆	1）降低钢中硫、磷、硅、铝等的含量，并在钢中加入适量稀土元素 2）改善钢材的轧制条件和热处理工艺 3）缓和外部的Z向拘束 4）提高焊接金属的塑性并降低含氢量
远离热影响区，在板厚中央部位出现的层状撕裂	1）MnS、SiO_2、Al_2O_3等夹杂物 2）弯曲拘束产生的残留应力 3）应变失效	1）选用耐层状撕裂用钢 2）对轧制钢板端面进行机械加工并仔细进行装配 3）改善接头形式和坡口形状 4）预热堆焊层

（5）应力腐蚀开裂裂纹　应力腐蚀开裂（Stress Corrosion Cracking，SCC）是在拉应力和腐蚀介质的共同作用下产生裂纹的一种现象，图1-7所示是典型的应力腐蚀开裂裂纹。

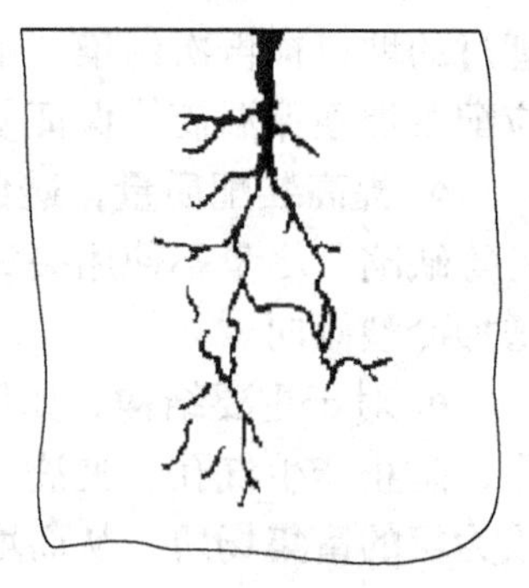

图1-7　典型的应力腐蚀开裂裂纹

形成应力腐蚀开裂裂纹的基本条件是：

1）材质必须是合金，也包括含微量元素的合金；纯金属一般不会发生应力腐蚀开裂裂纹。

2）材质与介质相匹配。金属材料并非与任何介质作用都会产生应力腐蚀开裂裂纹，而是有一定的匹配关系。例如：低碳钢与氢氧化钠水溶液（沸腾）、硝酸盐水溶液、海水等；奥氏体不锈钢与氯化铵水溶液、海洋气氛、海水、硫酸+氯化物水溶液等。

3）必须存在拉应力。拉应力可以是工作应力或残余应力，焊接残余应力在焊缝及近缝区通常为拉应力，有时高达材料的屈服点。所以，即使焊接结构不承受载荷，只要有腐蚀介质存在，就有可能产生SCC。

影响SCC的因素是多方面的，因此其预防途径也是多方面的：

1）选用抗应力腐蚀性好的母材是防止SCC的根本措施之一。当前，高铬铁素体不锈钢、双相钢、高镍不锈钢和高镍合金有较好的耐应力腐蚀性能。

2）焊缝金属必须具有与母材相同的抗应力腐蚀能力，因此焊缝的化学成分应尽可能与母材一致。许多试验表明，在高温下工作的18-8型不锈钢，其抗应力腐蚀性能随着含碳量的增加而降低，所以选用焊接材料时以低碳或超低碳为好。

3）零部件从成形加工到组装都可能引起残余应力，而残余应力是引起应力腐蚀开裂裂纹的原因之一。因此，必须严格控制组装质量，如保证各零部件下料尺寸准确、避免进行强力组装等。

4）在焊接工艺方面，主要是防止产生焊接热影响区硬化和应力集中，可以通过调节焊接热输入和焊接顺序等来进行控制。对于奥氏体钢，因无淬硬问题，因此主要是防止晶粒粗大，焊接时适当采用小的焊接热输入；对于易淬硬的钢，则应适当增大焊接热输入。另外，应根据结构特点制订出使焊接应力最小的焊接顺序。

5）焊后消除应力不仅可降低冷裂、脆断的倾向，还可以防止产生SCC和改善焊接接头的组织，因此对一些重要的焊接结构（包括在腐蚀介质条件下工作的）都要进行消除应力处理。

6）采用表面工程技术。近年来，表面工程的应用范围日益扩大，并在预防应力腐蚀开裂裂纹方面取得了令人满意的效果。其做法是在与腐蚀介质接触的一侧喷涂耐腐蚀层、塑料涂层，或在表面堆焊不锈钢等。

2. 气孔和夹杂

气孔和夹杂是焊接生产中经常出现的一种缺陷，它们不仅会削弱焊缝的有效工作截面，还会造成应力集中，从而显著降低焊缝金属的强度和韧性，对动载强度和疲劳强度更为不利。在个别情况下，气孔和夹杂还会引起裂纹。

（1）气孔　焊接熔池在结晶过程中，由于某些气体来不及逸出而残存在焊缝中形成气孔。气孔是焊接接头中常见的缺陷，碳钢、高合金钢、有色金属焊接接头中都可能产生气孔。

根据分布形态不同，气孔可分为均布气孔、密集气孔和链状气孔。均布气孔在焊缝中分布均匀，密集气孔则是许多气孔聚集在一起形成气孔带，链状气孔与焊缝轴线平行呈串状。

根据形状不同，气孔又分为球形气孔、长条形气孔和虫形气孔等。不同形状的气孔在焊缝中的分布形态如图 1-8 所示。球形气孔在焊缝中的形态近似于球形的孔穴；长条形气孔是在长度方向与焊缝轴线近似平行的非球形长气孔；虫形气孔是由于气孔在焊缝金属中上浮而引起的管状孔穴，其位置和形状取决于焊缝金属的凝固形式和气体的来源，通常成群出现并呈“人”字形分布。

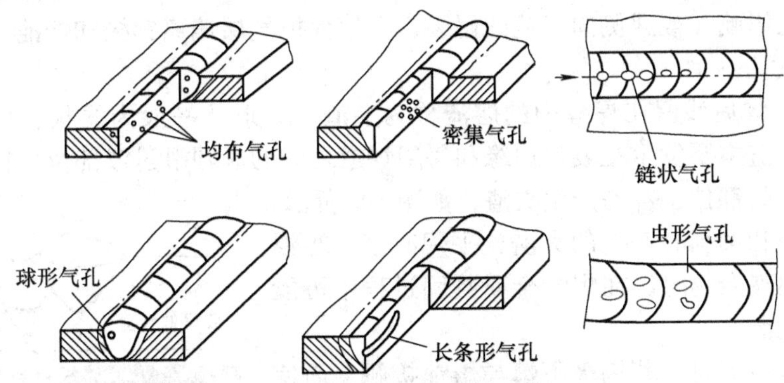

图 1-8　不同形状的气孔在焊缝中的分布形态

根据产生气孔的气体种类，焊缝中的气孔主要有氢气孔、氮气孔和 CO 气孔，其特征与分布情况见表 1-2。

表 1-2　气孔的特征与分布情况

名称	特　征	分　布
氢气孔	断面形状多为螺纹形，从焊缝表面看呈喇叭形，其四周有光滑的内壁	焊缝表面
氮气孔	与蜂窝相似，常成堆出现	焊缝表面
CO 气孔	表面光滑，呈虫形	多产生于焊缝内部，沿其结晶方向分布
鱼眼气孔	在含氢量较高的焊缝金属中出现的鱼眼状缺陷。实际上是圆形或椭圆形气孔，在其周围分布有脆性解理扩展的裂纹，形成围绕气孔的白色环脆断区，形貌如鱼眼	横焊时，常出现在坡口上部边缘；仰焊时，常分布在焊缝底部或焊层中，有时也出现在焊道的接头部位及弧坑处

防止焊缝中出现气孔的措施如下：

1）焊前必须对焊丝表面、坡口及其附近 20～30mm 的范围进行清理，去除表面锈蚀、氧化膜、油污和水分等杂质，露出金属光泽。焊条、焊剂必须防潮，烘干后放在专用烘干箱或保温筒中保管，随用随取。一般碱性焊条的烘干温度为 350～450℃，酸性焊条为 200℃左右。

2）空气侵入熔池是产生气孔的原因之一，如进行焊条电弧焊时，若电弧电压太高，会使空气中的氮侵入熔池，从而出现氮气孔。

3）进行气体保护焊时，保护气体的纯度、流量对焊接质量有较大影响。如氩气中所含的氧、氮超过标准规定时，会降低氩气的保护性能，使焊缝气孔增加、电弧不稳定。当氩气流量太大时，不仅会造成浪费，而且会产生紊流，将空气卷入保护区，从而降低保护效果；反之，当氩气流量过小时，电弧挺度不够，保护气体排除周围空气的能力减弱，同样会使保护效果变差。另外，进行气体保护焊时必须防风，焊枪喷嘴前端保护气体的流速一般为 2m/s 左右，如果风速超过此值，则保护气体不能稳定而成为紊流状态。

4）正确选用焊接材料，适当调整熔渣的氧化性。例如：为减小 CO 气孔的产生倾向，可适当降低熔渣的氧化性；为减小氢气孔的产生倾向，可适当增加熔渣的氧化性。

5）正确选取焊接参数，如 TIG（钨极惰性气体保护电弧焊）焊接速度过快时，由于空气对保护气层的影响，或遇侧向气流的侵袭，会使保护气层偏离钨极和熔池，从而使保护效果变差，产生气孔。

（2）夹杂　焊后残留在焊缝中的熔渣称为夹渣，其形状一般为线状、长条状、颗粒状及其他形式。夹渣主要发生在坡口边缘和每层焊道之间的非圆滑过渡部位，在焊道形状发生突变或存在深沟的部位也容易产生夹渣，如图 1-9 所示。

横焊、立焊和仰焊时产生的夹渣比平焊时多。当混入细微的非金属夹杂物时，在焊缝金属凝固过程中可能产生微裂纹或孔洞。

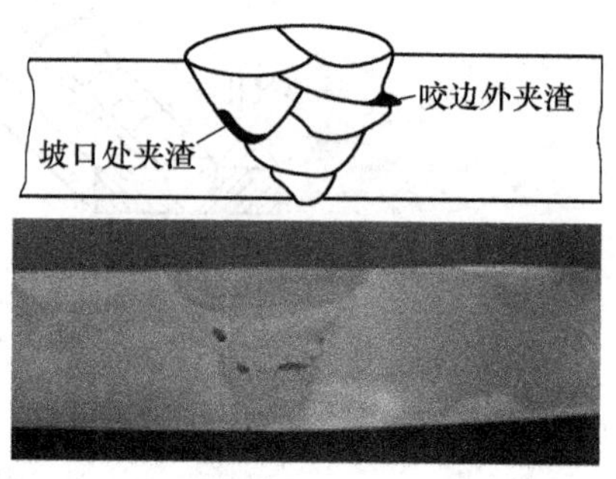

图 1-9　固体夹渣

进行钨极氩弧焊时，若钨极不慎与熔池接触，而使钨颗粒进入焊缝金属中，将造成夹钨缺陷。焊接镍铁合金时，其与钨形成合金，即使用 X 射线检测也很难发现。

防止焊缝中产生夹杂的重要措施是控制原材料（包括母材和焊丝）中的夹杂物含量，正确选择焊条、焊剂等，进行脱氧、脱硫处理。其次是注意工艺操作方法，例如：选用合适的焊接参数，以利于熔渣的浮出；多层焊时，应注意清除前层焊缝的熔渣；焊条要适当地摆动，以便熔渣浮出；操作时注意保护熔池，防止空气侵入。

3. 未焊透和未熔合

未焊透对焊接结构的直接危害是减小承载截面面积，降低焊接接头的力学性能。未焊透引起的应力集中远比强度降低的危害性要大，承受交变载荷、冲击载荷、应力腐蚀或在低温下工作的焊接结构，常常由此导致脆性断裂。未熔合不仅减小了焊接结构的有效厚度，而且在工件使用过程中，未熔合的边缘处容易产生应力集中，并在此处向外扩展形成裂纹，从而导致整个焊缝开裂。

（1）未焊透　未焊透是焊接接头根部未完全熔透的现象。单面焊和双面焊时都可能产生未焊透缺陷，未焊透在焊缝中的形态特征如图 1-10 所示。

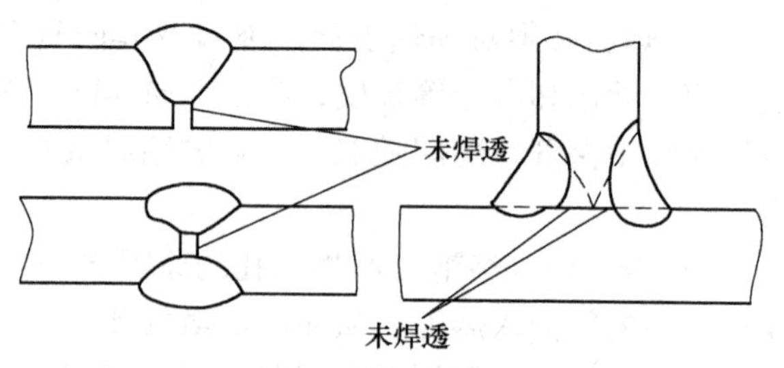

图 1-10　未焊透

1）未焊透缺陷产生的原因：焊接参数选择不当，如焊接电流太小、运行速度太快、焊条角度不当、电弧发生偏吹、对接间隙太小及坡口角度不当等，未焊透与焊接冶金因素关系不大；操作失误，如进行不开坡口的双面埋弧焊时中心对偏等；坡口加工不良，如钝边太厚，或一侧厚一侧薄，加上焊接电流太小等。

2）未焊透缺陷的预防措施：使用较大的电流进行焊接是预防未焊透缺陷的基本方法。对于角焊缝，用交流代替直流可防止磁偏吹。另外，合理设计坡口并保持坡口清洁、采用短弧焊等措施，也可以有效防止未焊透缺陷的产生。

（2）未熔合　在焊缝金属和母材或焊道金属与焊道金属之间未完全熔化结合的部分称为未熔合。未熔合常出现在坡口的侧壁、多层焊的层间及焊缝的根部，如图1-11所示。未熔合有时间隙很大，与熔渣难以区别；有时虽然结合紧密但未焊合，往往会在未熔合区末端产生微裂纹。

1）未熔合缺陷产生的原因：焊接面未清理干净，有油污或铁锈；坡口形状不合理，有死角；焊接电流太小；焊枪没有充分摆动；焊工擅自提高电流以加快焊接速度等。

2）未熔合缺陷的预防措施：采用较大的焊接电流，正确进行施焊操作和保持坡口清洁。

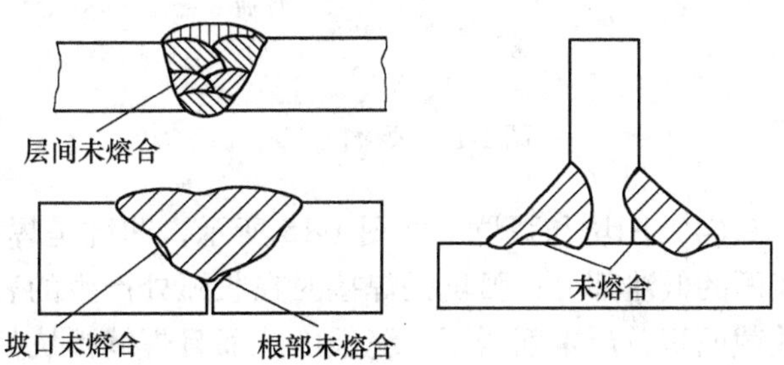

图1-11　未熔合

4. 形状缺陷和其他缺陷

（1）咬边　咬边是指沿着焊趾，在母材部分形成的凹陷或沟槽，如图1-12所示。咬边减小了母材的有效截面积，降低了焊接结构的承载能力，同时还会造成应力集中，甚至发展为裂纹源。

咬边易在立焊、仰焊时产生，其产生原因主要是：焊接电流过大或焊接速度太慢；焊条角度和摆动不正确或运条不当；立焊、横焊和角焊时电弧太长。

（2）焊瘤　焊瘤是在焊接过程中，熔化金属流溢到焊缝以外的未熔化母材金属上，在焊缝边缘处形成的与母材未熔合的堆积物，如图1-13所示。焊瘤不但影响焊缝强度，而且经常与未焊透和夹渣等其他缺陷共同存在，严重影响了焊缝的质量。

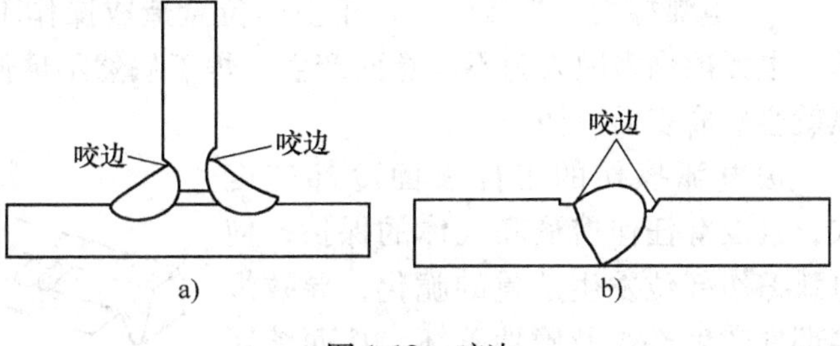

图1-12　咬边

a）角焊缝咬边　b）对接焊缝咬边

焊瘤产生的原因主要是：坡口太小；焊接操作不当，电压过低，焊速不合适；焊条角度不正确或电极未对准焊缝；运条不正确。

（3）烧穿和下塌　烧穿是在焊缝上形成的穿透性孔洞，可能导致熔化金属向下流漏，使焊缝的连续性和致密性受到破坏，如图1-14a所示。

穿过单层焊缝根部，或在多层焊接接头中穿过前道熔敷金属塌落的过量焊缝金属称为下塌，如图1-14b所示。

焊接薄板或管子时易产生烧穿和下塌。造成烧穿和下塌的原因可能是焊接电流过大、焊接速度过慢、接头组装间隙太大、钝边太小等。为防止烧穿的产生，应尽量避免焊件的加热温度过高，严格控制焊接电流、焊接速度和接头间隙的大小；必要时可以沿焊缝进行间距较小的定位焊，然后缩短电弧进行快速焊或在背面加垫板。

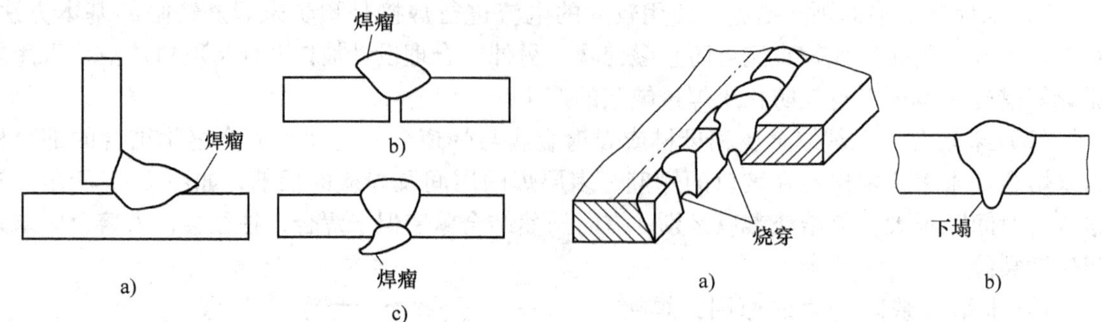

图 1-13　焊瘤

图 1-14　烧穿和下塌
a）烧穿　b）下塌

（4）凹坑与弧坑　如图 1-15 所示，凹坑是焊后在焊缝表面或焊缝背面形成的低于母材表面的低洼部分；弧坑是焊接时在收弧处产生的表面下陷现象。凹坑和弧坑减小了焊缝的有效截面积，严重削弱了焊缝强度，而且焊缝弧坑处经常产生火口裂纹。

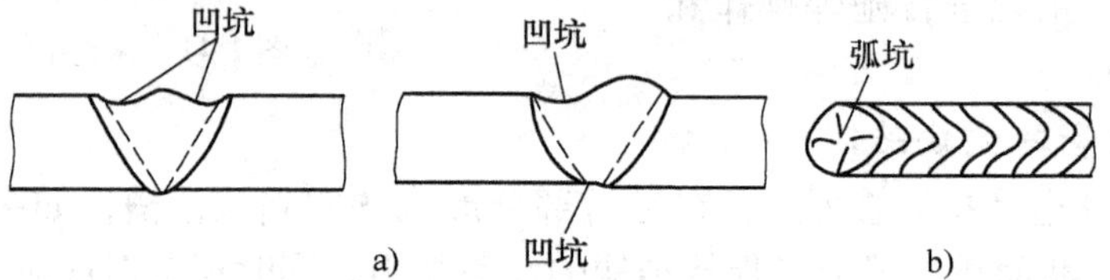

图 1-15　焊接凹坑与弧坑
a）凹坑　b）弧坑

（5）电弧擦伤与飞溅

1）电弧擦伤。焊接时，由于空间位置造成操作不便极易产生电弧擦伤，如图 1-16a 所示。电弧擦伤多因人为不注意而产生，焊工偶然不慎使焊条与施焊部位表面发生接触引起电弧就会造成表面擦伤。

被电弧擦伤的工件表面冷却速度快，且没有任何熔渣和气体的保护，使电弧擦伤部位发生严重的脆化，导致焊接部件产生裂纹及脆性破坏，从而缩短了焊接件的使用寿命，甚至会引发事故。

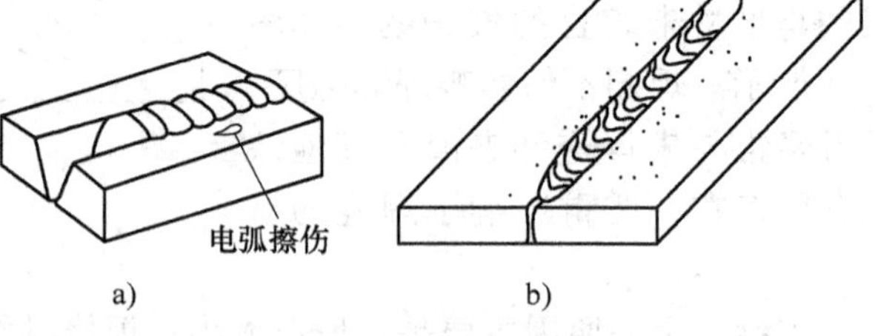

图 1-16　电弧擦伤和飞溅
a）电弧擦伤　b）飞溅

2）飞溅。熔焊过程中，熔化的金属颗粒和熔渣向周围飞散的现象称为飞溅。对于不锈钢焊接结构件，飞溅缺陷会降低其耐蚀能力。

为避免飞溅的产生，焊接时必须选用质量合格的焊条，并按规定对其进行烘干处理。采用碱性焊条时，应尽量缩短电弧，选用适当的焊接电流，并避免采用飞溅严重的 CO_2 气体保护焊进行焊接。焊接不允许有飞溅的不锈钢件时，可以在焊缝两侧覆盖一层厚涂料（如白垩粉）。

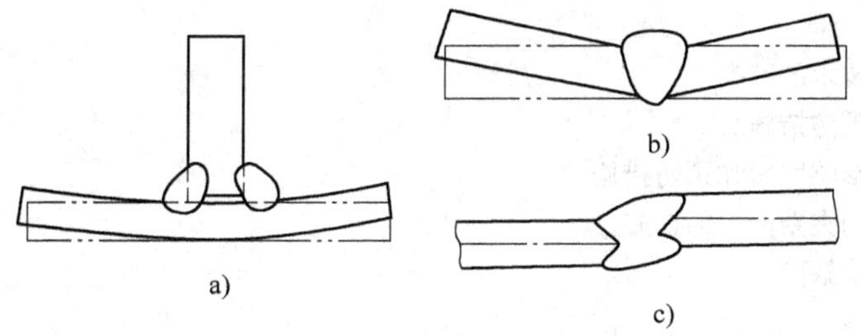

图1-17 角变形和错边

a）角焊缝角变形 b）对接焊缝角变形 c）错边

（6）角变形，错边和焊缝尺寸、形状不符合要求 角变形，错边和焊缝尺寸、形状不符合要求也是常见的焊缝外观缺陷，如图1-17和图1-18所示。

从结构因素看，角变形程度与坡口形状和板厚有关系，如对接焊缝V形坡口比X形坡口的角变形大，中等板厚比厚板和薄板的角变形大。从工艺上看，焊接顺序、焊接夹具质量、热输入及采取的反变形措施等对角变形程度都有影响。

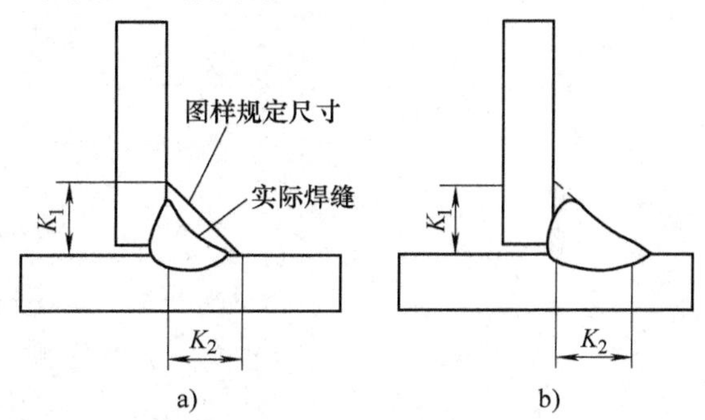

图1-18 角焊缝的尺寸缺陷

a）焊脚尺寸K_1、K_2偏小 b）焊脚尺寸K_1偏小、K_2偏大

如果焊前装配质量得到保证，则错边的主要原因是焊接过程中对接边的热不平衡，如焊偏或接头两侧夹具夹紧情况不同等。

坡口不合适、装配间隙不均匀、焊接规范不正确、焊条角度或运条手法不当等，可能造成焊缝尺寸、形状不符合要求。

习 题

一、填空题

1. 焊接检测按检验方法不同，可分为________检测、________检测和工艺性检验。

2. 破坏性检测是指直接从产品的焊接接头上取样，对其进行各种理化性能的检验。焊接接头理化性能检验项目包括________试验、________与试验和________试验。

3. 常规无损检测方法有________、________、________、________、________五种。

4. 在焊接生产中，由于钢种和结构类型的不同，可能出现各种裂纹。按照产生裂纹的本质不同，大体上可以分为以下五大类：________、________、再热裂纹、层状撕裂和应力腐蚀开裂裂纹。

5. 热裂纹是焊接生产中比较常见的一种缺陷，热裂纹可分为________、________和________三类。

6. 钢种的淬硬倾向、焊缝中的氢含量及其分布、焊接接头的拘束应力状态是影响________裂纹形成的三大要素。

7. ________是在拉应力和腐蚀介质的共同作用下产生裂纹的一种现象。

8. 气孔和夹杂是焊接生产中经常出现的一种缺陷，它们不仅会削弱焊缝的有效工作截面，还会造成________，从而显著降低焊缝金属的强度和韧性，对动载强度和疲劳强度更为不利。

9. 未焊透对焊接结构的直接危害是减小________，降低焊接接头的力学性能。

10. 咬边是指________________。咬边减小了母材的有效截面积，降低了焊接结构的承载能力，同时还会造成应力集中，甚至发展为裂纹源。

二、简答题

1. 简述焊接检验技术的种类。
2. 简述热裂纹的预防措施。
3. 简述冷裂纹的影响因素和预防措施。
4. 简述防止气孔和夹杂产生的措施。
5. 简述常见的形状缺陷。

第2章　焊接接头破坏性检测和目视检测

【学习目标】

1）掌握各种破坏性检测和外观检测的目的。

2）了解各种破坏性检测的注意事项和目视检测的设备与仪器。

3）熟悉焊接检验尺的各种功能，并能熟练操作焊接检验尺。

2.1　破坏性检测

破坏性检测是从焊件或试件上切取试样，或以产品的整体性破坏为前提做试验，以检测其各种力学性能、化学成分和金相组织等的试验方法。

1. 焊接接头拉伸试验

拉伸试验一般包括母材、焊接接头及焊缝及熔敷金属的拉伸试验。母材拉伸试验用来测定材料的强度、塑性和韧性；焊接接头拉伸试验用于评定焊缝或焊接接头的强度和塑性；焊缝及熔敷金属的拉伸试验只要求测定其抗拉强度及塑性。

母材的拉伸试验按照 GB/T 228. 1—2010（《金属材料 拉伸试验 第1部分：室温试验方法》）进行。焊接接头的拉伸试验可按 GB/T 2651—2008（《焊接接头拉伸试验方法》）进行，以测定焊接接头的抗拉强度（R_m），试样应从焊接接头垂直于焊缝轴线的方向截取，如图 2-1 所示。焊缝及熔敷金属的拉伸试验可按 GB/T 2652—2008(《焊缝及熔敷金属拉伸试验方法》）进行，以测定其抗拉强度（R_m）和屈服强度（R_p）。

试样加工完成后，焊缝的轴线应位于试样长度方向的中间。焊接接头的拉伸试样分为板及管板状试样、整管试样和实心截面试样三种，如图 2-2 所示。其中，整管试样主要用于小直径管（相关标准或协议未作特殊规定时，小直径管指的是外径小于或等于 18mm 的管子）的拉伸试验。

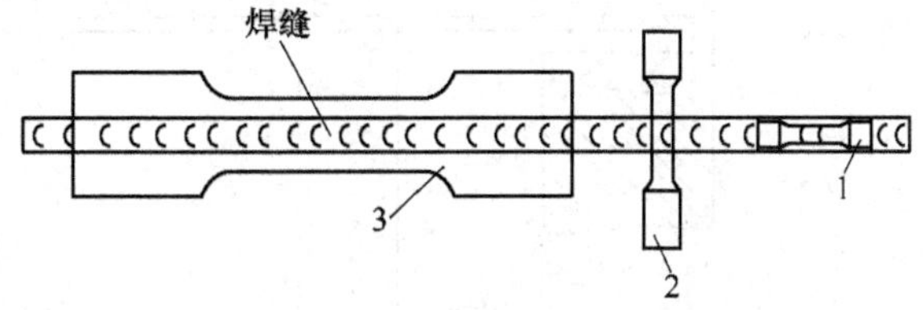

图 2-1　焊接接头拉伸试验

1—焊缝金属拉伸试样　2—接头横向拉伸试样

3—接头纵向拉伸试样

焊接接头在高温下工作时，其力学性能与常温下有很大不同。根据焊接接头的高温工作条件对其进行高温短时拉伸试验时，应执行 GB/T 4338—2006（《金属材料　高温拉伸试验方法》）的规定，以求得不同温度下试样的抗拉强度、屈服强度、伸长率及断面收缩率。

对于在高温下工作的焊接接头，须测定其在高温长期载荷作用下的持久强度，即在给定温度下材料经过规定时间发生断裂的应力值，此时应执行 GB/T 2039—2012（《金属材料　单轴拉伸蠕变试验方法》）的规定。试验时，测定试样在给定温度和规定应力作用下的断裂时间，然后用外推法求出其数万小时甚至数十万小时的持久强度。在试验的同时，还可测定试样在高温下的持久塑性——伸长率及断面收缩率。

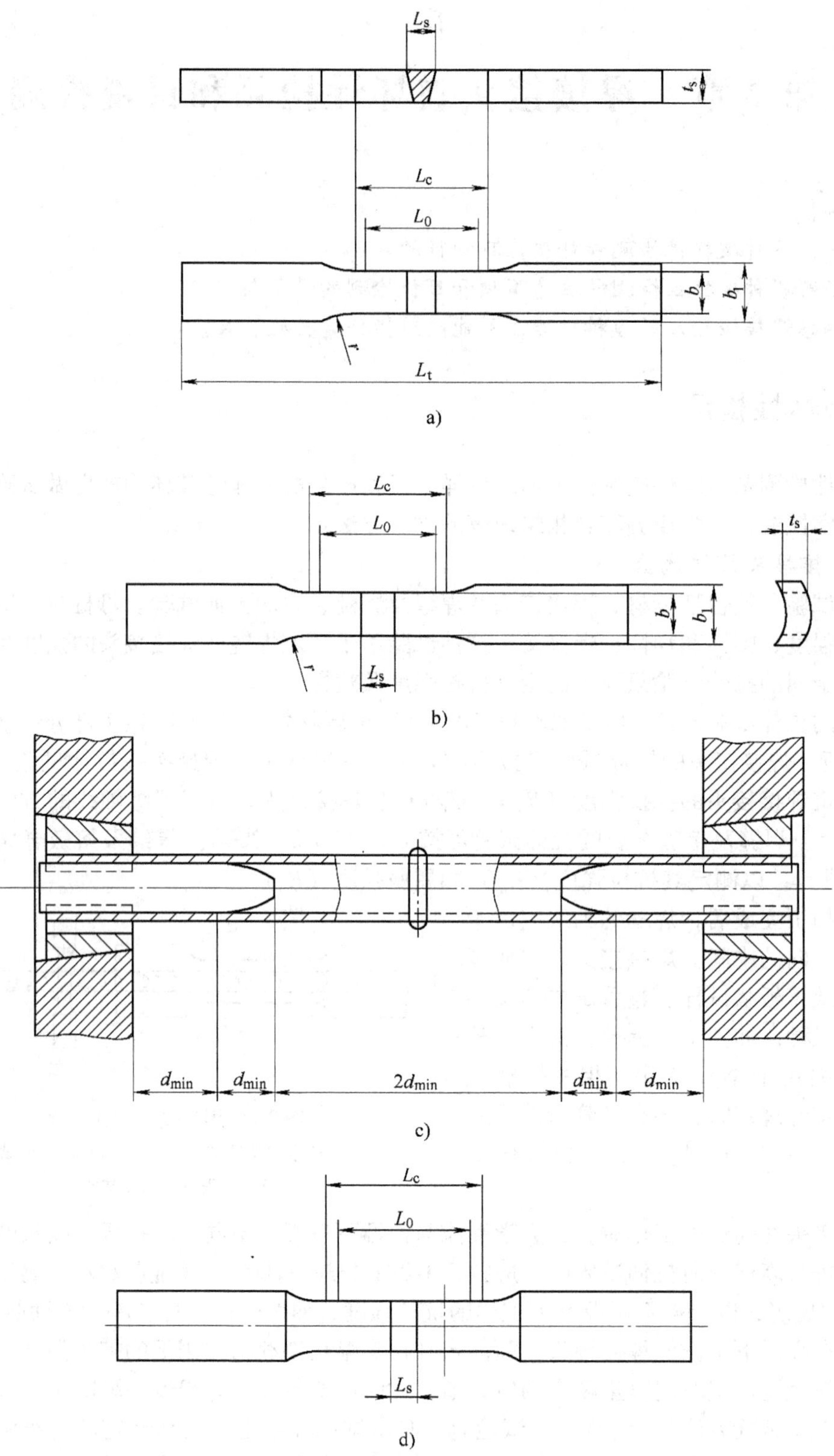

图 2-2　焊接接头拉伸试样

a）板接头板状试样　b）管接头板状试样　c）整管拉伸试样　d）实心圆柱形试样

焊缝及熔敷金属拉伸试样如图 2-3 所示。

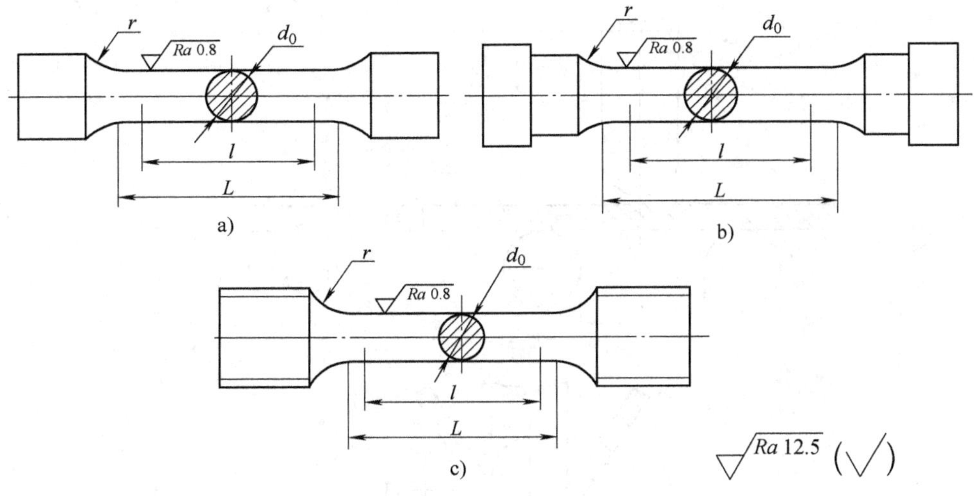

图 2-3　焊缝及熔敷金属拉伸试样

a）单肩试样　b）双肩试样　c）带螺纹试样

2. 焊接接头弯曲试验

弯曲试验可用来评价焊接接头的塑性变形能力和显示受拉面的焊接缺陷。熔焊和压焊焊接接头的弯曲试验可按 GB/T 2653—2008（《焊接接头弯曲试验方法》）进行。按照标准要求，可采用横弯、纵弯和侧弯三种基本类型的弯曲试验，如图 2-4 所示。

（1）横弯试验　焊缝轴线与试样纵轴垂直的弯曲试验。

（2）纵弯试验　焊缝轴线与试样纵轴平行的弯曲试验。

（3）侧弯试验　试样受拉面为焊缝纵剖面的弯曲试验。

对于焊接接头的横弯试验和纵弯试验，根据弯曲时受拉面的不同，又可分为面弯（受拉面为焊缝正面）试验和背弯（受拉面为焊缝背面）试验。面弯试验易发现焊缝近表面的缺陷；背弯试验易发现焊缝根部的缺陷；侧弯试验能评定焊缝与母材之间的结合强度、双金属焊接接头过渡层及异种钢接头的脆性、多层焊的层间缺陷等，可根据产品技术条件选定弯曲检测方法。

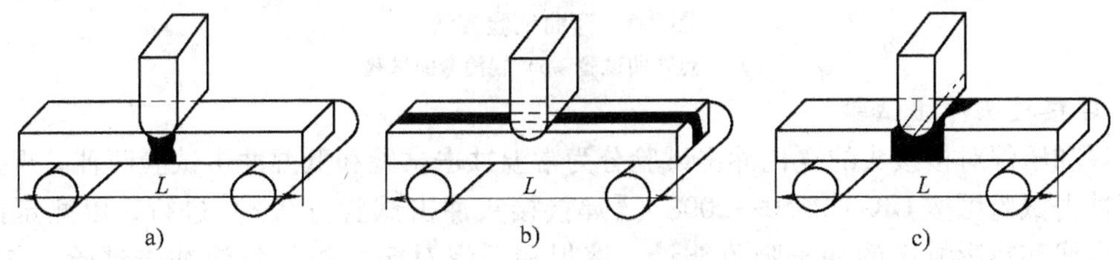

图 2-4　弯曲试验分类

a）横弯试验　b）纵弯试验　c）侧弯试验

弯曲试验主要采用三点弯曲和辊筒弯曲两种试验方法，如图 2-5 所示。在弯曲试验中，常用弯曲角 α 达到技术条件规定数值时接头是否开裂来评定受试接头或材料是否满足使用要求，有时也以受拉面出现裂纹时的临界弯曲角 α 来评定受试接头的弯曲性能。

工程上常采用的是三点弯曲试验，辊筒弯曲试验特别适用于两种母材或母材和焊缝之间弯曲性能显著不同的横向弯曲试验。

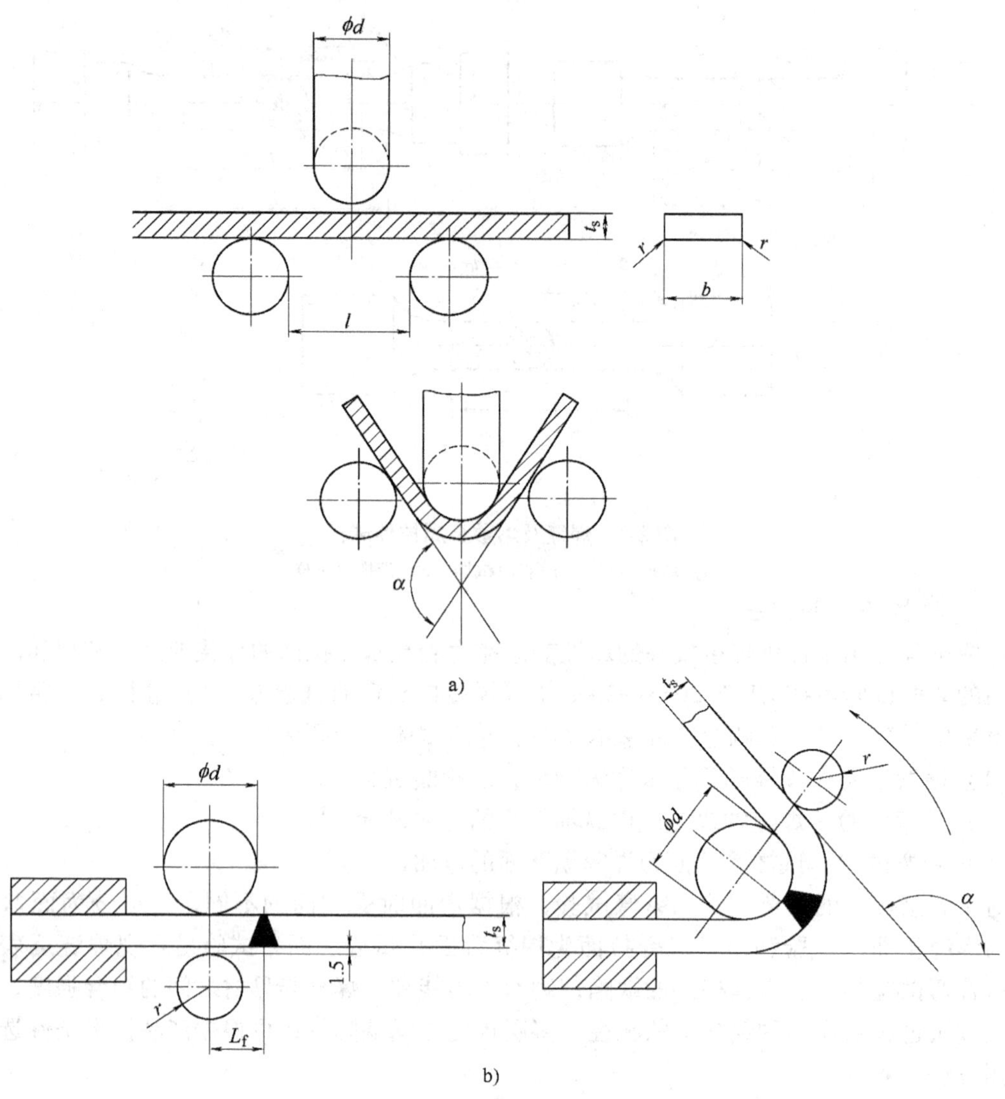

图 2-5　弯曲试验方法

a）三点弯曲试验　b）辊筒弯曲试验

3. 焊接接头冲击试验

熔焊和压焊对接接头的夏比冲击试验分为常温冲击试验和低温冲击试验两种。焊接接头的常温冲击试验可按 GB/T 2650—2008（《焊接接头冲击试验方法》）进行，以测定接头焊缝、熔合线和热影响区的冲击吸收能量。熔焊和压焊对接接头的低温冲击试验可按 GB/T 229—2007（《金属材料夏比摆锤冲击试验方法》）进行，以测定接头焊缝、熔合线和热影响区的冲击吸收能量。

（1）焊接接头冲击试验方法　冲击试验通常是在一定温度下（如 0℃、－20℃、－40℃），把有缺口的试样放在冲击试验机上进行的。

根据试样形状和破断方式，冲击试验分为弯曲冲击试验、扭转冲击试验和拉伸冲击试验三种。由于横梁式弯曲冲击试验操作简单，因此应用最广。我国现行标准规定的冲击试验就是横梁式弯曲冲击试验，其试验所用标准试样以 V 形缺口和 U 形缺口试样为主，如图 2-6 所示。

U 形缺口试样的冲击吸收能量为 *KU*，V 形缺口试样的冲击吸收能量为 *KV*。冲击吸收能量大，表示材料的韧性好，对结构中的缺口或其他应力集中的情况不敏感。用试样缺口处的截面积除冲击吸收能量，即得到冲击韧度（或称冲击值）α_{KU}和 α_{KV}，单位是 J/cm^2。一般情况下，采用标准 V 形缺口试样进行冲击试验，且缺口应开在焊接接头，将其作为测定冲击韧度的特定区域。

冲击试样在焊接试板中的方位和缺口位置如图 2-7 所示，所有缺口的轴线应垂直于焊缝表面。试样的焊缝、熔合线和热影响区缺口位置如图 2-8 所示。为了能准确地将缺口开在应开位置，在开缺口前，应用腐蚀剂腐蚀试样，在清楚显示接头各区域后按要求划线。

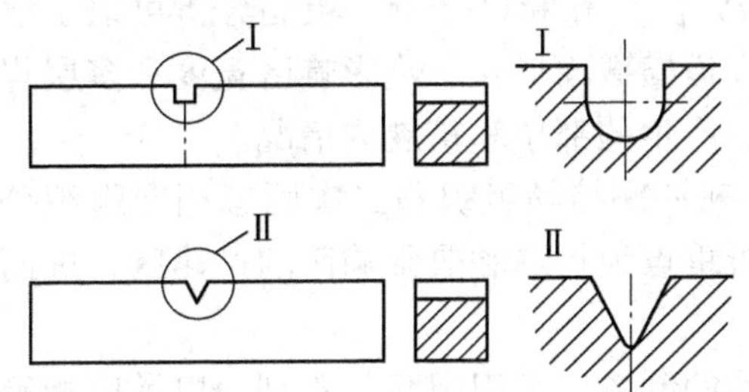

图 2-6　两种典型的冲击试样

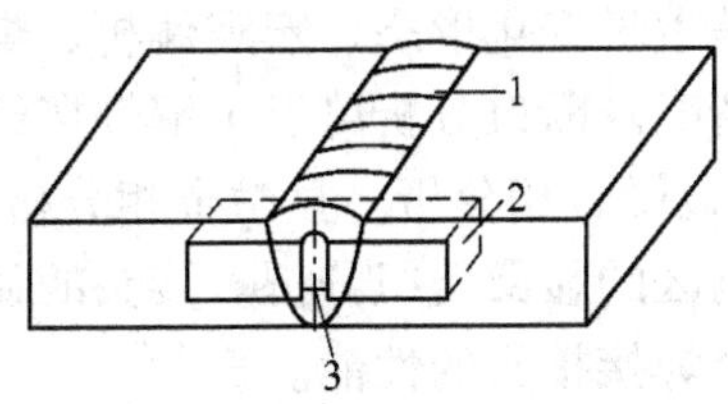

图 2-7　冲击试样在焊接试板中的方位和缺口位置

1—焊缝表面　2—冲击试样　3—试样缺口

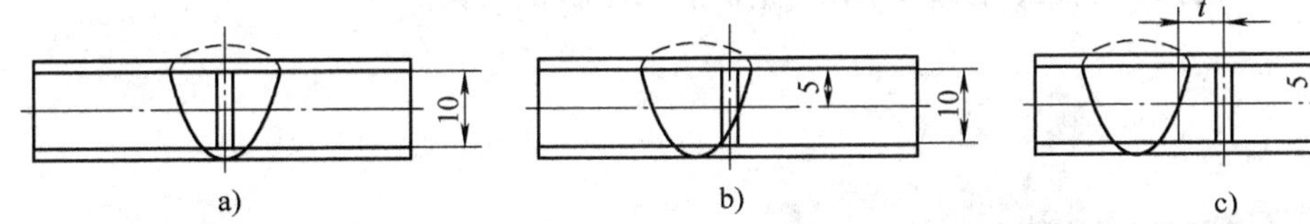

图 2-8　试样的焊缝、熔合线和热影响区缺口位置

a）开在焊缝的缺口位置　b）开在熔合线的缺口位置　c）开在热影响区的缺口位置

t—试样缺口轴线至试样纵轴与熔合线交点的距离

（2）熔焊和压焊对接接头的低温冲击试验　低温冲击试验的目的是检查或研究低温脆性倾向，改进材料的低温韧性，选择抗低温韧性材料，保证工程结构在低温下的安全运行。

试验时，将试样置于低温槽的均温区冷却至试验温度（－192～15℃）后，保温足够长的时间，然后用钳子将试样取出进行低温冲击试验。

低温冲击试验是测定金属从韧性状态转变为脆性状态的温度，由于材料的工作温度低于其本身的韧脆转变温度 T_K，因此测定材料的韧脆转变温度非常重要。通过低温冲击试验得出不同的冲击韧度值，作出 α_K-T 曲线，从而确定 T_K。

4. *焊接接头的硬度试验*

金属的硬度试验是通过将硬质钢球或金刚石锥体压入试样或击打试样表面，进而测定金属对局部塑性变形的抗力及其软硬程度的试验。一般情况下，金属的强度和硬度对于确定类型的材料存在一定的经验关系，故许多情况下只测定硬度而不进行拉伸试验。硬度试验具有不破坏工件和工作效率高等优点。

熔焊和压焊焊接接头的硬度试验可按 GB/T 2654—2008（《焊接接头硬度试验方法》）

进行，用于测定布氏（HB）、洛氏（HR）和维氏（HV）硬度。

焊接接头的硬度除可用来估算接头各区的强度外，还常与焊件的使用性能有关。例如：作为抗磨损能力的度量，耐磨堆焊件常规定其最低允许硬度数值；对于另一些焊件，特别是在含氢介质下工作的结构，由于淬硬组织易引起氢致开裂和其他氢损伤，因此有时规定焊缝的最高硬度不能超过某个上限数值。

5. 焊缝金相检验

（1）焊接接头金相组织分析的内容　大多数焊接结构的质量检查均未提出金相检验的要求，通常只是在焊接工艺评定试验中要求做金相检验。对焊接接头进行金相组织分析时，一般先进行宏观分析，再进行有针对性的显微金相分析。

1）宏观分析。宏观分析包括粗晶分析（低倍分析）和断口分析。粗晶分析可以了解焊缝柱状晶生长变化形态、宏观偏析、焊接缺陷、焊道横截面形状、热影响区宽度和多层焊道层次等情况。断口分析可以了解焊接缺陷的形态、产生的部位和扩展的情况。

2）显微金相分析。显微金相分析包括焊缝铸态一次结晶组织和二次固态相变组织分析及热影响区的显微组织分析。接头的显微组织分析重点为焊缝和热影响区的过热区，进而估计出整个焊接接头的性能。

焊接金相分析与一般金相分析相同，包括样品的制备、组织观察与鉴别，以及照相等几个相互关联的环节。

（2）焊接接头金相制备　金相样品的制备包括取样、镶嵌、夹持、标记、磨光与抛光、清洗及浸蚀等一系列操作过程，图 2-9 所示为金相试样制备设备。

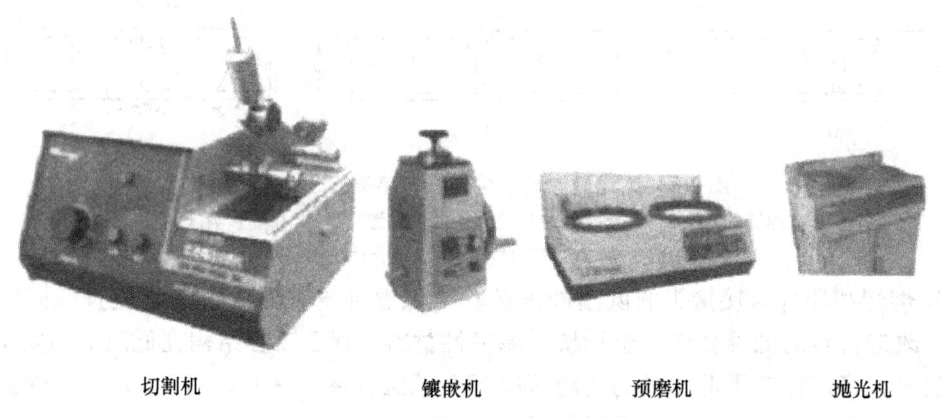

图 2-9　金相试样制备设备

1）取样。取样时，要根据金相分析的目的来选取纵向剖面或横向截面。焊接接头取样一般包括焊缝金属、热影响区和母材三个部分。

取样的方法可分为四种，即机械切割（包括砂轮切割及锯、刨、车、铣等）、火焰切割、电弧切割（包括电火花及线切割等）和电化学切割（包括酸洗、酸锯和酸喷射切割等）。其中应用最广的是机械切割；从大件或结构上取样时，一般先用火焰切割，再用其他方法去掉受火焰加热影响的部分；电弧切割速度很慢，多用于特硬材料、精密样品的切取；电化学切割可获得很光滑的表面，且对样品无任何有害影响，有时不需抛光即可直接进行浸蚀。

无论采用哪种方法取样，必须避免因受热和冷加工硬化引起组织的变化。

2）镶嵌、夹持和标记。当样品形状不规则、尺寸较小、质地较软或必须观察边缘处的组织时，须采用镶嵌的方法来获得尺寸适当、外形规则的试样。镶嵌的方法包括机械镶嵌法和树脂镶嵌法：机械镶嵌法是将试样放在夹持器或小钢夹中，然后用螺钉和垫块进行固定，如图 2-10 所示；树脂镶嵌法是利用树脂来镶嵌细小的金相试样，可以将任何形状的试样镶嵌形成一定尺寸的试样。

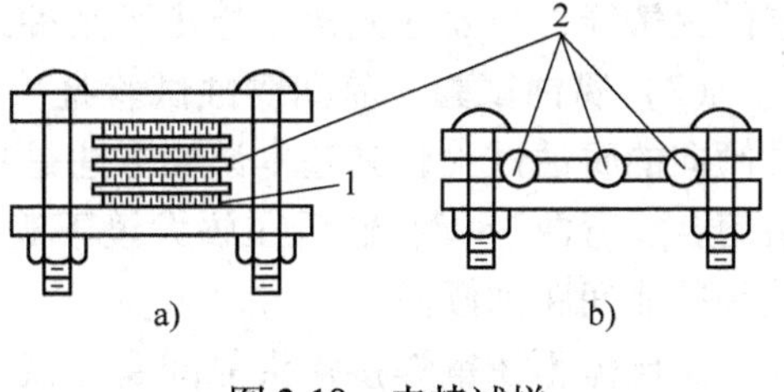

图 2-10　夹持试样

1—填片　2—试样

样品切取和镶嵌后，应立即进行标记并作详细的记录，使其在制备、观察及保存过程中不致混淆。标记时可根据样品的情况采用贴字、打钢印或电火花刻字等方法，以清晰、能长久保存为原则。

3）磨光、抛光与浸蚀。磨光是试样制备最重要的阶段，其目的是使试样平整，并使组织损伤层降低到最低程度。试样的磨光分为粗磨和细磨。粗磨较软的材料时，一般用锉刀或粗砂纸修整外形和磨面；对于较硬的钢铁材料，可在砂轮机、砂带或磨床上进行修整。细磨即磨光，在由粗到细的各号金相砂纸上进行。

抛光是试样制备的最后阶段，其目的是去除磨光时留下的磨痕，提高试样表面的光反射性，改善组织分辨率。金相试样的抛光方法有机械抛光（在金相试样抛光机上进行）、电解抛光（利用电化学溶解作用）和化学抛光（依靠化学药剂对试样表面的不均性溶解）。

浸蚀是在金相显微镜下观察和显示显微组织的方法。生产及科研中广泛采用的是化学浸蚀法，它是将抛光好的金相试样浸入化学试剂中，或用化学试剂揩擦试样表面，从而显示显微组织的方法，其操作简单、经济、重现性好。

（3）组织观察与分析　对焊接接头金相组织进行观察与分析时，首先要对样品的成分、焊接方法与规范、焊前和焊后热处理情况、样品的制备方法，特别是浸蚀方法等有一个基本的了解，再根据显微镜中观察到的颜色、形态与分布情况等区分各种金相组织，必要时要辅以电镜、金相分析和 X 射线结构分析等现代金相技术加以鉴定。

6. 化学分析与腐蚀试验

（1）化学分析　焊缝金属的化学分析是对金属材料的化学成分进行分析，并对化学性能（如耐蚀性、抗氧化性等）进行检验。金属的化学成分在很大程度上决定了该种金属的物理性能、化学性能和力学性能，所以有必要通过化学分析来确定金属材料的化学成分。

焊缝金属的化学分析可按 GB/T 223（《钢铁及合金化学分析方法》）有关规定进行。化学成分分析包括常规元素分析和微量元素分析。钢铁材料的常规元素一般指碳、硅、硫、磷等常存元素和铬、镍、钼、钛、钒等常见元素；微量元素一般是指常用合金系列之外的元素，如磷、砷、锑、锡等易造成回火脆性的元素，在低温钢中易造成亚热影响区脆化的氮元素等。

通用的化学分析方法有化学溶液溶解焊接接头样屑法与光谱仪测定法。

化学溶液溶解焊接接头样屑法是指先按要求通过钻、刨、车等方法在焊接接头上取焊缝样屑，然后将样屑放入特定的化学溶液中，根据化学反应的结果（如反应产物的量或消耗试剂的量）来确定某种元素的含量。

光谱仪测定法的原理是：每一种元素的原子都有其特征光谱，根据原子光谱中的元素特征谱线就可以确定试样中是否存在被检元素。通常将元素特征光谱中强度较大的谱线称为元素的灵敏线，只要在光谱中检出了某种元素的灵敏线，就可以确定试样中存在该元素。

（2）腐蚀试验　晶间腐蚀试验是一种常用的检验奥氏体、双相不锈钢焊接接头晶间腐蚀倾向的腐蚀试验，其基本试验方法是：用配制好的溶液热蚀焊接试件一定时间后，将焊件沿熔合线弯曲 180°，然后在放大镜下观察弯曲表面，看是否有晶间腐蚀裂纹，以此来评定接头的晶间腐蚀倾向。

奥氏体不锈钢焊接接头晶间腐蚀试验可按 GB/T 4334—2008（《金属和合金的腐蚀　不锈钢晶间腐蚀试验方法》）的有关规定进行，以评定焊接接头的晶间腐蚀倾向。焊后状态铬镍奥氏体不锈钢焊缝中铁素体含量（体积百分比）的测定可按 GB/T 1954—2008（《铬镍奥氏体不锈钢焊缝铁素体含量测量方法》）进行，测量方法有晶向法和磁性法两种。

2.2　目视检测

2.2.1　目视检测概述

目视检测是一种重要的无损检测方法，是指用人的眼睛或借助于光学仪器对工业产品的表面进行观察或测量。目视检测是一种表面检测方法，其应用范围相当广泛，不但能检测工件的几何尺寸、结构完整性、形状缺陷等，而且能检测工件表面上的缺陷和其他细节。

目视检测的主要优点是简单、快速，无需复杂的设备器材，检测结果直观、真实、可靠、重复性好等。其主要缺点是表面可能需作某些准备，如清洗，去除油漆、氧化皮及尘土，有时需要喷丸或喷砂；由于受到人眼分辨能力和仪器设备分辨率的限制，目视检测不能发现表面上非常细微的缺陷；在观察过程中，由于受到表面照度、颜色等的影响容易发生漏检现象。

2.2.2　目视检测设备与仪器

1. 放大镜、反光镜和望远镜

放大镜是用于观察尺寸小于 0.2mm 的物体的一种最简单的光学仪器，如图 2-11 所示。目视检测所使用的放大镜，其放大倍数一般在 6 倍以下。为使用方便，通常选用带有手柄和照明功能、透镜直径为 80 ~ 150mm 的放大镜。

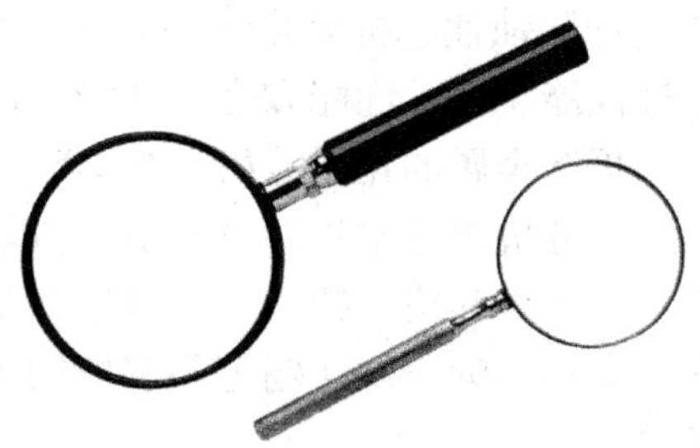

图 2-11　放大镜

目视检测中最常用的是反射面为平面的平面反光镜，它是利用光的反射原理，在人眼不能直接进行观察的情况下转折光路，从而达到观察的目的。平面反光镜由透光良好的玻璃加背面镀银组成，其结构简单、成本低廉，市场上随处可购得，是目视检测时的必备工具之一。但由于其由玻璃制成，使用中容易破坏和破裂，因而在特殊场合，如容器内部及洁净场合应当慎用。医用咽喉镜也是目视检测的常用工具之一，其镜面直径均为 22mm，并与手柄成 45°，医学上常用于作口腔检查，用在目视检测上能清晰显示小范围内的表面状况。

望远镜是一种用于观察远距离物体的目视光学仪器，它能把远方很小物体的张角按一定的倍率放大，使其在像空间内具有较大的张角，使本来无法用肉眼看清或分辨的物体变得清楚可见。因而，望远镜也是目视检测中的常用工具之一。

2. 内窥镜检测设备

内窥镜检测设备主要包括内窥镜、检测工装、辅助照明设备等，其中最主要的为内窥镜。内窥镜有不同的分类方法，见表 2-1。

表 2-1 内窥镜分类

分类依据	内窥镜类别	
使用领域	工业内窥镜	医用内窥镜
是否能弯曲	刚性内窥镜	柔性内窥镜
成像特征	光纤内窥镜	视频内窥镜

（1）刚性内窥镜 刚性内窥镜通常限于观察者和观察区之间是直通道的场合，典型的刚性内窥镜结构如图 2-12 所示。在不锈钢镜管内，光导纤维束将光从外部光源导入，以照明观测区，由物镜、一系列消色差转像透镜和目镜组成的光学系统使观测者可对观测区进行高分辨力的观测，放大倍数通常为 3 ~ 4 倍，也有些可放大 50 倍。

这种内窥镜插入部分的管径为 1.7 ~ 10mm，工作长度为 20 ~ 1 500mm，观测方向（视向）可以是 0°、45°、70°、80°、90°和 110°，视野可以是 35°、50°、56°、60°、70°、80°和 90°。

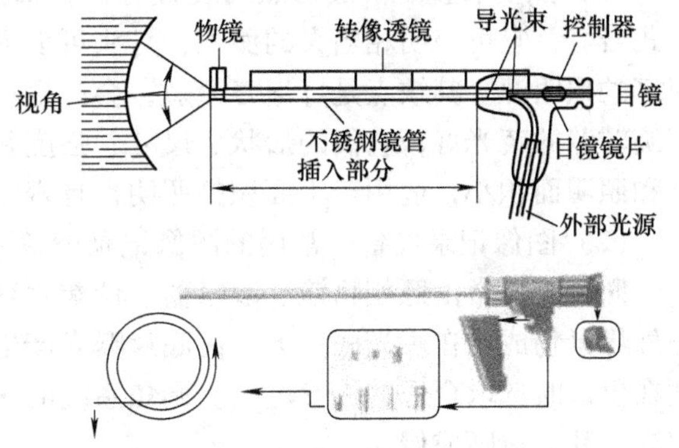

图 2-12 典型刚性内窥镜结构示意图

（2）柔性内窥镜 柔性内窥镜主要用于观察者与观察区之间无直通道的场合，典型的柔性光纤内窥镜由物镜、先端部、弯曲部、柔软部、操作部和目镜等组成，如图 2-13 所示，导光束和用以操纵头部角度的钢丝等均装在镜筒中。

光传导束所用光纤的直径通常是 30μm；图像传导束中光纤的直径关系到所获图像的分辨力，光纤直径小、排列精确，则在图像传导束中就可装填更多的光纤，从而可获得较高的分辨力，在分辨力较高的情况下，有可能利用视场较宽的物镜和目镜将图像放大，图像传导束的光纤直径一般为 6.5 ~ 17μm。

（3）视频内窥镜 视频内窥镜可提供分辨力、清晰度高的图像，且具有更大的灵活性。典型的视频内窥镜成像系统由先端部、弯曲部、柔软部、控制部、视频内窥镜控制组和监视器等组成，如图 2-14 所示。

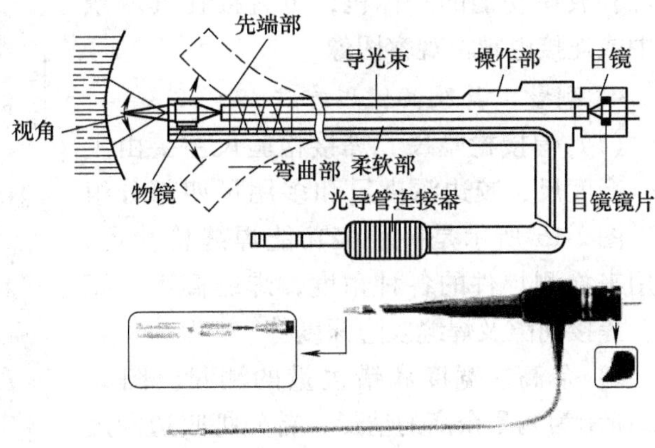

图 2-13 柔性光纤内窥镜结构示意图

首先利用光导管将光送至检测区，先端部的一只固定焦点透镜将收集由检测区反射回来的光线并将其传导至CCD（电荷耦合器件）芯片（直径约为7mm）表面，数千只细小的光敏电容器将反射光转变成电模拟信号。然后，此信号进入探测头，经放大、滤波及时钟分频后，由图像处理器使其数字化并加以组合，最后直接输出给监视器。

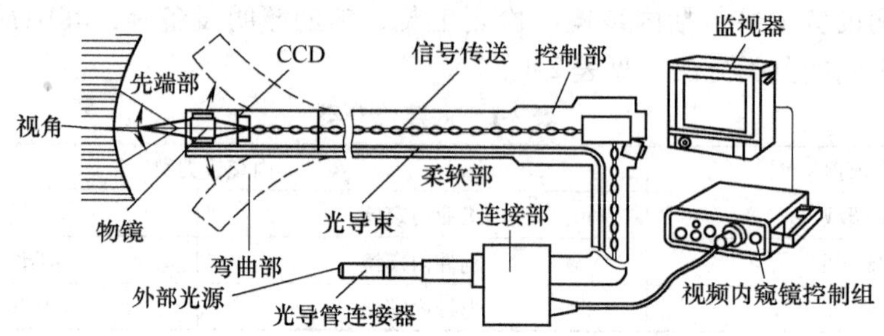

图2-14　典型的视频内窥镜成像系统示意图

3. 照明装置和图像记录设备

（1）照明装置　一般的照明装置有三种形式。一种是带白炽灯或聚光灯和反射器的移动式台灯，它可照明相当大的面积，灯头可上下调动，光可投向任何方向，对于照明记录是很好的照明源。其缺点是灯泡寿命短，会产生相当多的热量。另两种是带旋转臂的白炽灯和带旋转臂的荧光灯，它们的形状、尺寸、强度和旋转臂的形式各不相同，较第一种形式的强度和照明面积小，适用于小面积的照明，且寿命长。

（2）图像记录设备　常用的图像记录设备为照相机和摄像机。

照相机通常由照相物镜、取景器、调焦系统三部分组成。照相物镜（镜头）的作用是把外界景物成像在感光底片上，使底片曝光产生景物像。取景器的作用是观察被摄景物，以便在摄影时选取合适的摄影范围。调焦系统的作用是在摄影时，使不同距离的被摄景物能在感光底片上清晰成像。

如今，数码相机使用广泛，它用图像传感器代替了感光胶片，但成像原理与传统相机是一致的。

摄像机的基本原理与照相机相同，只是在成像单元用磁带代替了感光胶片，因而可以动态记录景物。目前，大部分摄像机都是具有摄像和放像功能的一体机，可直接在其取景器中或连接电视机观察图像。

4. 测量工具及其使用方法

（1）焊接检验尺　焊接检验尺主要由主尺、高度尺、咬边深度尺和多用尺四部分组成。图2-15所示是一种多功能焊缝检验尺，可用来检测焊件的各种角度，焊缝高度、宽度，焊接间隙及焊缝咬边深度等。

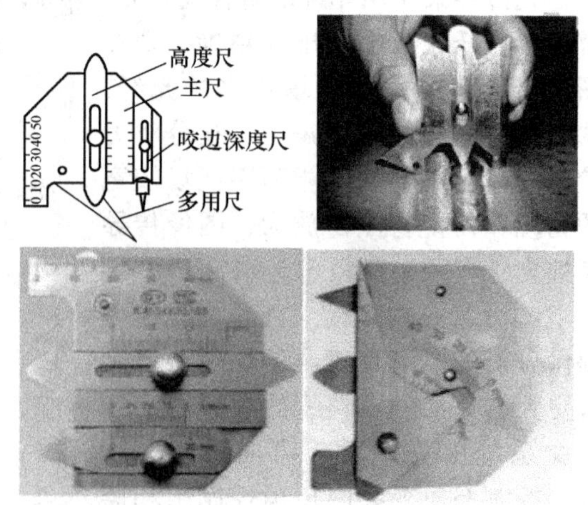

图2-15　多功能焊缝检验尺

1）余高、宽度和错边量的测量。图2-16a所示为测量余高的情形，首先把咬边深度尺对准零位并紧固螺钉，然后滑动高度尺与焊缝余高接触，高度尺示值即为焊缝余高。

图 2-16b 所示为测量焊缝宽度的情形，先使主尺测量角靠近焊缝一边，然后旋转多用尺的测量角靠紧焊缝的另一边，即可读出焊缝宽度示值。

图 2-16c 所示为测量错边量的情形，先使主尺靠近焊缝一边，然后滑动高度尺使其与焊缝另一边接触，高度尺示值即为错边量。

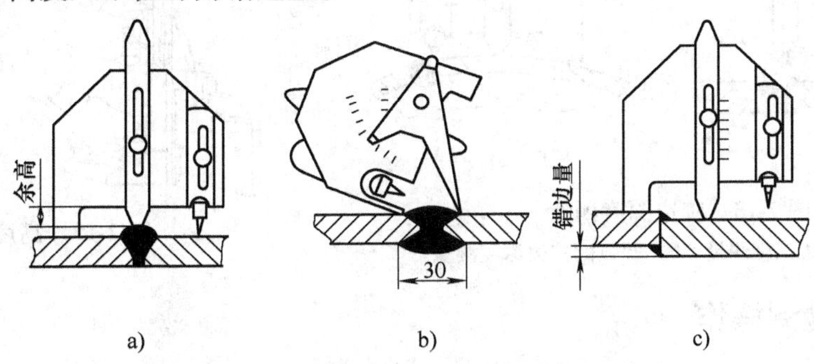

图 2-16　余高、宽度和错边量的测量

a) 余高测量　b) 宽度测量　c) 错边量测量

2) 焊脚高度、焊缝厚度、角度和间隙测量。图 2-17a 所示为测量角焊缝焊脚高度的情形，使主尺的工作面靠紧焊件和焊缝，滑动高度尺与焊件的另一边接触，高度尺示值即为焊脚高度。

图 2-17b 所示为测量角焊缝厚度的情形，使主尺的工作面与焊件靠紧，并滑动高度尺与焊缝接触，高度尺示值即为角焊缝厚度。

图 2-17c 所示为测量角度的情形，将主尺和多用尺分别靠紧被测角的两个面，其示值即为角度值。

图 2-17d 所示为测量间隙的情形，将多用尺插入两焊件之间，即可测量两焊件的间隙。

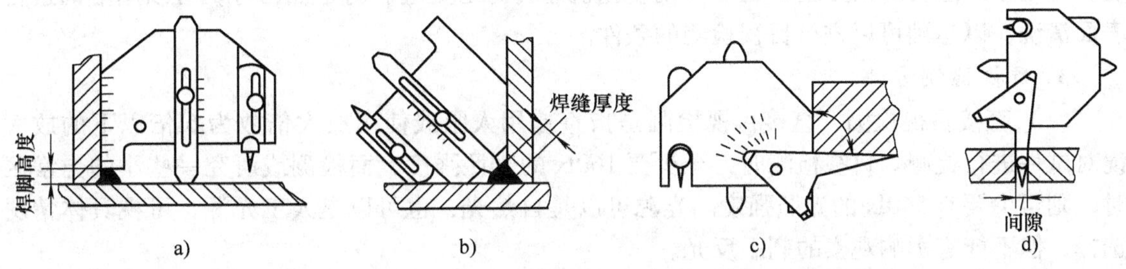

图 2-17　焊脚高度、焊缝厚度、角度和间隙的测量

a) 焊脚高度测量　b) 焊缝厚度测量　c) 角度测量　d) 间隙测量

3) 咬边深度测量。测量平面咬边深度时，先把高度尺对准零位并紧固螺钉，然后用咬边深度尺测量咬边深度，如图 2-18a 所示。

如图 2-18b 所示，测量圆弧面咬边深度时，先把咬边深度尺对准零位并紧固螺钉，使三点测量面与工件接触（不要放在焊缝处）；锁紧高度尺，松开咬边深度尺，将其放于测量处，活动咬边深度尺，其示值即为咬边深度。

(2) 高度尺　高度尺由主尺和滑尺两部分组成，用来测量焊缝余高和角焊缝焊脚高度，如图 2-19 所示。

焊缝检验尺和高度尺从原理上讲都是属于长度测量工具，根据国家计量法的规定，它们属于强制检定器具，必须每年送上级计量部门进行检定，检定合格后方可使用。

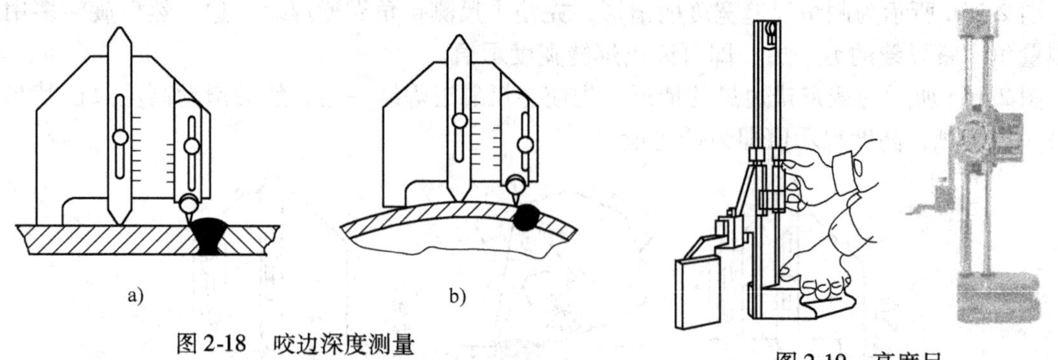

图 2-18　咬边深度测量

a）平面咬边深度测量　b）圆弧面咬边深度测量

图 2-19　高度尺

2.2.3　目视检测操作

1. 试件的确认

目视检测开始前，应首先对试件进行确认，以防误检和漏检。对于大批量试件，应核对批号和数量；对于单件、小批量试件，应核对试件编号或其他识别标记；对于容器类设备，应核对铭牌。

2. 表面清理

被检焊缝表面应没有影响目视检测的污染物，如油漆、锈蚀、氧化皮、油污、焊接飞溅物等。表面准备还应有利于随后进行的无损检测，表面准备区域包括整条焊缝表面和邻近25mm 宽的基体金属表面。

表面清理方法有机械法、化学法和溶剂去除法。对于锈蚀、氧化皮、油漆和焊接飞溅物，可用砂纸进行磨光处理，也可以用砂轮机进行打磨处理；对于油污等，可以用溶剂进行表面清洗，以达到可以进行目视检测的条件。

3. 目视检测方法

（1）直接目视检测　直接目视检测是指直接用人眼或使用放大倍数为 6 倍以下的放大镜对试件进行检测。目视检测时，至少要 160lx 的光照强度，而检测或研究一些小的异常区时，则至少要有 540lx 的光照强度。光源可以是自然光，也可以是人工光源，可视具体情况选择，但不能有影响观察的刺眼反光。

直接目视检测使用的是人的眼睛。在人眼与被检表面的距离不大于 600mm，与被检表面的夹角大于 30°，以及在自然光源或人工光源的条件下，能在 18% 中性灰度卡上分辨出一条宽度为 0.8mm 的黑线，将其作为目视检测必须达到的分辨率。

（2）间接目视检测　对于无法直接进行观察的区域，可以辅以各种光学仪器或设备进行间接观察，如使用反光镜、望远镜、工业内窥镜、光导纤维或其他合适的仪器进行检测。间接目视检测必须至少具有与直接目视检测相当的分辨率。

习　题

填空题

1. 焊接接头拉伸试验用于评定焊缝或焊接接头的________和________。

2. 焊接接头在高温下工作时，其力学性能与常温下有很大________，应根据焊接接头的高温工作条件进行高温短时拉伸试验。

3. 弯曲试验可用来评价焊接接头的塑性变形能力和显示受拉面的焊接缺陷。按照标准要求，可采用________、________和________三种基本类型的弯曲试验。

4. 根据试样形状和破断方式，冲击试验分为弯曲冲击试验、扭转冲击试验和拉伸冲击试验三种。我国现行标准规定的冲击试验就是________试验，其试验所用标准试样以________形缺口和________形缺口试样为主。

5. ________试验的目的是检查或研究低温脆性倾向，改进材料的低温韧性，选择抗低温韧性材料，保证工程结构在低温下的安全运行。

6. 目视检测是一种________检测方法，不但能检测工件的几何尺寸、结构完整性、形状缺陷等，而且能检测工件表面上的缺陷和其他细节。

7. 焊接检验尺主要由________、________、________和________四部分组成，可用来检测焊件的各种角度，焊缝高度、宽度，焊接间隙及焊缝咬边深度等。

8. ________检测法是指直接用人眼或使用放大倍数为 6 倍以下的放大镜对试件进行检测。

第3章 射线检测

【学习目标】

1）掌握X射线的概念、产生机理；掌握射线照相法的基本原理及特点；了解γ射线的产生机理。

2）熟悉X射线机的分类、构造和操作步骤；熟悉X射线照相中的增感屏、像质计等各种器材。

3）理解X射线照相质量的影响因素；掌握射线透照工艺的基础知识。

4）熟悉射线检测暗室处理技术和射线照相法底片评定的主要步骤。

5）了解射线检测辐射防护知识和射线检测工艺规程、工艺卡等书面文件。

3.1 射线检测基本原理

射线检测是工业无损检测中的一种重要检测手段，可以检测金属和非金属材料的内部缺陷。目前广泛应用于机械、兵器、造船、电子、航空、航天等工业领域，其中应用最广泛的是铸件和焊接件的检测。

对于工业应用，射线检测技术已形成了一个完整的方法系统，大体上可分为射线照相检测技术、射线实时成像检测技术、射线层析检测技术和其他射线检测技术。本章主要介绍的是射线照相检测技术，它是用X射线或γ射线穿透试件，以胶片为记录信息载体的无损检测方法，该方法是最基本、应用最广泛的无损检测方法之一。

3.1.1 射线的概念和种类

通常所说的射线可以分为两类，一类是电磁辐射，另一类是粒子辐射。X射线和γ射线与无线电波、红外线、可见光、紫外线等属于同一范畴，都是电磁辐射；粒子辐射是指各种粒子射线，如α粒子、β粒子、质子、电子、中子等的射线。

射线检测中应用的射线主要是X射线、γ射线，其区别只是波长和产生方法不同。本书以后各章节的讨论，在未特别指明时，所称的射线均指电磁辐射中的X射线和γ射线。

X射线和γ射线都是波长很短的电磁波，X射线的波长为0.001 ~0.1nm，γ射线的波长为0.000 3 ~0.1nm。X射线和γ射线（与检测有关的）具有以下性质：

1）在真空中以光速直线传播。

2）本身不带电，不受电场和磁场的影响。

3）在媒质界面上只能发生漫反射，而不能像可见光那样发生镜面反射；X射线和γ射线的折射系数接近于1，所以折射方向的改变不明显。

4）不可见，能够穿透可见光不能穿透的物质。

5）在穿透物质的过程中，会与物质发生复杂的物理和化学作用，如电离作用、荧光作用、热作用及光化学作用。

6）具有辐射生物效应，能够杀伤生物细胞，破坏生物组织。

3.1.2　X射线和γ射线的产生

1. X射线管和X射线的产生

带电粒子在加速或减速时，必然伴随着电磁辐射。当带电粒子与原子的库仑场发生作用骤然减速时，由此产生的辐射作用称为韧致辐射。高速运动的电子撞击钨靶时，由韧致辐射产生的射线使高速电子急剧减速，其动能转化为电磁辐射，产生X射线。

现在应用的X射线是在X射线管（图3-1）中产生的，普通X射线管的基本结构是一个真空度为$1.33\times10^{-5}\sim1.33\times10^{-4}$Pa的二极管，由阴极（即灯丝）、阳极（金属靶）和保持其真空度的玻璃外壳构成。阴极灯丝一般为钨丝，阳极金属靶也选用原子序数大、耐高温的钨来制造。

当阴极通电后，灯丝被加热至白炽状态（2 000℃以上）并发射电子，若在阴阳两极之间施加很高的直流电压（称为管电压），这些电子在高压电场的作用下，会从阴极飞向阳极并以很大的速度撞击阳极金属靶，其绝大部分动能转变为热量并被阳极吸收（导致金属靶面温度很高），仅一小部分（约1%）转变为X射线。

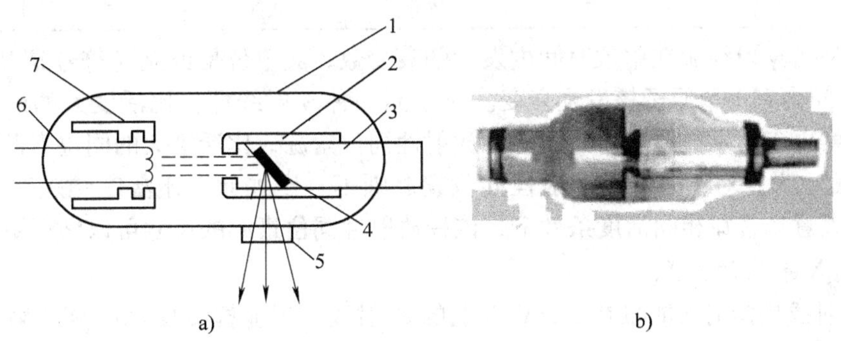

图3-1　X射线管

a）示意图　b）外形图

1—玻璃外壳　2—阳极罩　3—阳极体　4—金属靶　5—窗口　6—灯丝　7—阴极罩

需要说明的是，X射线管产生的主要是波长连续变化的X射线，其最短波长与外加管电压有关。在实际检测中，以最大强度波长为中心的邻近波段的射线起主要作用。

管电压是X射线管承载的最大峰值电压，其单位为kV。管电压是X射线管的重要技术指标，管电压越高，发射X射线的波长越短，具有的能量越大，穿透能力就越强。因而，调节X射线管的管电压，可以有多种能量选择。

在图3-1中，阳极体的作用是支承靶面，传送靶上的热量，避免钨靶被烧坏，因而应采用热导率大的无氧铜制成。工业用X射线管的外壳主要采用玻璃与金属或陶瓷与金属制作，采用玻璃与金属制作的X射线管称为玻璃X射线管；采用陶瓷与金属制作的X射线管分为两大类，一类是金属陶瓷X射线管，另一类是波纹陶瓷X射线管。金属陶瓷X射线管以不锈钢管代替玻璃外壳，用陶瓷材料绝缘，与采用玻璃外壳的X射线管相比较，其主要特点是结构牢固、寿命长，现已是X射线管的重要类型。

2. γ射线的产生

γ射线是放射性同位素经过α衰变或β衰变后，从激发态向稳定态转变的过程中从原子核内发出的，这一过程称为γ衰变，又称γ跃迁。γ射线的能量由放射性同位素的种类决定，一种放射性同位素可能放出多种能量的γ射线，因此取其所辐射出的所有能量的平均值作为该同位素的辐射能量。放射性同位素有2 000多种，但只有那些半衰期较长、比活度较高、能量适宜、取之方便和价格便宜的同位素才适用于检测。

目前工业射线照相常用γ射线特性参数见表3-1。

表3-1　常用γ射线特性参数

γ射线源	Co-60	Cs-137	Ir-192	Se-75	Tm-170	Yb-169
主要能量/MeV	1.17、1.33	0.661	0.296、0.308、0.346、0.468	0.121、0.136、0.265、0.280	0.084、0.052	0.0631、0.12、0.193、0.309
平均能量/MeV	1.250	0.661	0.355	0.206	0.072	0.156
半衰期	5.27年	33年	74天	120天	128天	32天
比活度	中	小	大	中	大	小
透照厚度/mm	40～200	15～100	10～100	5～40	3～20	3～15
价格	高	高	较低	较高	中	中

比活度是指γ射线源在单位时间内发生的衰变数，其单位是贝克（符号是Bq）。1Bq表示在1s的时间内有1个原子核发生衰变。对于同一种γ射线源，比活度大的射线源在单位时间内将辐射更多的γ射线。对于同一种放射性同位素源，比活度大的同位素源，其辐射的γ射线的强度也大；对于非同种放射性同位素源则不一定如此。比活度能表明γ射线的品质，比活度大意味着在相同活度条件下，该种放射性同位素源的尺寸可以做得更小一些。

3. 高能X射线的产生

高能X射线是指射线能量在1MeV以上的X射线。工业检测使用的高能射线大多是通过电子加速器获得的。工业射线照相通常使用两种加速器，即回旋加速器和直线加速器，详见本书6.4.2相关内容。

3.1.3　射线照相法的原理及特点

1. 射线照相法的原理

X射线和γ射线通过物质时，由于物质对射线有吸收和散射作用，从而将引起射线能量的衰减。射线在物质中的衰减是按照指数规律变化的，其基本规律为

$$I = I_0 e^{-\mu T}$$

式中　I_0——入射射线强度（Ci）；

I——透射射线强度（Ci）；

T——吸收体厚度（mm）；

μ——衰减系数（mm^{-1}）。

衰减系数μ的意义是射线通过单位厚度的物质时，与物质相互作用的概率。对于同一种物质，当射线的能量不同时，衰减系数也不同；另外，射线的波长越长，μ值就越大。同一能量的射线在通过不同物质时，其衰减系数也不同，即物质的原子序数越大，密度越大，则

μ 值越大。

射线照相法是用 X 射线或 γ 射线穿透试件，以胶片作为记录信息的介质的无损检测方法，如图 3-2a 所示。射线照相法的原理如下：

1）射线在穿透物体的过程中会与物质发生相互作用，因吸收和散射而使其强度减弱，强度衰减程度取决于物质的衰减系数和射线在物质中穿越的厚度。如果被透照物体（试件）的局部存在缺陷，且构成缺陷的物质的衰减系数不同于试件，则该局部区域的透射射线强度 I_1 会与周围射线强度 I 产生差异，如图 3-2b 所示。

2）把胶片放在适当位置使其在透射射线的作用下感光，经暗室处理（显影、定影等）后得到底片，如图 3-2c 所示。由于缺陷部位和完好部位的透射射线强度不同，底片上相应部位就会出现黑度差异。底片上各点的黑化程度取决于射线曝光量（对于 X 射线，等于射线强度乘以照射时间），底片上相邻区域的黑度差称为对比度。

3）把底片放在观片灯光屏上借助透过光线进行观察，可以看到由对比度构成的不同形状的影像，评（底）片人员据此判断缺陷情况并评价试件质量。

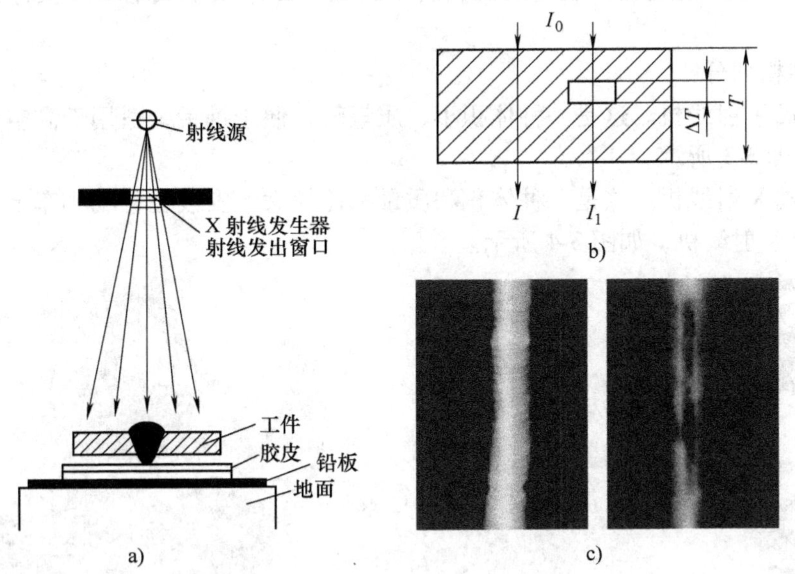

图 3-2 射线照相法基本原理

2. 射线照相法的特点

射线照相法是最基本、应用最广泛的射线检测方法之一，其检测对象主要是各种熔焊（电弧焊、气体保护焊、电渣焊、气焊等）对接接头，也能检查铸钢件，在特殊情况下还可用于检测角焊缝或其他特殊结构试件。它一般不适用于钢板、钢管、锻件的检测，也较少用于钎焊、摩擦焊等焊接接头的检测。

射线照相法将底片作为记录介质，可以直接得到缺陷的直观图像，且可以长期保存。通过观察底片，能够比较准确地判断出缺陷的性质、数量、尺寸和位置。射线照相法容易检测出那些形成局部厚度差的缺陷，对气孔和夹渣之类的缺陷有很高的检出率，对裂纹类缺陷的检出率则受透照角度的影响；它不能检测出垂直照射方向的薄层缺陷，如钢板的分层。

射线照相所能检测出的缺陷高度尺寸与透照厚度有关，可以达到透照厚度的1%，甚至更小。其所能检出的长度和宽度尺寸分别为毫米数量级和亚毫米数量级，甚至更小。

射线照相法几乎适用于所有材料，在钢、钛、铜、铝等金属材料上使用均能获得良好的效果，该方法对试件的形状、表面粗糙度没有严格要求，材料晶粒度对其检测结果不产生影响。

射线照相法的检测成本较高，检测速度较慢，且射线对人体有伤害，需要采取防护措施。

3.2　X射线检测设备及器材

3.2.1　X射线机

1. X射线机的分类

工业检测用的X射线机，按其结构、使用性能、工作频率及绝缘介质种类等可以分为以下几种。

（1）按结构划分

1）携带式X射线机。这是一种体积小、质量轻，便于携带，适用于高空和野外作业的X射线机，如图3-3所示。

2）移动式X射线机。这是一种体积和质量都比较大，安装在移动小车上，用于固定或半固定场合的X射线机，如图3-4所示。

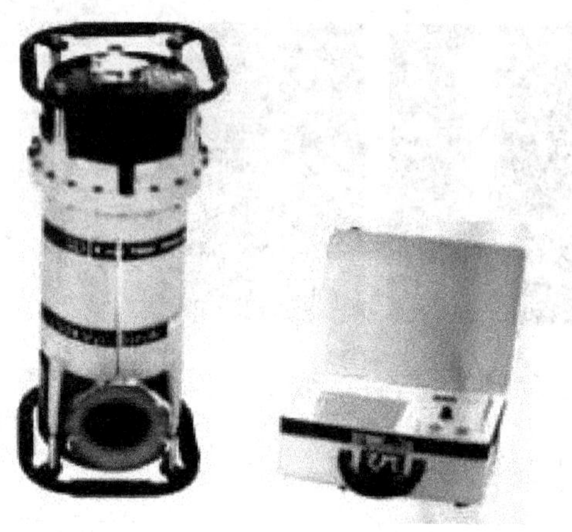

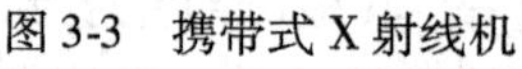

图3-3　携带式X射线机

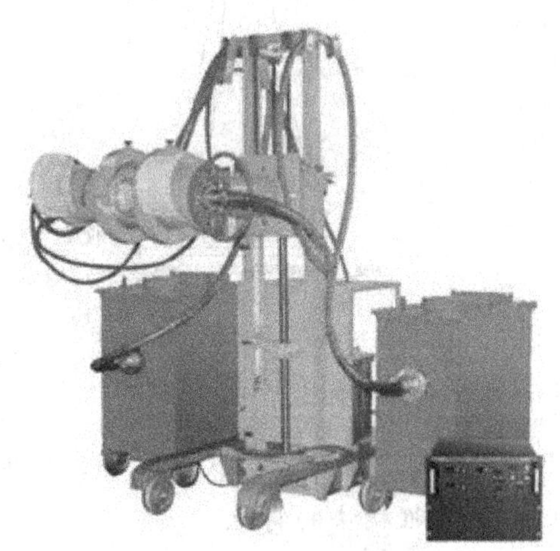

图3-4　移动式X射线机

（2）按使用性能划分

1）定向X射线机。定向X射线机机头产生的X射线的辐射方向为40°左右的圆锥角，一般用于定向单张摄片，如图3-5所示。

2）周向X射线机。周向X射线机（图3-6）产生的X射线束向360°方向辐射，主要用于大口径管道和容器环焊缝摄片。它的阳极靶有平面阳极和锥体阳极两种，如图3-7所示，其中平面阳极制造容易、散热条件好，使用较多，但其射线束中心有倾角，对环焊缝纵向裂纹的检测有一定影响。

3）管道爬行器。管道爬行器是为很长的管道环焊缝摄片而设计生产的一种装在爬行装置上的X射线机，如图3-8所示。

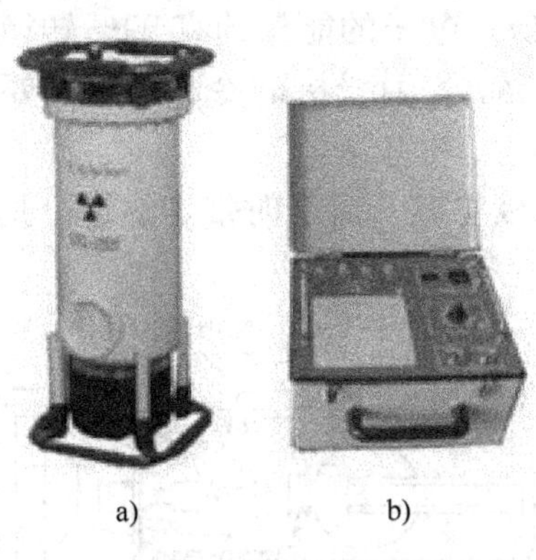

图3-5　定向X射线机

a）X射线发生器　b）控制箱

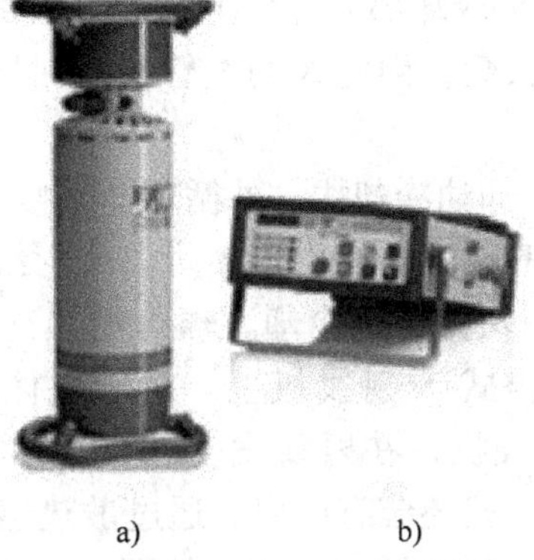

图3-6　周向X射线机

a）X射线发生器　b）控制箱

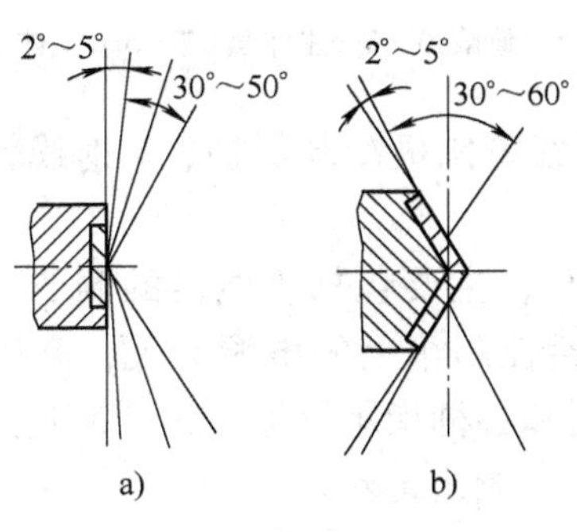

图3-7　周向X射线机阳极靶

a）平面阳极　b）锥体阳极

图3-8　两种不同型号的管道爬行器

2. X射线机的构造

一般的X射线机由四部分组成：高压部分（X射线管、高压发生器、高压电缆等）、冷却部分、保护部分和控制部分。

便携式X射线机采用组合式射线发生器，其中X射线管、高压发生器、冷却部分共同安装在一个机壳中。射线发生器中充满绝缘介质，过去绝缘介质为变压器油，现在通常以SF6气体为绝缘介质，从而大大减轻了设备的重量。

（1）高压部分　X射线机的高压部分包括X射线管、高压发生器（包括高压变压器、灯丝变压器、高压整流管和高压电容）及高压电缆等。

高压发生器的作用是将几百伏的低电压通过变压器提升到X射线管工作所需的高电压。它的特点是功率不大（约几千伏安），但输出电压却很高，可达几百千伏。

X射线机的灯丝变压器是一个降压变压器，其作用是把工频220V电压降到X射线管灯丝所需的十几伏的电压，并提供较大的加热电流（约为十几安）。

携带式X射线机没有高压整流管和高压电容，所有高压部件均在射线机头内；移动式X射线机内有单独的高压发生器，包含高压变压器、灯丝变压器、高压整流管和高压电容等。

高压电缆是移动式X射线机中用来连接高压发生器和X射线机头的电缆。

（2）冷却部分　由于X射线管的能量转换效率很低，电子的能量约有99%转换为热能传给阳极靶，因此X射线管工作时阳极的冷却十分重要。X射线机的冷却方式主要有以下两种：

1）冲油冷却式。外循环油直接进入X射线管的阳极空腔，流出时带走热量。其冷却效率比较高，主要应用于移动式X射线机。

2）辐射散热冷却。辐射散热冷却主要应用在便携式X射线机上。对于气体冷却便携式X射线机，在射线发生器的阳极端装上散热器，一般还装有风扇，通过散热器辐射和射线发生器外壳散热冷却，如图3-9所示；对油冷却便携式X射线机，依靠射线发生器内部的温差和搅拌油泵使油流动带走热量，通过机壳使热量散出。

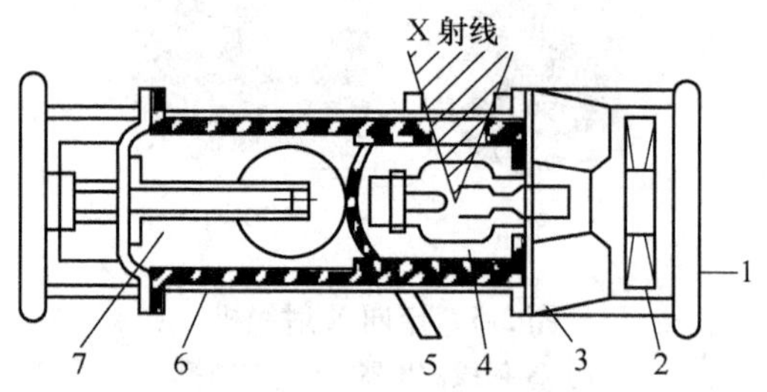

图3-9　气体冷却X射线机

1—把手　2—冷却风扇　3—散热器　4—X射线管　5—遮蔽铅　6—主体套　7—SF6气体

（3）保护部分和控制部分　各种电气设备都有保护部分和控制部分。

X射线机的保护部分主要有短路过电流保护、X射线管阳极冷却保护、X射线管的过电流或过电压保护、零位保护、接地保护和其他保护。

控制部分是指X射线管外部工作条件的总控制部分，主要包括管电压的调节、管电流的调节及各种操作指示。X射线机的操作指示部分包括控制箱上的电源开关，高压通断开关，电压、电流调节旋钮，电流、电压指示表，计时器和各种指示灯等。另外，对控制箱的外壳应进行可靠接地，以防止漏电和高压感应电对人体造成伤害。

3. X射线机的技术性能

X射线机的主要技术性能包括X射线机的电气性能和使用性能。

（1）电气性能的一般要求

1）输入电流、电压波动不应超过额定值的±10%，输出电压波动应不大于额定值的±2%。

2）计时器误差应在5%之内。

3）温度继电器的整定值为（60±5）℃。

4）低压电路绝缘电阻应大于2MΩ。

5）X射线机应有保护接地，接地电阻不大于0.5Ω。

6）气体冷却X射线机机头内SF6气压低于0.34MPa（20℃）时高压应断开。

7）有过电压、过电流保护装置，超过规定值时，高压应断开。

（2）使用性能的一般要求

1）X射线机的穿透力不得低于规定值，见表3-2。

表3-2　X射线机的穿透力

<table>
<tr><td colspan="2">管电压/kV</td><td>150</td><td>200</td><td>250</td><td>300</td></tr>
<tr><td colspan="2">管电流/mA</td><td>5</td><td>5</td><td>5</td><td>5</td></tr>
<tr><td rowspan="3">穿透力（钢）/mm</td><td>定向机</td><td>≥19</td><td>≥29</td><td>≥39</td><td>≥50</td></tr>
<tr><td rowspan="2">周向机</td><td rowspan="2">≥12（锥靶）</td><td>≥27（平靶）</td><td>≥37（平靶）</td><td>≥47（平靶）</td></tr>
<tr><td>≥24（锥靶）</td><td>≥34（锥靶）</td><td>≥40（锥靶）</td></tr>
</table>

2）透照灵敏度不应低于1.8%（对于Q235钢）。

3）产生的X射线应在辐射范围内，辐射场不允许有缺圆。周向X射线机的辐射场应均匀，中心平面内黑度差应小于0.4，辐射角偏差的规定值为±5°。

4）允许漏射线剂量率见表3-3。

表3-3　允许漏射线剂量率

管电压/kV	<150	150~200	>200
空气比释动能率/（mGy/h）	≤1	≤2.5	≤5

注：比释动能是指不带电的粒子与物质相互作用时，在单位质量的物质中释放出来的所有带电粒子的初始动能的总和，其单位是J/kg，特定名称为戈瑞（Gy）。比释动能率是指单位时间的比释动能。空气比释动能率是指在空气中距焦点1m距离处，对空气衰减和散射进行修正后的比释动能率。

4. X射线机的维护和保养

为减少X射线机的使用故障，应做经常性的维护和保养工作。

1）X射线机应摆放在通风干燥处，切忌潮湿、高温、腐蚀等环境，以免降低其绝缘性能。

2）运输时要采用防振措施，避免因剧烈振动造成接头松动、高压包移位、X射线管破损等。

3）保持清洁，防止因尘土、污染造成短路和接触不良。

4）保持电缆头接触良好，如因使用时间过长而发生磨损松动、接触不良，应及时更换。

5）经常检查机头是否漏油（窗口处有气泡）、漏气（压力表值低于0.34MPa），注意及时予以补充，确保绝缘性能满足要求。

5. X射线机的操作步骤

1）将电源线、电缆线插头分别和控制箱、机头、高压发生器及冷却系统等牢固地连接，保证接触良好。

2）检查所使用的电源电压是否为220V，并观察其稳定性，如波动较大（波动范围超过额定电压的±10%），须加设一个调压器或稳压电源。

3）将控制箱上的接地线与外接接地插头连接好，保证可靠接地。

4）训机，保证X射线管具有良好的使用状态，以延长射线机的使用寿命。

5）按要求划线、贴片、调整管电压和曝光时间，准备曝光。

6）按下高压通开关，高压显示灯和毫安指示灯同时闪亮，开始曝光。曝光时计时器显示倒计时，当计时器显示为0时，曝光结束，蜂鸣器响起，红灯熄灭，高压自动切断。

7）当一次曝光时间超过设备最大预置时间5min时，应在休息5min后，调整计时器为剩余曝光时间，再按下高压通开关继续曝光。

6. X 射线机训机

非连续使用的 X 射线机必须按说明书要求进行逐步升高电压的训练，这一过程称为训机。X 射线机训机的目的是确保 X 射线管的高真空度。对于新出厂或长期不使用的 X 射线机，应经严格训练后才能使用。训机一般按设备说明书的要求进行。

下面以常用的金属陶瓷管 2505 型 X 射线探伤机的训机为例进行操作训练。

（1）手动训机　接通电源后，打开电源开关，控制箱面板上的电源指示灯亮，机头风扇开始转动，表明系统已经准备好，可以进行训机或曝光。

1）首先调节管电压旋钮，使其指示最低值 150kV，调整时间指示器为 5min，按下高压通开关。此时高压指示灯（红灯）亮，表示高压已接通。

2）在高压通的 5min 内，以极其缓慢的速度旋转电压调整旋钮，使旋钮指示在 160kV，也就是使升压速度为 2kV/min。

3）5min 后，蜂鸣器响起，红灯熄灭，即高压切断。让机器休息 5min 后，保持时间指示器不变，然后按下高压通开关，继续以 2kV/min 的速度调整电压旋钮，调到 170kV。

4）时间到再休息 5min，然后重复以上操作，直到管电压升到额定电压 250kV 为止，整个训机过程结束。

（2）自动训机　对于装有延时线路、自动训机线路的 X 射线探伤机，其训机可以自动进行。

1）正确连接好设备后，设备指示“准备工作”。在工作状态下按下“训机”键，设备自动从最低电压 150kV 开始训机。机器本身的预置时间为 5min，并自动设置 1:1 休息程序。

2）训机开始后，控制面板显示倒计时，同时电压从 150kV 逐渐升高。当计时器显示为 0 时，训机中断，开始休息，电压显示此时升高到的电压值。

3）机器休息 5min 后，语音提示“继续训机”，电压开始继续升高，计时器从 5min 开始倒计时。

4）以上过程——训机→休息→训机循环进行，直到电压升高到最高负载电压 250kV 为止，语音提示“训机结束”。整个过程都是在设备微机控制系统的自动控制下进行的。

金属陶瓷管训机升压速度规定见表 3-4。

表 3-4　金属陶瓷管训机升压速度规定

闲置时间	训 机 方 法
1 天	只需自动训机到使用电压值，若使用电压较前一天高，可自动训机到前一天使用的电压值后，按 2kV/min 的升压速度手动升到使用的电压值
2 ~ 7 天	手动训机，从最低值开始，按 10kV/min 的速度升到最高值（210kV）时，须休息 5min，然后继续训机
7 ~ 30 天	手动训机，从最低值开始，每 5min 升压 10kV 至最高值，每训机 10min 休息 5min
30 ~ 60 天	手动训机，从最低值开始，每 5min 升压 10kV 至最高值，每升 10kV 电压休息 5min
60 天以上	参照 30 ~ 60 天的训机方法进行，但须增加休息时间和训机次数

3.2.2　X 射线检测使用的器材

1. X 射线胶片

（1）射线胶片的构造及特点　射线胶片的结构如图3-10所示。

1）片基。片基是感光乳剂层的支持体，在胶片中起骨架作用，其厚度约0.175～0.2mm，大多采用醋酸纤维或聚酯材料（涤纶）制作。

2）结合层。其作用是使感光乳剂层和片基牢固地粘结在一起，防止冲洗时感光乳剂层从片基上脱落下来。结合层由明胶、水、活化剂（润湿剂）和树脂（防静电剂）组成。

3）感光乳剂层（又称感光药膜）。感光乳剂层通常由卤化银微粒在明胶中的混合体构成，每层的厚度约为10～20μm。感光乳剂中卤化银的含量、卤化银颗粒团的大小和形状决定了胶片的感光速度。

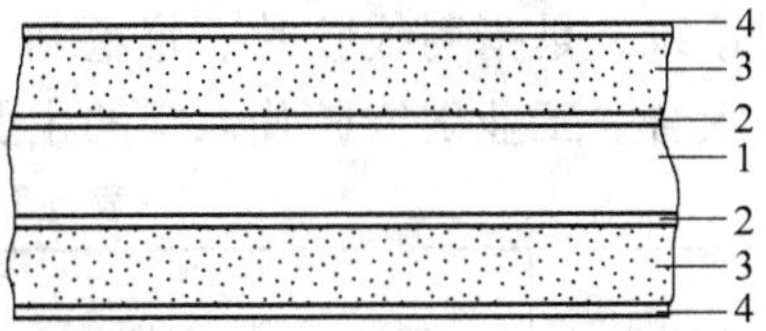

图3-10　工业X射线胶片的构造
1—片基　2—结合层　3—感光乳剂层　4—保护层

4）保护层（又称保护膜）。保护层是一层厚度为1～2μm，涂在感光乳剂层上的透明胶质，用来防止感光乳剂层受到污损和摩擦。其主要成分是明胶、坚膜剂（甲醛及盐酸萘的衍生物）、防腐剂（苯酚）和防静电剂。

（2）射线感光原理和底片黑度　X射线胶片受到可见光或X射线、γ射线的照射时，在感光乳剂层中会产生肉眼看不到的影像，即潜影。潜影的产生是银离子接受电子还原为银的过程，用化学方程式表示为：

照射前　$AgBr = Ag^- + Br^-$

照射后　$Br^- + h\nu \rightarrow Br + e$；$Ag^+ + e \rightarrow Ag$

潜影形成后，经过暗室处理即可得到带有永久性肉眼可见影像的底片。底片上的影像由许多微小的黑色金属银微粒组成，影像各部位的黑化程度与该部位的含银量有关，含银量多的部位比含银量少的部位难于透光。底片的光学密度就是底片的不透明程度，它表示了金属银使底片变黑的程度，所以光学密度通常称为黑度。

设照射到底片上的光强度为I_0，透过底片的光强度为I，光学密度为D，则

$$D = \lg \frac{I_0}{I}$$

（3）射线胶片的感光特性　射线胶片的感光特性主要有感光度（S）、灰雾度（D_0）、梯度（G）、宽容度（L）、颗粒度（σ_D）和最大光学透射密度（D_{max}），这些特性可在胶片特性曲线上定量表示。

感光度（S）是使底片产生一定黑度所需的曝光量的倒数，它表示胶片感光的快慢，因此也称为感光速度。曝光量H是曝光期间胶片接收的光能量，$H = It$，其中I是射线的强度，t是曝光时间。在实际检测中，都采用与射线强度相关的量代替射线强度来表示曝光量，对于X射线，采用管电流与曝光时间之积表示曝光量。

梯度（G）是胶片感光特性曲线上任意一点的切线的斜率，通常所说的梯度指的是胶片特性曲线在规定黑度处的斜率。

灰雾度（D_0）是指在不经过曝光的情况下，胶片在显影后也能得到的黑度。

宽容度（L）是与胶片有效黑度范围相对应的曝光范围，在胶片特性曲线上，用与黑度为许用下限值和上限值相应的相对曝光量的倍数表示。

颗粒度（σ_D）是指射线照相底片上迭加在物体图像上的随机密度波动。

感光乳剂粒度指的是感光乳剂中卤化银颗粒的平均尺寸。

（4）工业射线胶片的分类　按照 GB/T 19348.1—2003（《无损检测　工业射线照相胶片　第 1 部分：工业射线照相胶片系统的分类》），胶片是以胶片系统进行分类的。所谓胶片系统，是指射线胶片、增感屏（材质、厚度）和冲洗条件（方式、配方、温度、时间）的组合。工业射线胶片系统的主要特性指标见表 3-5。

表 3-5　工业射线胶片系统的主要特性指标

胶片系统类别	感光速度	特性曲线平均梯度	感光乳剂粒度	梯度最小值 G_{min}		颗粒度最大值 $\sigma_{D,max}$	（梯度/颗粒度）最小值 $(G/\sigma_D)_{min}$
				$D=2.0$	$D=4.0$	$D=2.0$	$D=2.0$
T1	低	高	微粒	4.3	7.4	0.018	270
T2	较低	较高	细粒	4.1	6.8	0.028	150
T3	中	中	中粒	3.8	6.4	0.032	120
T4	高	低	粗粒	3.5	5.0	0.039	100

注：表中的黑度 D 均指不包括灰雾度的净黑度。

（5）胶片使用和保存注意事项

1）胶片不可接近氨、硫化氢、煤气、乙炔和酸等有害物质，否则会产生灰雾。

2）裁片时不可把胶片上的衬纸取掉，以防止裁切过程中将胶片划伤；不要多层胶片同时裁切，以防止轧刀擦伤胶片。

3）装片和取片时，应避免胶片与增感屏发生摩擦，否则会擦伤底片，显影后底片上会产生黑线。操作时还应避免胶片受压、受曲、受折，否则会在底片上出现新月形影像的折痕。

4）开封后的胶片和装入暗袋的胶片要尽快使用，如工作量较小，一时不能用完，则应采取干燥措施。

5）胶片宜保存在低温低湿环境中，温度以 10～15℃为宜，湿度应保持在 55%～65%之间。湿度高会使胶片与衬纸或增感屏粘在一起；若空气过于干燥，则容易使胶片产生静电感光。

6）胶片应远离热源和射线的影响，在暗室红灯下操作不宜距离过近，暴露时间不宜过长。

7）胶片应竖放，避免受压。

2. 增感屏

（1）增感屏的分类、构造和作用　当射线入射到胶片时，由于射线的穿透力很强，大部分将穿过胶片，胶片仅吸收很少的能量（不到 1%）。为了增强射线对胶片的感光作用，缩短曝光时间，在射线照相检测中，通常在胶片两侧贴前、后增感屏。

目前常用的增感屏有金属增感屏、荧光增感屏和金属荧光增感屏三种。其中以使用金属增感屏所得底片像质最佳，金属荧光增感屏次之，荧光增感屏最差，但增感系数（用来表达增感性能）以荧光增感屏最高，金属增感屏最低。

工业照相一般使用金属增感屏。金属增感屏一般是将薄薄的金属箔粘合在优质纸基或胶片片基上制成，其构造如图 3-11 所示，图 3-12 所示为其外形图。金属箔材质有铅（Pb）、钨（W）、钼（Mo）、铜（Cu）、铁（Fe）等，其中应用最广泛的是用铅合金（含质量分数为5%左右的锑和锡）制作的铅箔增感屏。

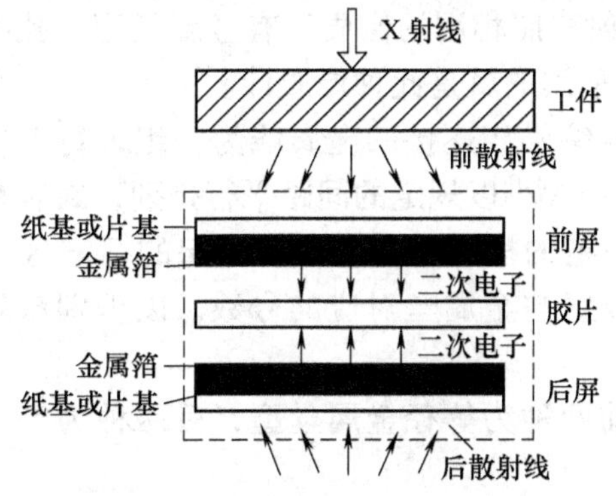

图3-11 金属增感屏的构造和作用图

图3-12 金属增感屏

常用金属增感屏的选用见表3-6。

表3-6 金属增感屏的选用

射线种类	增感屏材料	前屏厚度/mm	后屏厚度/mm
<120keV	铅箔	—	≥0.10
120~250 keV	铅箔	0.025~0.125	≥0.10
>250~450 keV	铅箔	0.05~0.16	≥0.10
1~3MeV	铅箔	1.00~1.60	1.00~1.60
>3~8MeV	铜箔、铅箔	1.00~1.60	1.00~1.60
>8~35MeV	钽箔、钨箔、铅箔	1.00~1.60	—
Ir 192	铅箔	0.05~0.16	≥0.16
Co 60	钽箔、铜箔、铅箔	0.5~2.0	0.25~1.00

（2）增感屏的使用和保管注意事项

1）在使用过程中，增感屏的表面应保持光滑、清洁、无污渍、无损伤、无变形。装片后要求增感屏与胶片能紧密贴合，胶片与增感屏之间不能夹杂异物。

铅箔增感屏的表面比较柔软，如有深划伤或开裂，会使底片上出现类似于裂纹的细黑线，其形状与增感屏上划痕或开裂的形状相同。对于比较轻微的折痕、划痕和由粘合不良引起的鼓泡，可将增感屏放置在光滑的桌面上，用纱布将其抹平。

若铅箔表面有油污，会吸收二次电子，造成减感现象，使底片上产生白影。对于铅箔表面附着的污物，可用干净的纱布蘸乙醚、四氯化碳擦去。

铅箔极易受显影液和定影液的腐蚀，铅箔增感屏沾上了显影液或定影液后如未能及时揩抹干净，则会在增感屏表面产生严重的腐蚀瘢痕，这种增感屏只能废弃。

2）保管铅箔增感屏时要注意防潮，并防止有害气体的侵蚀。铅箔增感屏保存时间过长，会产生铅箔与基材之间的脱胶和合金成分锡、锑在表面呈线状析出现象。此时，增感屏表面会出现黑线条，底片上则会产生白线条。

检查增感屏粘合好坏和是否脱胶，可将增感屏轻轻地反复弯曲后，看增感屏边缘铅箔是否翘起和增感屏上的铅箔是否鼓起。

3. 像质计

（1）像质计的作用和结构　像质计是用来检查和定量评价射线底片影像质量的工具，又称影像质量指示器，或简称 IQI 和透度计。工业射线照相用的像质计有金属丝型、孔型和槽型三种，其中金属丝型应用最广，我国国家标准采用的就是此种像质计。

金属丝型像质计的结构如图 3-13 所示，以七根编号相连接的金属线为一组，每个像质计中所有金属线应由相同或相近材料构成，按照直径大小以规定的间距平行排列，封装在对射线吸收系数很低的透明材料中，或直接安装在一定的框架上，并配备一定的标志（字母和数字）加以说明。一般在排列的金属丝两端还放置与金属丝对应的号数，以识别该丝型像质计。

图 3-14 所示为金属丝型像质计外形图，其中前两种为等径金属丝型，后两种为等比金属丝型。

像质计标志由最大直径的线号、线的材料和标准代号组成。标识中最大直径的线号应放置在最大直径线的一侧，最大直径的线号同时表示像质计号。按线径的不同，像质计分为 4 个型号，见表 3-7。

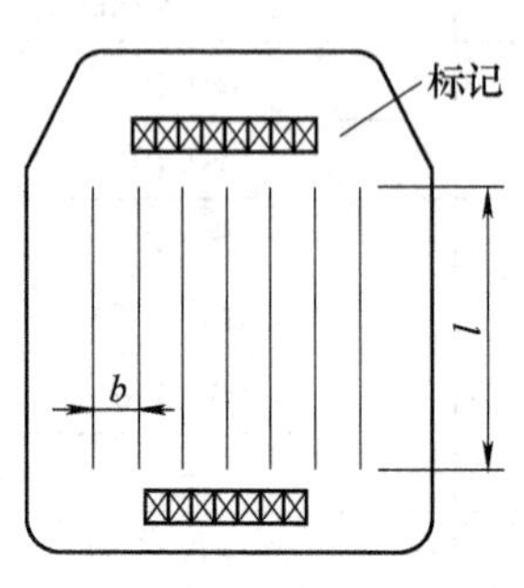

图 3-13　金属丝型像质计的结构

图 3-14　金属丝型像质计

表 3-7　像质计型号和对应线号

像质计型号	1 号	6 号	10 号	13 号
线号	（1）～（7）	（6）～（12）	（10）～（16）	（13）～（19）

像质计通常用与被检工件材质相同或对射线吸收性能相似的材料制作。像质计按材料不同可分为钢质像质计、铝质像质计、钛质像质计和铜质像质计等，分别用代号 FE、AL、TI、CU 代表。几种像质计的适用材料范围见表 3-8。

表 3-8　像质计的适用材料范围

像质计线材代号/线的材料	FE/钢	CU/铜	AL/铝	TI/钛
适用材料范围	铁、镍	铜、锌、锡及锡合金	铝及铝合金	钛及钛合金

（2）像质计的摆放　透照焊缝时，金属丝型像质计应放在被检焊缝射线源一侧、被检区一端，并使金属线横跨焊缝并与焊缝方向垂直，像质计上直径小的金属线应位于被检区外侧（被检区长度 1/4 左右的位置）。当一张胶片上同时透照多条焊接接头时，像质计应放置在透照区最边缘的焊缝处。采用射线源置于圆心位置的周向曝光技术时，可每隔 120°放一

个像质计。

4. 其他照相辅助器材

（1）黑度计 黑度计是用来测量底片黑度的设备。射线照相底片的黑度是用透射式黑度计测量的，目前广泛使用的是数显式黑度计，如图3-15所示。

使用黑度计的一般顺序是：接通外电源→复位→校准零点→测量。使用中的黑度计应定期用标准黑度片进行校验。按照JB/T 4730.2—2005（《承压设备无损检测 第2部分 射线检测》）的规定，黑度计可测的最大黑度不应小于4.5，测量的误差应不超过±0.05；黑度计至少每六个月校验一次。

（2）暗袋 如图3-16所示，装胶片的暗袋可采用对射线吸收少而遮光性好的黑色塑料膜或合成革制作，要求材料薄、软、滑。用黑色塑料膜制作的暗袋比较容易老化，天冷时发硬，热压合的暗袋边容易破裂；用黑色合成革缝制的暗袋则可避免上述弊端。如采用在尼龙绸上涂布塑料的合成革缝制暗袋，由于暗袋内壁较为光滑，装片时，胶片、增感屏较易插入暗袋。

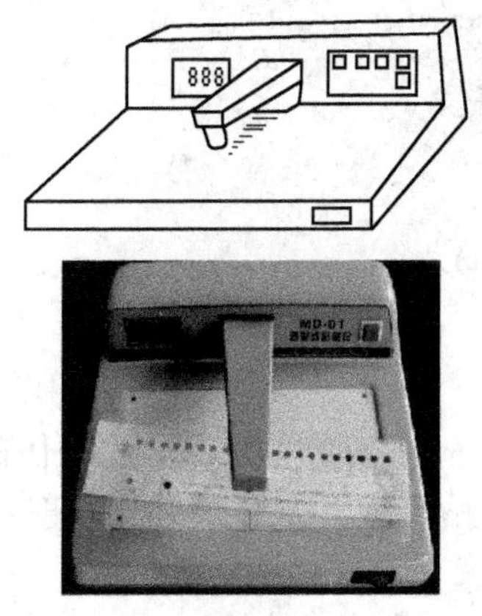

图3-15 数显式黑度计

图3-16 暗袋外形图

暗袋的尺寸，尤其是宽度要与增感屏、胶片的尺寸相匹配，既要能方便地出片、装片，又要使胶片、增感屏与暗袋很好地贴合。暗袋的外面应划上中心标记线，这样可以在贴片时方便地对准透照中心；暗袋背面还应贴上铅质“B”标记，以此作为监测背散射线的附件。由于暗袋经常接触工件，极易弄脏，因此要经常清理暗袋表面，如发现破损应及时更换。

国外还生产一种真空包装胶片，可直接用于拍片。真空包装胶片的暗袋由铅箔、黑纸复合而成，暗袋只能一次性使用。由于是真空包装，无论胶片是否弯曲，增感屏、暗袋受大气压力的作用，始终与胶片紧密地贴合。

（3）标记带、屏蔽铅板和中心指示器

1）标记带。在射线照相检测中，为了建立档案和识别及定位缺陷，需要进行标记。标记主要包括识别标记和定位标记，一般由适当尺寸的铅（或其他适宜的重金属）制数字、拼音字母和符号等构成。

识别标记包括工件编号（或检测编号）、焊缝编号（纵缝、环缝或封头拼接缝等）、部位编号（或片号）、透照日期、透照人员代号等。定位标记包括中心标记“+→”和搭接标记“↑”（如为抽查，则为检查区段标记）。中心标记指示透照部位区段的中心位置和分段编号的方向，搭接标记是连续检验时的透照分段标记。

所有标记都可用透明胶带粘在中间挖空（长宽约等于被检焊缝的长宽）的长条形透明片基或透明塑料上，组成标记带。标记带上同时配置适当型号的像质计，如图 3-17 所示。标记带两端可附有吸附在材质上的磁钢，如图 3-18 所示，以便于整齐摆放标记。所有标记的底片上的影像不得相互重叠，并应距离被检焊缝边缘 5mm 以上。

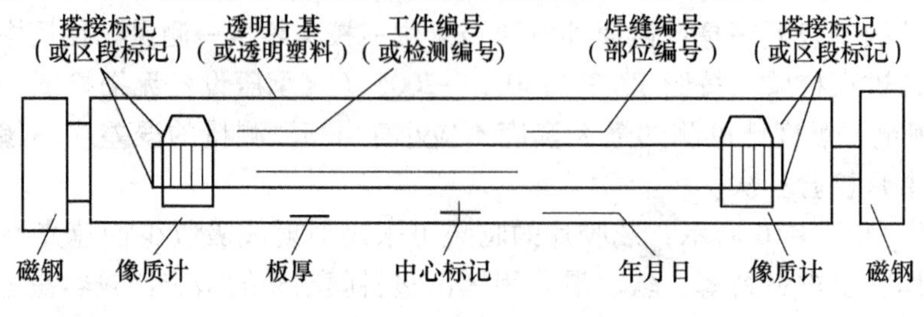

图 3-17　标记带的示例

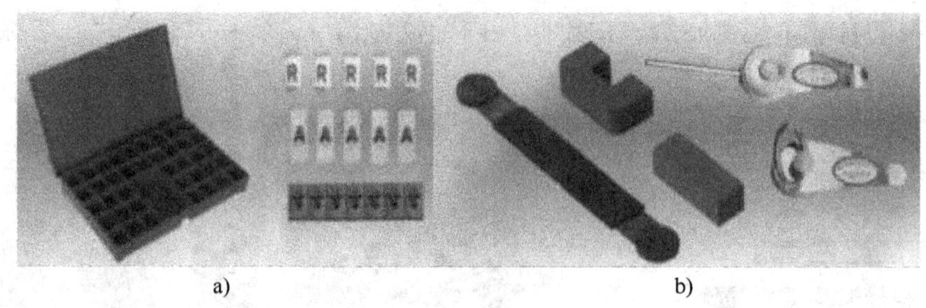

图 3-18　铅字和磁钢
a）铅字系列　b）磁钢系列

2）屏蔽铅板和中心指示器。为屏蔽后方散射线，应制作一些与胶片暗袋尺寸相仿的屏蔽板，屏蔽板由 1 mm 厚的铅板制成。贴片时，将屏蔽铅板紧贴暗袋，以屏蔽后方散射线。

射线机窗口应装设中心指示器，如图 3-19 所示。中心指示器上装有厚度约为 6mm 的铅光阑，可有效地遮挡非检测区的射线，以减少前方散射线；还装有可以拉伸、收缩的对焦杆，对焦时可将拉杆拨向前方，透照时则拨向侧面。利用中心指示器可方便地指示射线方向，使射线束中心对准透照中心。

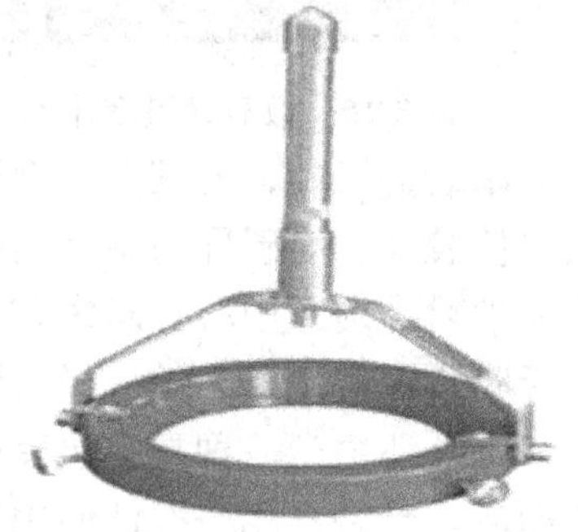

图 3-19　中心指示器

3）其他小器件。射线照相的辅助器材很多，除上述用品、设备、器材之外，为方便工作，还应备齐一些小器件，如卷尺、钢印、锤子、照明灯、电筒、各种尺寸的铅遮板、补偿泥、贴片磁钢、透明胶带、各式铅字、盛放铅字的字盘、划线尺、石笔、记号笔等。

3.3　射线照相质量的影响因素

评价射线照相质量最重要的指标是射线照相灵敏度。所谓射线照相灵敏度，从定量方面来说，是指在射线底片上可以观察到的最小缺陷尺寸或最小细节尺寸；从定性方面来说，是指发现和识别细小影像的难易程度。

灵敏度有绝对与相对之分，在射线照相底片上所能发现的沿射线穿透方向上的最小缺陷尺寸称为绝对灵敏度。此最小缺陷尺寸与射线透照厚度的百分比称为相对灵敏度。

JB/T 4730.2—2005 将射线检测技术分为三级：低灵敏度技术（A级）、中灵敏度技术（AB级）和高灵敏度技术（B级）。对特种设备、承压类设备对接接头的制造、安装、使用时的射线检测，一般应按AB级射线检测技术进行检测；对重要的设备、结构、特殊材料和用特殊焊接工艺制作的对接接头，可采用B级射线检测技术进行检测；A级射线检测技术通常用于承压设备的支承件和结构件对接接头的检测。

射线照相灵敏度是射线照相对比度 ΔD、不清晰度 U 和颗粒度 σ_D 三大要素的综合结果，射线照相灵敏度的影响因素见表3-9。

表3-9 射线照相灵敏度的影响因素

射线照相对比度 $\Delta D=0.434\mu G\Delta T\ (1+n)$		射线照相不清晰度 U $U=\sqrt{U_g^2-U_i^2}$		射线照相颗粒度
主因对比度 $\Delta I/I=\mu\Delta T/\ (1+n)$	胶片对比度 $G=\Delta D/\Delta\lg E$	几何不清晰度 $U_g=db/\ (F-b)$	固有不清晰度 $U_i=0.0013\ (KV)^{0.79}$	$\sigma_D=\left[\sum_{i=1}^{N}\frac{(D_i-\overline{D})^2}{N-1}\right]^{\frac{1}{2}}$
1）缺陷造成的透照厚度差 ΔT（缺陷高度、透照方向） 2）射线的性质 μ（或 λ、能量） 3）散射比 n	1）胶片类型（或梯度 G） 2）显影条件（配方、时间、活度、温度） 3）底片黑度 D	1）焦点尺寸 d 2）焦点至胶片距离 F 3）缺陷至胶片距离 b	1）射线的性质 μ（或 λ、能量） 2）增感屏的种类（Pb、Au、Sb） 3）增感屏与胶片贴紧程度	1）胶片系统（胶片型号、增感屏、冲洗条件） 2）射线的性质 μ（或 λ、能量） 3）曝光量（It）和底片黑度 D

1. 射线照相对比度

将射线照片上两个区域之间的黑度差定义为射线照相对比度，又称底片反差，记为 ΔD。射线照相对比度越大，影像就越容易被观察和识别。

从公式 $\Delta D=0.434\mu G\Delta T\ (1+n)$ 分析，射线照相对比度 ΔD 是主因对比度和胶片对比度 G 共同作用的结果。从表3-9中的影响因素分析可知：

1）透照方向与 ΔT 的关系特别明显。为提高射线照相对比度，必须选择适当的透照方向或控制一定的透照角度，以求得较大的 ΔT。例如，有些焊缝下的裂纹方向与工件表面不是垂直的，欲检测此类裂纹，应使主射线束与裂纹方向尽量一致。

2）在给定材质的情况下，透照的射线能量越低，线质越软，μ 值越大。因而，在保证射线穿透力的前提下，选择能量较低的射线进行照相，是增大对比度的常用方法。

3）减小散射比可以提高对比度。因此，透照时必须采取有效措施控制和屏蔽散射线。

4）不同类型的胶片具有不同的梯度，要想提高对比度，可以选择梯度较大的胶片。黑度影响胶片梯度，胶片梯度随黑度的增加而增大，为增大对比度，射线照相底片往往取较大的黑度值。此外，显影配方、显影时间、温度及显影液活度等都会影响胶片的梯度。

2. 射线照相不清晰度

将射线底片上黑度变化区域的宽度定义为射线照相不清晰度 U。在实际工业射线照相中，构成射线照相不清晰度的主要因素有两方面，即由于射线源有一定尺寸而引起的几何不清晰度 U_g 及由于电子在胶片乳剂中散射而引起的固有不清晰度 U_i。其关系式为

$$U=\sqrt{U_g^2-U_i^2}$$

（1）几何不清晰度 U_g　如图 3-20 所示，X 射线管阳极靶被电子撞击的部分称为实际焦点，实际焦点在垂直于管轴线平面上的投影称为有效焦点。射线检测设备说明书提供的焦点尺寸就是有效焦点。射线源焦点形状如图 3-21 所示，可分为正方形、长方形、圆形和椭圆形四类，其尺寸分别用下式表示：

正方形焦点　　$d=a$

长方形、椭圆形焦点　　$d=(a+b)/2$

圆形焦点　　$d=d$

由于 X 射线管焦点或 γ 射线源都有一定的尺寸，所以透照工件时，工件表面轮廓或工件中的缺陷在底片上的影像边缘会产生一定宽度的半影，此半影宽度就是几何不清晰度 U_g，如图 3-22 所示。U_g 的值可用下式计算

$$U_g=db/(F-b)$$

式中　d——焦点尺寸；

F——焦点至胶片的距离；

b——缺陷至胶片的距离。

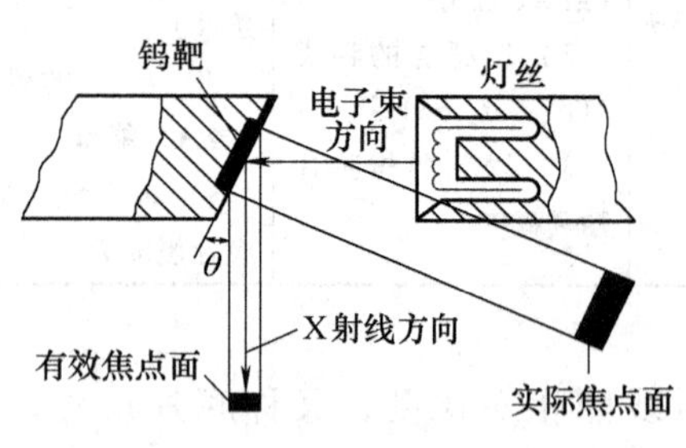

图 3-20　实际焦点和有效焦点

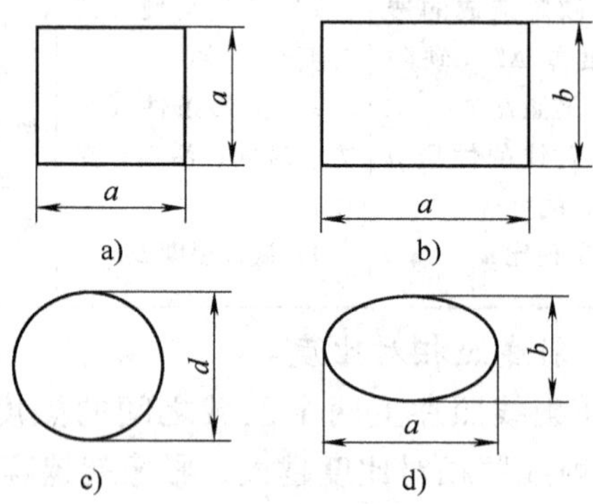

图 3-21　焦点形状

a）正方形　b）长方形　c）圆形　d）椭圆形

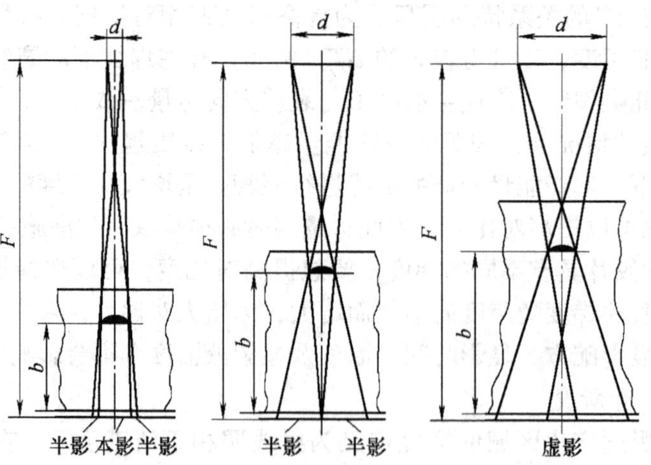

图 3-22　射线照相几何条件对不清晰度的影响

从以上公式可以看出：

1）焦点小，则照相清晰度好，底片灵敏度高；但焦点大有利于散热，可以承受较大的管电流。

2）在焦点尺寸和工件厚度给定的情况下，为获得较小的 U_g 值，透照时需要取较大的焦距 F。但由于射线强度与距离的平方成反比，如果要保证底片黑度不变，在增大焦距的同时就必须延长曝光时间或提高管电压，所以对此要综合权衡考虑。

（2）固有不清晰度 U_i　固有不清晰度是由照射到胶片上的射线在感光乳剂层中激发出电子的散射所产生的，其大小就是散射电子在胶片感光乳剂层中作用的平均距离。固有不清晰度主要取决于射线的能量。

增感屏的材料种类、厚度及使用情况都会影响固有不清晰度。在中低能 X 射线照相中，使用铅增感屏时的固有不清晰度 U_i 比不使用时有所增大；在 γ 射线和高能 X 射线照相中，使用铜、钽、钨制作的增感屏可得到比铅增感屏更小的固有不清晰度 U_i。使用增感屏时，如果增感屏与胶片贴合得不紧而留有间隙，也会使不清晰度明显增大。

3. 射线照相颗粒度

颗粒度是指在均匀曝光的射线底片上，影像黑度分布不均匀的视觉印象。颗粒度限制了影像能够记录和显示的缺陷（细节）的最小尺寸。为了检测细小缺陷，应优先选用感光乳剂粒度小的胶片，这是保证检测结果准确的基本条件。另外，射线照相的颗粒度随射线能量的提高而增大。

3.4 射线透照工艺

图 3-23 所示是射线照相法检测的基本程序。

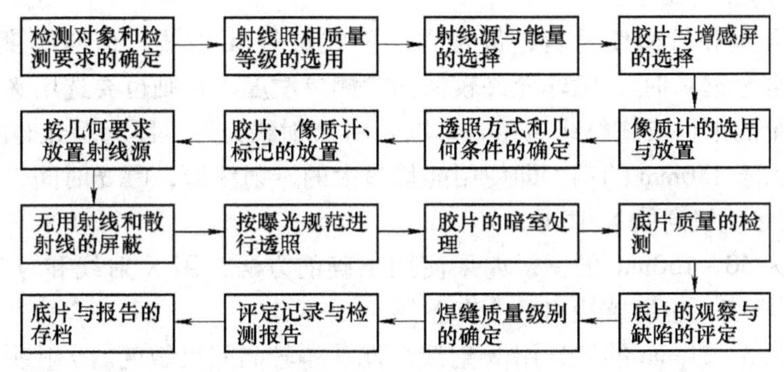

图 3-23　射线照相法检测的基本程序

3.4.1 射线透照参数的选择

1. 射线源和能量的选择

选择射线源的首要因素是射线对被检测试件具有足够的穿透力。

X 射线的穿透力取决于管电压，管电压越高，穿透厚度越大。工业 X 射线设备可透照的钢的最大厚度见表 3-10。

表 3-10　工业 X 射线设备可透照的钢的最大厚度

X 射线能量	高灵敏度法可穿透钢的最大厚度/mm	低灵敏度法可穿透钢的最大厚度/mm
100keV	10	16
150keV	15	24
200keV	25	35
300keV	40	60
400keV	75	100
1MeV	125	150
2MeV	200	250
8MeV	300	350
30MeV	325	450

γ 射线的穿透力取决于射线源的种类，表 3-11 列出了常用 γ 射线源可透照的钢的厚度范围。

表 3-11　常用 γ 射线源可透照的钢的厚度范围

射线源种类	高灵敏度法/mm	低灵敏度法/mm
Se-75	14 ~ 40	5 ~ 50
Ir-192	20 ~ 90	10 ~ 100
Cs-137	30 ~ 100	20 ~ 120
Co-60	60 ~ 150	30 ~ 200

注：高灵敏度法大致相当于 JB/T 4730. 2—2005 中的 B 级和 AB 级，低灵敏度法大致相当于 JB/T 4730. 2—2005 中的 A 级。

选择射线源的原则如下：

1）对轻质合金和低密度材料，最常用的射线源是 X 射线；透照厚度小于 5mm 的钢（铁素体钢或高合金钢）时，除非允许较低的检测灵敏度，否则也要选用 X 射线。

2）对大批量的工件实施射线照相时，以采用 X 射线为好，因为曝光时间较短。

3）对厚度大于 150mm 的钢，即使用能量最大的 γ 射线源，曝光时间也是很长的，如工件批量大，宜用兆伏级高能 X 射线。

4）对厚度为 50 ~ 150mm 的钢，如果使用正确的方法，用 X 射线和 γ 射线可得到几乎相同的像质计灵敏度，但裂纹检出率会有差异。

5）对厚度为 5 ~ 50mm 的钢，用 X 射线总能获得较高的灵敏度。γ 射线源的选择，则应根据具体厚度和所要求的检测灵敏度选择 Ir-192 或 Se-75，并应考虑配合适当的胶片类别。

6）只要与容器直径有关的焦距能满足几何不清晰度的要求，环形焊缝的透照应尽量选用圆锥靶周向 X 射线机，作内透中心法垂直全周向曝光。

7）选用平面靶周向 X 射线机对环形焊缝作内透中心法倾斜全周向曝光时，必须考虑射线倾斜角度对焊缝中纵向面状缺陷的检出影响。

从射线照相度公式可知，X 射线管电压升高时，其对比度降低，固有不清晰度增大，底片颗粒度也将增大，其结果是射线照相灵敏度下降。因此，选择射线能量的原则是：在保证穿透力的前提下，选择能量较低的 X 射线。但是，选择能量较低的射线虽可以获得较高的对比度，但较高的对比度却意味着较低的透照厚度宽容度（即透照厚度差，见3.4.2）。因此，选择射线能量时还必须考虑能够得到合适的透照厚度宽容度。在采用较高的管电压时，应保证适当的曝光量。

JB/T 4730.2—2005规定了不同材料、不同透照厚度允许采用的最高X射线管电压，如图3-24所示。对截面厚度变化大的承压设备，在保证灵敏度要求的前提下，允许采用超过图3-24中规定的X射线管电压。但对钢、铜及铜合金材料，管电压增量不应超过50kV；对钛及钛合金材料，管电压增量不应超过40kV；对铝及铝合金材料，管电压增量不应超过30kV。

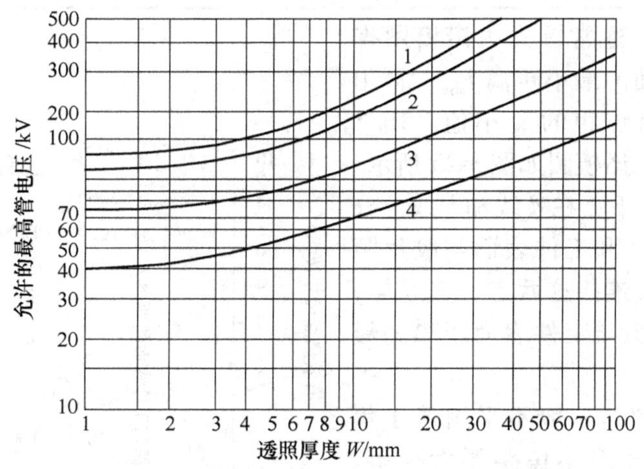

图3-24 不同透照厚度允许的最高透照管电压

1—铜及铜合金 2—钢 3—钛及钛合金 4—铝及铝合金

按照JB/T 4730.2—2005，γ射线源和能量在1MeV以上的X射线设备的透照厚度范围应符合表3-12的规定。采用射线源在内中心透照的方式，在保证像质计灵敏度达到要求的前提下，允许γ射线的最小透照厚度取表3-12中规定的下限值的1/2。采用其他透照方式，在采取有效补偿措施并保证像质计灵敏度达到要求的前提下，A级、AB级的Ir-192射线源的最小透照厚度可降至10mm，Se-75射线源的最小透照厚度可降至5mm。

表3-12 γ射线源和能量在1MeV以上的X射线设备的透照厚度范围（钢、不锈钢、镍合金等）

射线源	透照厚度 W/mm	
	A级、AB级	B级
Se-75	≥10～40	≥14～40
Ir-192	≥20～100	≥20～90
Co-60	≥40～200	≥60～150
X射线（1～4MeV）	≥30～200	≥50～180
X射线（>4～12MeV）	≥50	≥80
X射线（>12MeV）	≥80	≥100

2. 焦距的选择

从射线照相清晰度公式可以看出，焦距对清晰度的影响主要表现在几何不清晰度上。焦距F越大，几何不清晰度U_g越小，底片上的影像越清晰。为保证射线照相清晰度，JB/T

4730.2—2005 中规定了射线源与工件表面的距离 f 应满足表 3-13 的要求。由于 $F=f+b$，所以表中关系式也就限制了 F 的最小值。

表 3-13　JB/T 4730.2—2005 对 f 的要求

射线检测技术等级	射线源与工件表面的距离 f	几何不清晰度 U_g
A 级	$f \geqslant 7.5db^{\frac{2}{3}}$	$U_g \leqslant \frac{2}{15}\sqrt[3]{b}$
AB 级	$f \geqslant 10db^{\frac{2}{3}}$	$U_g \leqslant \frac{1}{10}\sqrt[3]{b}$
B 级	$f \geqslant 15db^{\frac{2}{3}}$	$U_g \leqslant \frac{1}{15}\sqrt[3]{b}$

在实际工作中，通常首先由诺模图查出射线源与工件表面的最小距离 f_{min}，再用公式 $F=f+b$ 算出焦距的最小值。JB/T 4730.2—2005 提供的诺模图如图 3-25 所示。诺模图的使用方法如下：在 d 线和 b 线上分别找出有效焦点尺寸和工件表面与胶片距离的对应点，用直线连接这两点，直线与 f 线的交点即为射线源与工件表面距离的最小值，即 f_{min} 值。

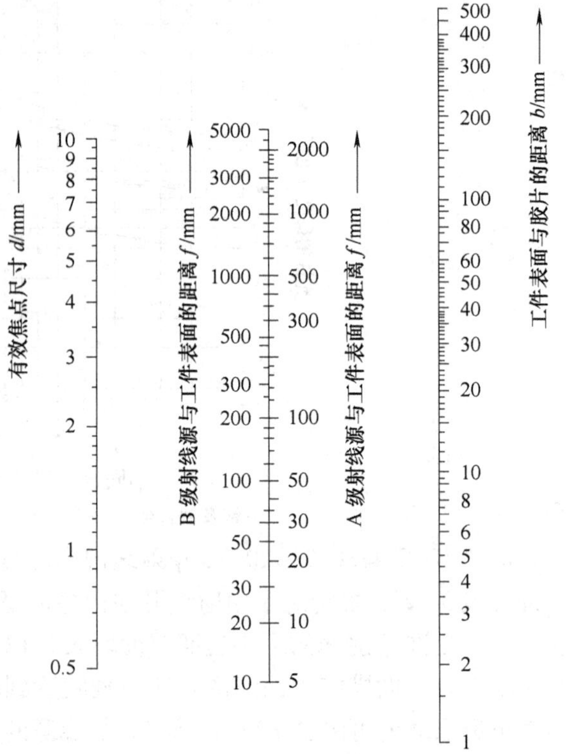

图 3-25　A 级和 B 级射线检测技术确定焦点与工件表面距离的诺模图

当然，实际透照时一般不采用最小焦距值，所用的焦距比最小焦距要大得多。这是因为透照场的大小与焦距相关，焦距增大后，均匀强度透照场的范围增大，这样可以得到较大的有效透照长度，同时影像清晰度可进一步提高。

3. 曝光量

曝光量可定义为射线源发出的射线强度与照射时间的乘积。对 X 射线来说，曝光量是指管电流 I 与照射时间 t 的乘积，即 $E=It$；对于 γ 射线来说，曝光量是指射线源活度 A 与照射时间 t 的乘积，即 $E=At$。

曝光量是射线透照工艺的一项重要参数，其对黑度和灵敏度有重要影响。透照时，底片黑度与曝光量有很好的对应关系，因此可以通过改变曝光量来控制底片黑度。曝光量也影响底片灵敏度，从而影响底片上可记录的最小细节尺寸。JB/T 4730.2—2005 推荐的曝光量见表 3-14。

表 3-14　射线照相的推荐曝光量

检测技术等级	曝光量/mA · min
A 级和 AB 级	≥15
B 级	≥20

注：推荐值是指焦距为 700mm 时的曝光量。当焦距改变时，可按平方反比定律对曝光量推荐值进行换算；当采用 γ 射线透照时，总的曝光时间应不少于输送源往返所需时间的 10 倍。

平方反比定律是物理光学的一条基本定律，即从一点发出的辐射，其强度 I 与距离 F 的平方成反比，即

$$\frac{I_1}{I_2}=\left(\frac{F_2}{F_1}\right)^2$$

需要说明的是，底片黑度只与总的曝光量有关，而与辐射强度和时间的单独作用无关。这是光化学反应的一条基本定律，称为互易律，即决定光化学反应产物质量的条件取决于两个因素的乘积，而与这两个因素的单独作用无关。

将互易律和平方反比定律结合起来，可得到曝光因子公式：

X 射线
$$j_x=\frac{I_1t_1}{F_1^2}=\frac{I_2t_2}{F_2^2}=\cdots=\frac{I_nt_n}{F_n^2}$$

γ 射线
$$j_x=\frac{A_1t_1}{F_1^2}=\frac{A_2t_2}{F_2^2}=\cdots=\frac{A_nt_n}{F_n^2}$$

曝光因子公式清楚地表达了射线强度、曝光时间和焦距之间的关系，通过上式可以方便地确定在上述三个参数中的一个或两个发生改变时，如何修正其他参数。

3.4.2 透照方式的选择和一次透照长度的计算

1. 透照方式的选择

对接焊缝射线照相的常用透照方式（布置）主要有 10 种，如图 3-26 所示。选择透照方式时，应综合考虑各方面因素：

1）单壁透照的灵敏度明显高于双壁透照，因而优先选择单壁透照；双壁透照一般用于射线源或胶片无法进入内部的小直径容器和管道的焊缝透照；双壁双影法一般只用于直径为 100mm 及以下的管子（称为小径管）的环焊缝透照，当壁厚 $T\leqslant 8$mm，焊缝宽度 $g\leqslant D_o/4$（D_o 表示管子外径）时，双壁双影透照布置采用倾斜透照方式椭圆成像。

2）射线源在外的透照方式与射线源在内的透照方式相比，前者对容器内壁表面裂纹有更高的检出率。双壁透照的直透法比斜透法更容易检出未焊透或根部未熔合缺陷。

3）环缝透照时，在焦距和一次透照长度相同的情况下，射线源在外透照法具有更小的透照厚度差和横裂检出角；选择一次透照长度较大的透照方式，可以提高检测速度和工作效率。

4）一般来说，对容器进行透照时，射线源在外的操作更方便一些。而球罐的 X 射线透照，透照上半球时，射线源在外透照较方便；透照下半球时，射线源在内透照较方便。

5）透照方式的选择还与试件大小及检测设备情况有关。例如：当试件直径过小时，射线源在内透照可能不能满足几何不清晰度的要求，因而只能采用射线源在外的透照方式；使用移动式 X 射线机只能采用射线源在外的透照方式；使用 γ 射线源或周向 X 射线机时，选择射线源在内中心透照法对环焊缝进行周向曝光，更能发挥设备的优点。

值得强调的是，在环焊缝的各种透照方式中，以射线源在内中心透照周向曝光法为最佳，该方法透照厚度均一，横裂检出角为 0°，底片黑度、灵敏度俱佳，缺陷检出率高，且一次透照整条环缝，工作效率高，应尽可能选用。

2. 一次透照长度的计算

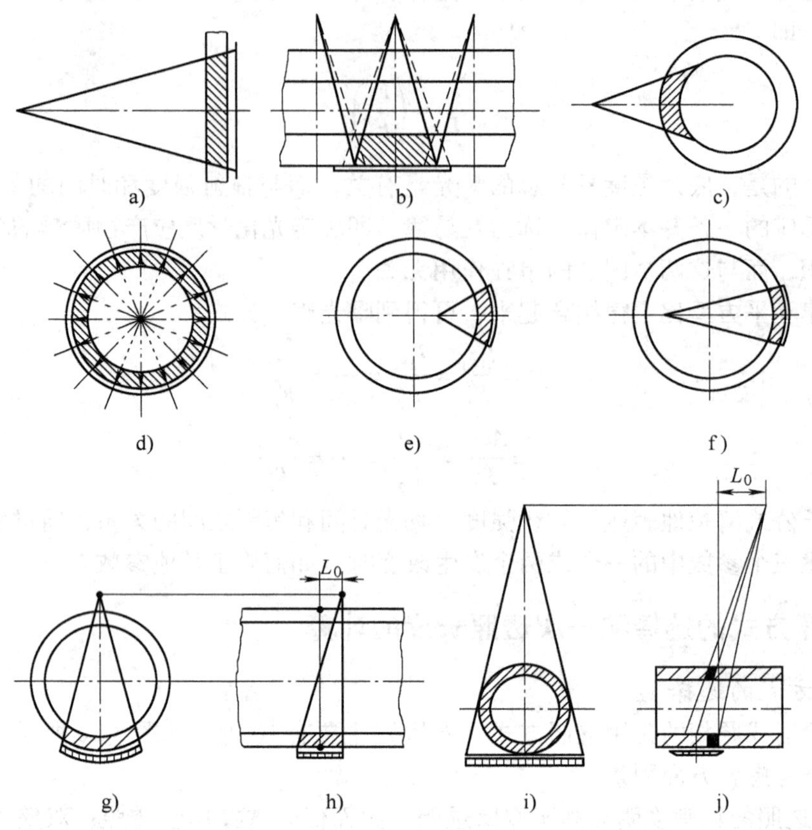

图 3-26　常用的对接焊缝透照方式

a）直缝单壁透照　b）直缝双壁透照　c）环缝外透　d）环缝内透（中心法）
e）环缝内透（内偏心法，$F<R$）　f）环缝内透（内偏心法，$F>R$）　g）环缝双壁单影
h）环缝双壁单影（$L_0=0$，直透法）　i）环缝双壁双影　j）环缝双壁双影（$L_0=0$，直透法）

一次透照长度，即焊缝射线照相一次透照的有效检测长度，它对照相质量和工作效率同时产生影响。实际工作中，一次透照长度的选取受两方面因素的限制，一个是射线源有效照射场的范围，一次透照长度不可能大于有效照射场的尺寸；另一个是射线照相的透照厚度比 K 间接限制了一次透照长度的大小，JB/T 4730.2—2005 对透照厚度比 K 的规定见表 3-15。

表 3-15　JB/T 4730.2—2005 允许的透照厚度比

射线检测技术级别	A 级、AB 级	B 级
纵向焊接接头	$K≤1.03$	$K≤1.01$
环向焊接接头	$K≤1.1$	$K≤1.06$

注：对 $100\text{mm}<D_0≤400\text{mm}$ 的环向对接焊接接头（包括曲率相同的曲面焊接接头），A 级、AB 级允许采用 $K≤1.2$。

另外，透照时的搭接长度和评片时的有效评定长度也与一次透照长度有关。搭接长度是指一张底片与相邻底片重叠部分的长度，有效评定长度是指一次透照检测长度在底片上的投影长度。利用这两项数据，可确定所使用的胶片的长度和底片的有效评定范围。

如图3-27所示，$\theta=\arccos(1/K)$，而θ又与一次透照长度L_3有关，所以L_3的大小要按标准的规定通过计算求出。下面介绍几种常用透照方式中L_3的计算过程。

（1）直缝透照　最常见的直缝有平板对接焊缝、筒体纵缝等，其透照厚度比示意图如图3-27所示，可知

$$K=\frac{T'}{T}=\frac{1}{\cos\theta}$$

即$\theta=\arccos(1/K)$

$$L_3=2L_1\tan\theta$$

对A级、AB级：$K\leqslant1.03$，则$\theta\leqslant13.86°$，$L_3\leqslant0.5L_1$；对B级：$K\leqslant1.01$，则$\theta\leqslant8.07°$，$L_3\leqslant0.3L_1$。

搭接长度可根据相似三角形推出

$$\Delta L=L_2L_3/L_1$$

当$L_3=0.5L_1$时，$\Delta L=0.5L_2$；当$L_3=0.3L_1$时，$\Delta L=0.3L_2$。

底片的有效评定长度为

$$L_{eff}=L_3+\Delta L$$

实际透照时，如搭接标记放在射线源，则底片上搭接标记之间的长度为有效评定长度；如搭接标记放在胶片侧，则除底片上搭接标记之间的长度以外还应附加ΔL的长度才是有效评定长度。

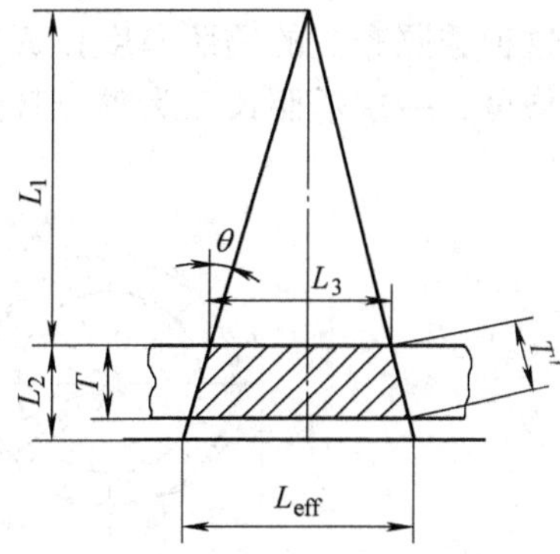

图3-27　焊缝透照厚度比示意图

（2）环缝单壁外透法　采用外透法100%透照环焊缝时，满足一定透照厚度比的最少曝光次数N可由下式确定

$$N=\frac{180}{\alpha}$$

而

$$\alpha=\theta-\eta\quad\theta=\arccos\left[\frac{1+(K^2-1)T/D_o}{K}\right]$$

$$\eta=\arcsin\left(\frac{D_o}{D_o+2L_1}\sin\theta\right)$$

当$D_o\geqslant T$（一般认为$D_o/T\geqslant30$）时，$\theta=\arccos(1/K)$

式中　α——一次透照长度对应的圆心角；

θ——影像最大失真角；

η——有效半辐射角；

K——透照厚度比；

T——工件厚度；

D_o——容器外径。

由上式可进一步计算射线源侧焊缝的一次透照长度L_3和胶片侧焊缝的等分长度L_3'，以及底片有效评定长度L_{eff}和相邻两片的搭接长度ΔL

$$L_3=\pi D_o/N$$

$$L'_3 = \pi D_i / N$$

$$\Delta L = 2T\sin\theta / \cos\theta$$

$$L_{\text{eff}} = L'_3 + \Delta L$$

实际透照时，若搭接标记放在射线源侧焊缝透检区两端，则底片上搭接标记之间的长度范围即为有效评定长度，无需计算。

另外，查 JB/T 4730.2—2005 推荐的曲线图也能确定整条环向对接接头所需的透照次数（可自行学习），但一次透照长度 L_3、底片有效评定长度 L_{eff} 和相邻两片的搭接长度 ΔL 仍需计算。

（3）内透中心法　采用此法时的透照布置如图 3-28 所示，射线源或焦点位于容器、圆筒或管道中心，胶片可整条或逐张连接覆盖在整圈环缝外壁上，射线对焊缝作一次性周向曝光。这种透照布置的透照厚度比 $K=1$，横向裂纹检出角 $\theta \approx 0°$，搭接标记置于射线源侧或胶片侧均可，一次透照长度为整条环缝长度，其检测效率高，是环缝透照首选的方法。

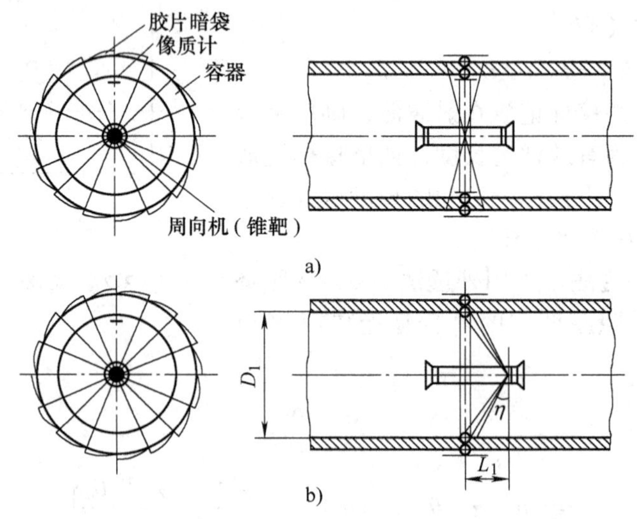

图 3-28　内透中心法

a）锥靶周向（垂直周向）　b）平靶周向（倾斜周向）

（4）双壁双影法　按照 JB/T 4730.2—2005 的规定，当小径管（外径 $D_o \leqslant 100$mm）对接环缝的壁厚 $T \leqslant 8$mm，焊缝宽度 $g \leqslant D_o/4$ 时，若采用射线束相对于焊缝倾斜透照的椭圆成像法，即双壁双影法，为防止倾斜斜角过大，影像过度失真，应控制影像的开口宽度（上、下焊缝投影的最大间距）约等于焊缝宽度。

倾斜透照布置如图 3-29 所示，其平移距离可按下式计算

$$\frac{S_0}{f} = \frac{g + W}{b}$$

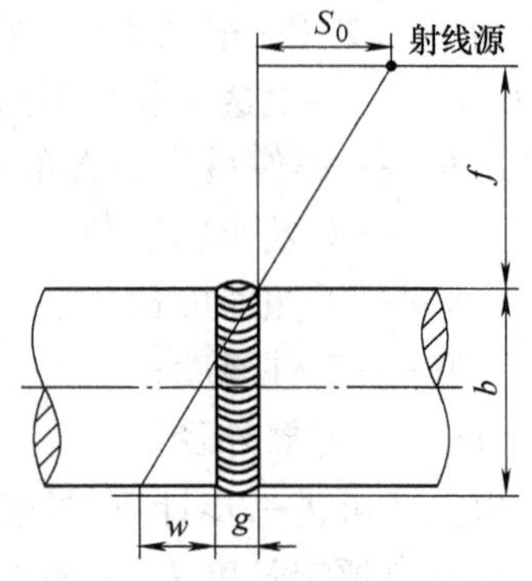

图 3-29　双壁双影法倾斜透照

即
$$S_0 = \frac{(g + W) f}{b}$$

式中 S_0——平移距离；

g——焊缝宽度；

W——上、下焊缝投影的最大间距（焊缝影像开口宽度）。

如果小径管的对接环缝不满足上述条件或椭圆成像有困难，可采用垂直透照方式重叠成像，这种方式尤其适用于焊缝根部裂纹和未焊透的检测，此时胶片宜弯曲贴合焊缝表面，以尽量减少缺陷与胶片的距离。当发现缺陷后，由于不能分清缺陷是处于射线源侧还是胶片侧焊缝中，一般多作整圈返修处理。

内透偏心法（$F<R$ 和 $F>R$ 两种）和双壁单影法请参考有关资料。

3.4.3 曝光曲线的制作和应用

在实际工作中，通常应根据工件的材质与厚度来选取射线能量、曝光量及焦距等工艺参数，上述参数一般是通过查曝光曲线来确定的。曝光曲线是表示工件（材质、厚度）与工艺规范（管电压、管电流、曝光时间、焦距、暗室处理等）之间相关性的曲线图示。曝光曲线是控制能量和曝光量的依据，每台X射线机必须通过试验制作曝光曲线，且每台X射线机的曝光曲线各不相同，不能通用，在实际使用中还应根据具体情况作适当调整。

1. 设备和器材

（1）设备 XXQ-2005 型 X 射线机。

（2）胶片 天津Ⅲ型胶片。

（3）增感屏 铅箔增感屏，前、后屏厚度均为0.03mm。

（4）显影液 D19b 型显影药液。

（5）试块与垫板 如图3-30所示的阶梯试块1块，与阶梯试块尺寸相同，厚度为8mm的垫板1块。试块和垫板的材料为普通低合金钢或碳素钢。

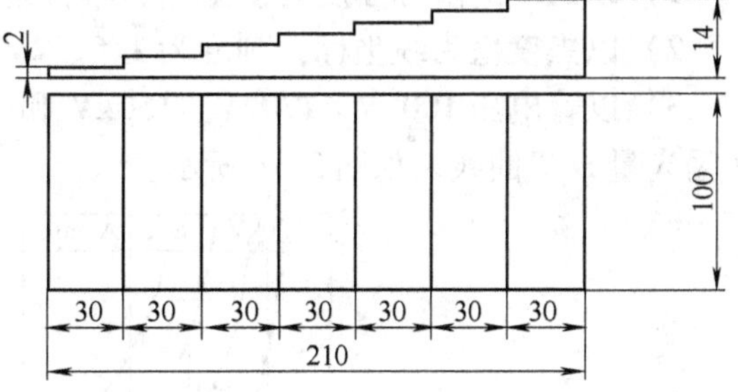

图3-30 曝光用阶梯试块

（6）其他 TH-386A 型黑度计、铅字、尺、瞄准器、坐标纸、薄铅板。

2. 制作方法

1）确定有关数据。焦距 $F=600$mm；暗室显影条件：显影温度为24℃，显影时间为3min；黑度 $D=2.0$。

2）将胶片切成10张长200mm、宽80mm的胶片，分别将每张胶片放在两片增感屏中间，并与增感屏一起装入暗袋。

3）将10个暗袋分成两组：A组暗袋分别贴上铅字“A1”、“A2”、“A3”、“A4”、“A5”；B组暗袋分别贴上铅字“B1”、“B2”、“B3”、“B4”和“B5”。

3. 曝光

1）在地面上铺一块比阶梯试块大一些的薄铅板，其作用是吸收散射线。将贴有“A1”标记的暗袋放在铅板的中心位置，将试块放在暗袋上，注意使试块完全覆盖住胶片。

2）将机头用支架支起，调整焦距，使射线源与胶片之间的距离为600mm，并用瞄准器调整机头，使主射线束对准试块中心。

3）以100kV的管电压、2mA · min的曝光量，即0.4min的曝光时间，对试块进行曝光，摄得小曝光量100kV条件的阶梯试块胶片1张。将“A1”暗袋收起，换成“A2”暗袋，曝光时间不变，管电压改为120kV，进行曝光，摄得小曝光量120kV条件的胶片一张。用同样的方法调整管电压为150kV、170kV、200kV，分别对“A3”、“A4”和“A5”暗袋进行曝光。

4）将厚度为8mm的垫片放在阶梯试块下面，以50mA · min的曝光量，也就是曝光时间为10min的条件，分别用100kV、120kV、150kV、170kV和200kV的管电压按上述方法对“B1”、“B2”、“B3”、“B4”和“B5”胶片进行曝光，摄得5张不同电压条件下大曝光量的阶梯试块胶片。

4. 测量黑度

1）将摄得的10张阶梯试块胶片采用相同的暗室处理条件进行冲洗，显影温度为24℃，显影时间为3min，用机器自动冲洗（也可用手洗）。

2）用黑度计测量每张底片上每级阶梯影像的黑度，设计一张表格，将数据记录下来。

5. 绘制 *D-T* 曲线

1）以试块的阶梯厚度为横坐标，单位是mm。

2）以黑度值为纵坐标，刻度为1.5、2.0和2.5。

3）以管电压100kV、120kV、150kV和170kV为变量，分别绘制小曝光量 *D-T* 曲线和大曝光量 *D-T* 曲线，如图3-31所示。

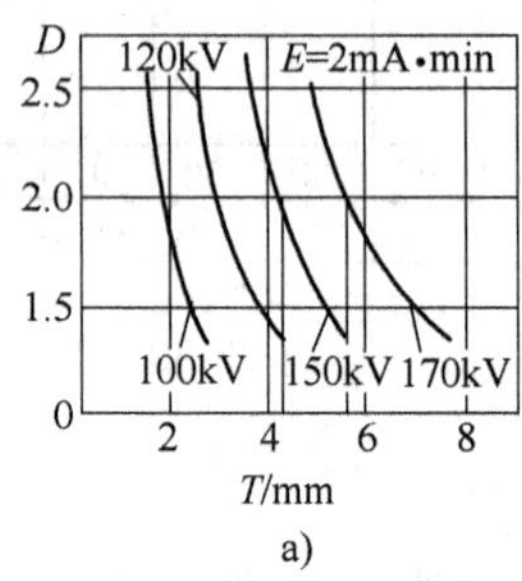

a)

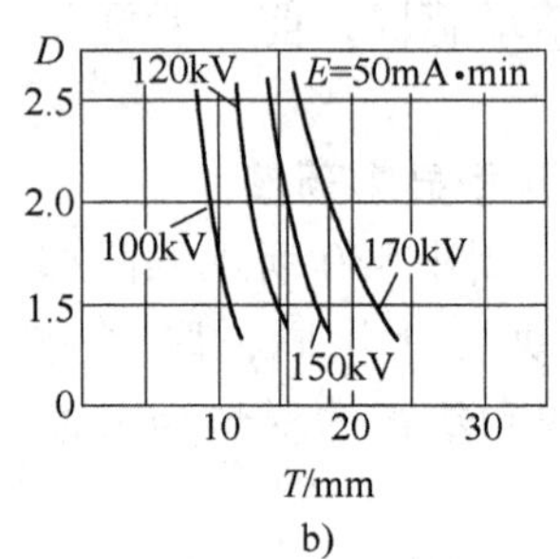

b)

图3-31 *D-T* 曲线

a）小曝光量 b）大曝光量

6. 绘制 *E-T* 曲线

1）横坐标仍为试块的阶梯厚度，纵坐标为曝光量的对数，建立 *E-T* 坐标。

2）选定基准黑度 $D=2.0$。从小曝光量 *D-T* 曲线（图3-31 a）上查出，150kV管电压在 $D=2.0$ 时对应的厚度值为4.2mm，即 $E_1=2\text{mA}\cdot\text{min}$，$T_1=4.2\text{mm}$。

3）查大曝光量 *D-T* 曲线（图3-31b）得，当管电压为150kV，$D=2.0$ 时，对应的厚度值为16mm，即 $E_2=50\text{mA}\cdot\text{min}$，$T_2=16\text{mm}$。

4）将上述两点在图3-32中的 *E-T* 坐标上标出，用直线连接起来并延长，在直线的附近标出“150kV”字样，则可得到150kV的曝光曲线。

5）用同样的方法绘制170kV管电压对应的曝光曲线。查图3-31a，$D=2.0$与170kV曲线交点的横坐标为5.6mm，即$E_1=2\text{mA}\cdot\text{min}$，$T_1=5.6\text{mm}$。再查图3-31b，当$D=2.0$时，170kV曲线对应的横坐标为18mm，即$E_2=50\text{mA}\cdot\text{min}$，$T_2=18\text{mm}$。将上述（$T_1$，$E_1$）和（$T_2$，$E_2$）两点在图3-32中的坐标标出，连接两点并适当延长，在直线附近标出“170kV”字样，则可得到170kV的曝光曲线。

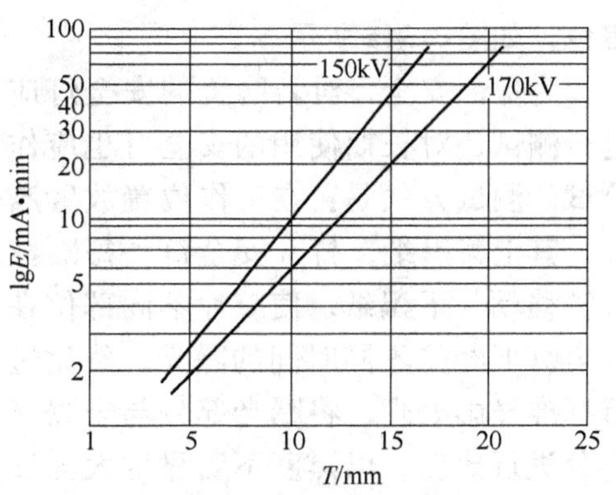

图3-32 *E-T*曝光曲线

6）采用上述方法逐一绘制出其他管电压下的曝光曲线，整个*E-T*曲线就完成了。

7）在所绘制的曝光曲线图下面标明固定条件，包括所使用的设备、焦距、胶片、增感方式、所使用的冲洗条件和基准黑度。

7. 注意事项

由于每条曝光曲线只适用于一组特定的条件，因此做试验时应保证这一组特定条件始终不变。

1）阶梯试块的加工要保证精度，阶梯厚度不得有较大的厚度偏差。

2）由于射线的辐射强度与射线源和胶片的距离的平方成反比，焦距的细微变化，将会影响到达胶片的射线强度的较大变化。所以为保证试验的准确性，要准确量出射线源至胶片的距离，并在整个曝光过程中保持不变。

3）摄得的两组胶片要以相同的显影条件进行冲洗，不同的显影温度和显影时间会使底片黑度产生很大的差异，以致影响曝光曲线的准确性。

3.5 暗室处理技术

暗室处理是指通过显影、停显、定影、水洗、干燥等工作，使被射线曝光的带有潜影的胶片变为带有可见影像的底片。暗室处理是射线照相的重要环节之一，底片质量的好坏与暗室处理技术水平及操作正确与否密切相关。

3.5.1 暗室基础知识

1. 暗室布置

手工冲洗的暗室如图3-33所示。暗室应有足够的空间，各种器材的摆放位置应适当，以利于工作。暗室应分为干区和湿区两部分，其中干区用于摆放胶片、暗盒、增感屏等器材，并用来进行切片、装片等工作；湿区用来进行显影、停显、定影、水洗、干燥等工作。此外，暗室要注意遮光、屏蔽、通风换气、给排水地面和墙壁干燥、工作台防水和防腐蚀等问题。

2. 暗室器材

（1）安全灯　安全灯用于胶片冲洗过程中的照明，采用胶片对其不敏感的暗红色或暗橙色，如图 3-34a 所示。

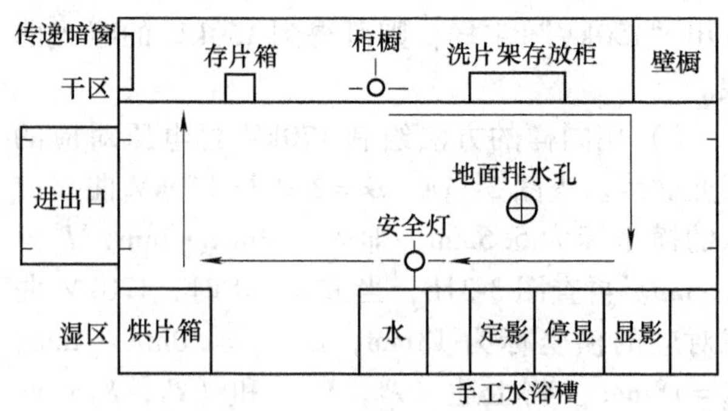

图 3-33　手工冲洗的暗室

为保证安全，对新购置的安全灯应进行测试，对长期使用的安全灯也应作测试。测试方法是：在工作位置放置胶片，其上盖黑纸，打开安全灯，每隔数分钟移动一下黑纸，使胶片不同部位在安全灯下经受不同时间的曝光；然后进行标准显影处理，将曝光部分与未曝光部分进行比较，以黑度不明显增大为安全。据此可确定安全灯的性能以及允许工作时间和工作距离。

（2）温度计　温度计用于在配液和显影操作中测量药液温度，采用量程为 0～100℃、分度值为 1℃或 0.5℃的酒精玻璃温度计（图 3-34b），也可使用半导体温度计。需要注意的是，配制药液时严禁将温度计作为搅拌棒使用。

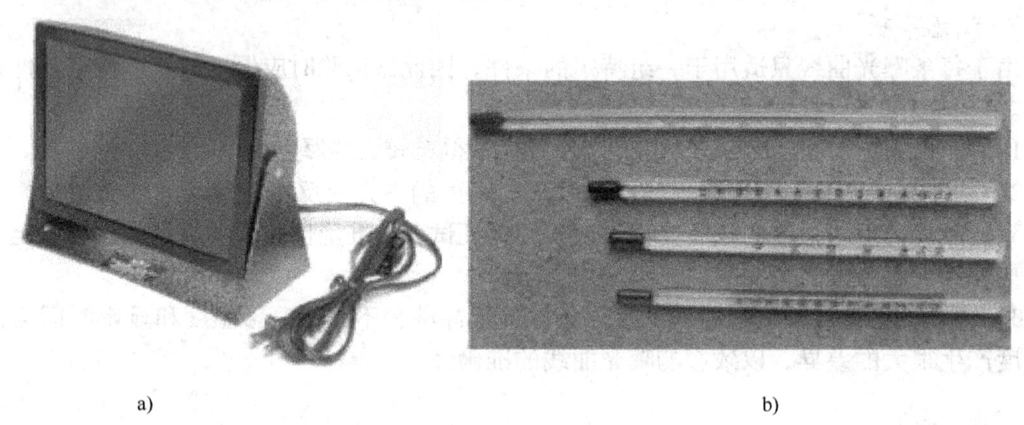

a)　　b)

图 3-34　安全灯和酒精玻璃温度计

a）安全灯　b）酒精玻璃温度计

（3）洗片槽和洗片架　图 3-35a 所示为应用广泛的槽式洗片槽。洗片槽一般采用不锈钢或塑料制成，其深度应超过底片长度 20% 以上。使用时应将药液装满槽，并随时用盖子将槽盖好，以减少药液氧化。

洗片槽应按显影、停显、定影的顺序排列，彼此之间应留有适当的距离，以防止胶片处理过程中药液相互污染；同时应有明显的标志，以防错用药液。洗片槽应定期清洗，保持清洁。

洗片架按形状可分为插式洗片架（图 3-35b）和夹式洗片架，它是射线工作暗室操作中的常用工具。使用时，将待冲洗的底片插入洗片架中，使显影液及定影液很好地与底片接触并发生反应，防止因为底片与药水接触不均匀而造成底片的浪费。洗片架更能很好地防止底片之间互相粘连。

（4）烘片箱　烘片箱是烘干底片的设备，一般为电热恒温，如图 3-35c 所示。烘片箱应严格按照产品使用说明书进行操作：使用时，把胶片悬挂在烘片箱内，用热风烘干，热风温度一般不超过40℃；放入和取出胶片时必须关闭电源开关；烘片箱必须有效接地；烘片箱应定期保养，保持清洁。

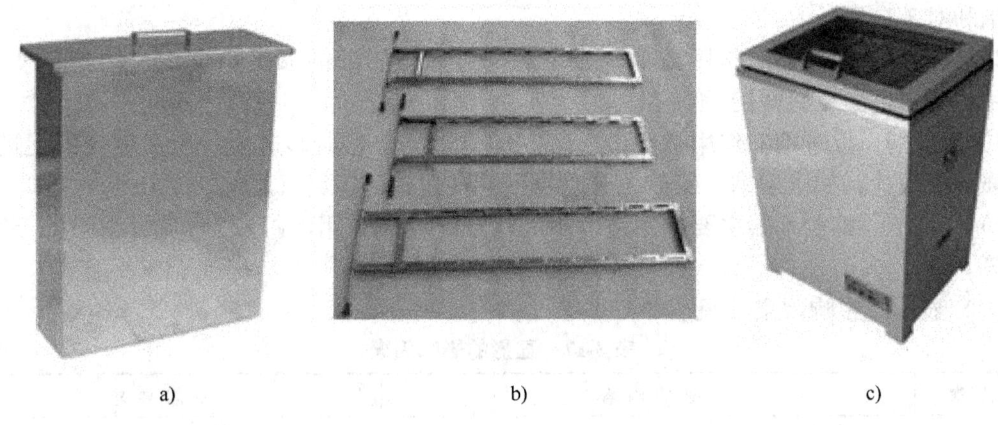

a)　　b)　　c)

图3-35　不锈钢洗片槽、洗片架和烘片箱

a）洗片槽　b）洗片架　c）烘片箱

3.5.2　暗室处理程序和方法

胶片暗室处理的基本程序包括：显影、停显、定影、水洗和干燥。手工处理胶片时各程序的操作条件和要求见表3-16。在实际使用中，显影液和定影液可以按照需要，用购买的显影粉和定影粉（图3-36）按其说明书进行配制。

表3-16　手工处理胶片时各程序的操作条件和要求

处理程序	温度/℃	时间/min	操作要点
显影	20±2	4~6	预先水浸，水平、竖直方向移动胶片，显影过程中适当搅动
停显	16~24	约0.5	胶片应完全浸入停显液中，并充分搅动
定影	16~24	5~15	适当搅动
水洗	16~24	30~60	流动水漂洗
干燥	≤40	—	去除表面水滴后干燥，环境空气中应没有灰尘或其他漂浮杂物

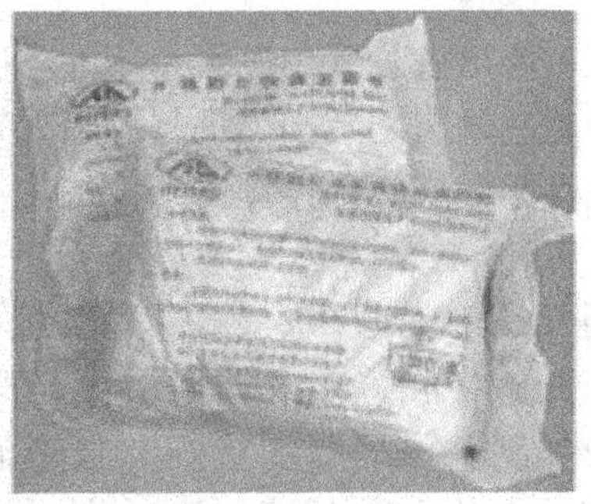

图3-36　显影粉和定影粉

1. 显影

（1）显影液　具有显影作用的液体称为显影液，其基本组成及作用如下：

1）显影剂。显影剂的作用是将已感光的卤化银还原为金属银，常用的显影剂有米吐尔、菲尼酮和对苯二酚。

2）保护剂。保护剂的作用是阻止显影剂与进入显影液的氧发生作用，使其不被氧化。最常用的保护剂是亚硫酸钠。

3）促进剂。促进剂的作用是增强显影剂的显影能力和显影速度。通常使用的促进剂是一些强碱弱酸盐，如碳酸钠、硼砂，有时也用一些强碱，如氢氧化钠。

4）抑制剂。抑制剂的主要作用是抑制底片灰雾度，常用的抑制剂包括溴化钾、苯丙三氮唑等。

（2）显影的影响因素（见表3-17）

表3-17　显影的影响因素

影响因素	影响内容	一般要求
显影时间	显影时间过长，黑度和反差会增加，但影像颗粒和灰雾度也将增大；而显影时间过短，将导致黑度和反差不足	对于手工处理，多数规定为4~6min
显影温度	温度高时显影速度快，温度低时显影速度慢。温度高时，对苯二酚的显影能力增强，影像反差增大，同时灰雾度也增大，颗粒变粗，此时药膜松软，容易划伤或脱落；温度低时，对苯二酚的显影能力减弱，此时显影要靠米吐尔作用，因此反差降低	对于手工处理，多数规定显影温度为（20±2）℃
显影操作	在显影过程中进行搅动，不仅可使显影速度加快，而且保证了显影作用均匀，同时也能提高底片反差	胶片在显影液中时，应不断进行搅动显影液，尤其是胶片进入显影液的最初1min的频繁搅动特别重要
显影液活度	显影液活度取决于显影剂的种类和浓度，以及显影液的pH值。若使用老化的显影液，显影速度将变慢，反差减小，灰雾度增大	在活度降低的显影液中加入补充液，每次添加的补充液最好不超过槽中显影液总体积的2%；当加入的补充液达到原显影液体积的2倍时，药液必须废弃

2. 停显

从显影液中取出胶片后，显影作用并不立即停止，胶片感光乳剂层中残留的显影液还在继续显影。因此，显影之后必须进行停显处理，然后再进行定影，否则胶片容易产生不均匀的条纹和两色性雾翳。两色性雾翳是极细的银粒沉淀，在反射光下呈蓝色，在透射光下呈粉红色。

停显液通常是浓度为2%~3%的醋酸溶液，其他停显剂有柠檬酸、亚硫酸氢钠等。停显时，由于酸碱中和，感光乳剂层中会产生CO_2气泡，并从表面排出，因此操作时应不间断地充分搅动。停显温度最好与显影温度接近，若停显温度过高，可能会产生网纹和皱褶等缺陷。在热天或药液温度较高时，药膜极易损伤，可在停显液中加入坚膜剂无水硫酸钠。

3. 定影

显影后的胶片，其感光乳剂层中大约还有70%的卤化银未被还原成金属银，这些卤化银必须从感光乳剂层中除去，才能将显影形成的影像固定下来，这一过程称为定影。

（1）定影液 定影液包含四种组分：定影剂、保护剂、坚膜剂和酸性剂。

1）定影剂。常用的定影剂为硫代硫酸钠，其分子式为 $Na_2S_2O_3$，通过它将底片上未经显影的卤化银溶解掉。

2）保护剂。保护剂的作用是防止定影剂硫代硫酸钠在酸性溶液中脱落，常用的保护剂为无水亚硫酸钠。

3）坚膜剂。在定影过程中，胶片乳剂层吸水膨胀，易造成划伤和药膜脱落，坚膜剂的作用就是减少划伤和防止药膜脱落。常用的坚膜剂有硫酸铝钾（钾明矾）和硫酸铬钾（钾铬矾）等。

4）酸性剂。为中和停显阶段未除净的显影液碱性物质，通常将定影液配制成酸性溶液，加入的酸性物质通常是醋酸或硼酸。

（2）定影的影响因素（见表3-18）

表3-18 定影的影响因素

影响因素	影 响 内 容	一 般 要 求
定影时间	影响定影剂对胶片感光乳剂层中未显影卤化银的溶解程度，以及被溶解的银盐从乳剂中渗出进入定影液	射线照相底片在标准条件下，采用硫代硫酸钠配方的定影液，所需的定影时间一般不超过15min
定影温度	影响定影速度，随着定影温度的升高，定影速度将加快；但如果温度过高，胶片感光乳剂层将过度膨胀，容易造成划伤或药膜脱落	一般规定为16～24℃
定影操作	搅动可以提高定影速度，并使定影均匀	在定影过程中，应适当搅动定影液，一般每2min搅动一次
定影液活度	老化的定影液使得定影速度越来越慢，所需时间越来越长，同时会分解出硫化银，使底片变黄	对所使用的定影液，当其需要的定影时间已长达新液所需时间的2倍时，即认为定影液已经失效，须更换新液

4. 水洗和干燥

（1）水洗 水洗的目的是将胶片表面和感光乳剂层内吸附的残留物质清除掉。水洗时，将定影后的胶片放入流动的清水中，并控制温度为16～24℃，水洗时间不少于20min。如果无法采用流动水，则需要频繁更换水并增加水洗时间。如胶片数量多，应分批冲洗，不能有新从定影液中取出的胶片，以免互相污染。

（2）干燥 干燥的目的是去除膨胀的感光乳剂层中的水分。干燥的方法有自然干燥和烘箱干燥两种。自然干燥是将胶片悬挂起来，在清洁通风的空间中晾2～3h，干燥时胶片之间不要过于紧密，以防其在风的吹动下粘贴在一起。烘箱干燥是把胶片悬挂在烘箱内，用热风烘干，热风温度一般应不超过40℃。

最后将干燥后的底片收集起来，相互之间用隔片纸隔开，理清顺序，装入底片袋（盒）中。

3.6 射线照相底片的评定

3.6.1 评片基本要求

1. 环境设备要求

（1）观片室 观片室应单独布置，室内光线应柔和偏暗，一般应等于或低于透过底片光的亮度。室内照明应避免直射人眼或在底片上产生反光。观片灯两侧应有适当的台面供放置底片及记录。黑度计、直尺等常用仪器和工具应靠近放置，保证取用方便。

（2）观片灯 如图3-37所示，观片灯应符合GB/T 19802—2005（《无损检测 工业射线照相观片灯 最低要求》）的规定，其中规定了对工业射线照相底片观片灯的分类、技术要求、试验方法、包装、储存和运输等的最低要求。

图3-37 工业射线照相底片观片灯

观片灯的亮度必须可调，其最大亮度应能满足评片的要求。按照JB/T 4730.2—2005的规定，当底片评定范围内的黑度$D \leqslant 2.5$时，透过底片评定范围内的亮度应不低于30cd/m^2；当底片评定范围内的黑度$D > 2.5$时，透过底片评定范围内的亮度应不低于10cd/m^2。

光源的颜色通常是白色。观片灯应有足够大的照明区，一般不小于300mm×80mm，实际使用时可采用一系列遮光板改变照明区面积，使其略小于底片尺寸。

（3）其他工具

1）放大镜：放大倍数一般为2～5倍。

2）遮光板：观察局部区域或细节时，用于遮挡周围区域的透射光。

3）评片尺：最好是透明塑料尺，如图3-38所示。

图3-38 评片尺

4）记号笔：用于在底片上做标记。

5）手套：避免评片人员的手指与底片直接接触，以免产生污痕。

2. 评片人员要求

评片人员应经过系统的专业培训，并通过法定部门的考核，确认其具有承担此项工作的能力和资格；应具有良好的视力，要求未经矫正或经矫正的近（距）视力和远（距）视力不低于5.0（小数记录为1.0）。

3. 评片工作程序

预先做好各项准备工作，包括使观片室符合要求，准备观片灯、黑度计及其他各项工具。评片人员在评片前应经历一定的暗适应时间，从阳光下进入评片的暗适应时间一般为5～10min，从一般的室内进入评片的暗适应时间应不少于30s。底片质量检查的工作程序如下。

（1）评片前的工作　接通观片灯电源，并打开观片灯开关，调节相关旋钮至适宜亮度，放好遮光板，将底片放在观片灯上进行观察。

（2）底片灵敏度检查　底片灵敏度检查的内容包括：底片上是否有像质计影像，像质计型号、规格、摆放位置是否正确，能够观察到的像质计金属丝丝号是多少，以及其是否达到了标准规定的要求等。

注意：若在焊缝影像上能清晰地看到长度不小于10mm的像质计金属丝影像，就认为是可识别的。特种设备和承压设备（锅炉、压力容器和压力管道）射线检测底片应识别的像质计丝号可查阅JB/T 4730.2—2005的相关规定。

（3）底片黑度检查　用黑度计测量底片黑度时，只有当有效评定区内各点的黑度均在标准规定的范围内时，才能认为底片黑度符合要求。承压设备底片评定范围内的黑度应符合表3-19的规定。对于对接接头而言，一般最大黑度区域在底片中部焊接接头热影响区附近，最小黑度区域在底片两端焊缝余高中心位置附近，如图3-39所示。

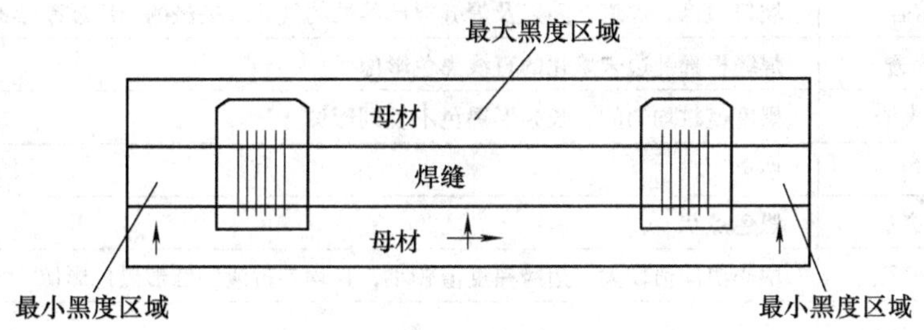

图3-39　最大黑度区域和最小黑度区域

表3-19　承压设备底片评定范围内的黑度

射线检测技术级别	A级	AB级	B级
黑度 D 范围	$1.5 \leqslant D \leqslant 4.0$	$2.0 \leqslant D \leqslant 4.0$	$2.3 \leqslant D \leqslant 4.0$

注：1. 用X射线透照小径管或其他截面厚度变化大的工件时，AB级最小黑度允许降至1.5，B级最低黑度可降至2.0。

2. 采用多胶片法时，单片观察的黑度应符合以上要求；双片叠加观察仅限于A级，叠加观察时，单片的黑度应不低于1.3。

（4）底片标记检查　底片上标记的种类和数量应符合有关标准和工艺规定。常用的标记种类有工件编号、焊缝编号、部位编号、中心定位标记和搭接标记。此外，有时还需使用返修标记、像质计放在胶片侧的区别标记，以及人员代号、透照日期等。

标记应放在适当位置，距焊缝边缘应不少于5mm。

（5）背散射检查　背散射检查即“B”标记检查。观片时，若发现在较黑背景上出现较淡的“B”字影像，则说明背散射严重，应采取防护措施重新拍照；若不出现“B”字或在较淡背景上出现较黑“B”字，则说明底片未受背散射影响，符合要求。

（6）底片表观质量检查　主要检查底片表面机械损伤和因表面附着污物所产生的伪缺

陷。检查方法是：手持底片，使观片灯的灯光照射到底片上，通过反射光观察底片表面，就可以清晰地进行鉴别。

(7) 记录　上述五项检查结束后，应作好相关记录。必要时，应整理、分类合格与不合格的底片，并作标记。

3.6.2　评片基础知识

1. 焊接缺陷影像显示

各种焊接缺陷在射线照相底片上的显示特征见表 3-20。

表 3-20　焊接缺陷在底片上的显示特征

焊接缺陷		射线照相法底片上的显示特征
种类	名称	
裂纹	横向裂纹	与焊缝方向垂直的黑色条纹
	纵向裂纹	与焊缝方向一致的黑色条纹
	放射裂纹	由一点辐射出去的星形黑色条纹
	弧坑裂纹	弧坑中纵、横向及星形黑色条纹
未熔合与未焊透	未熔合	坡口边缘、焊道之间以及焊缝根部等处的气孔或夹渣的连续或断续的黑色影像
	未焊透	焊缝根部钝边未熔化的直线黑色影像
夹渣	条状夹渣	黑度值较均匀的、长条形黑色不规则影像
圆形缺陷	夹钨	白色块状
	点状夹渣	黑色点状
	球形气孔	中心黑度值较大、边缘黑度值较小，且均匀过渡的圆形黑色影像
	均布及局部密集气孔	均布及局部密集的黑色点状影像
	链状气孔	与焊缝方向平行的成串并呈直线状的黑色影像
	柱状气孔	黑度极大且均匀的黑色圆形影像
	斜针状气孔（螺孔、虫形孔）	单个或呈“人”字分布的带尾黑色影像
	表面气孔	黑度值不太高的圆形影像
	弧坑缩孔	焊道末端的凹陷，为黑色影像
形状缺陷	咬边	位于焊缝边缘，与焊缝走向一致的黑色条纹
	缩沟	单面焊，背部焊道两侧的黑色影像
	焊缝超高	焊缝正中的灰白色突起
	下塌	单面焊，背部焊道两侧的灰白色影像
	错边	焊缝一侧与另一侧的黑度值不同，有一明显界限
	焊瘤	焊缝边缘的灰白色突起
	下垂	焊缝表面的凹槽，黑度值较高的一个区域
	烧穿	单面焊，背部焊道由于熔池塌陷形成气洞，在底片上为黑色影像
	缩根	单面焊，背部焊道正中的沟槽，呈黑色影像

（续）

焊接缺陷		射线照相法底片上的显示特征
种类	名称	
其他缺陷	电弧擦伤	母材上的黑色影像
	飞溅	灰白色圆点
	表面撕裂	黑色条纹
	磨痕	黑色影像
	凿痕	黑色影像

2. 伪缺陷影像显示

伪缺陷是指由于照相材料、工艺或操作不当而在底片上留下的影像，应注意区分，避免将其按焊接缺陷处理而造成误判。常见的伪缺陷影像见表3-21。

表3-21 射线照相底片上常见的伪缺陷影像及其可能原因

影像特征	可能原因	影像特征	可能原因
细小霉斑区域	底片陈旧发霉	密集黑色小点	定影时银粒子流动
底片角上、边缘上有雾	暗盒封闭不严，漏光	黑度较大的点和线	局部受机械压伤或划伤
普遍严重发灰	红灯不安全，显影液失效，胶片存放不当或过期	浅色圆环斑	显影过程中有气泡
暗黑色珠状影像	显影处理前溅上显影液	浅色斑点或区域	增感屏损坏
黑色枝状条纹	静电感光		

一些含有缺陷的底片示例如图3-40～图3-43所示。

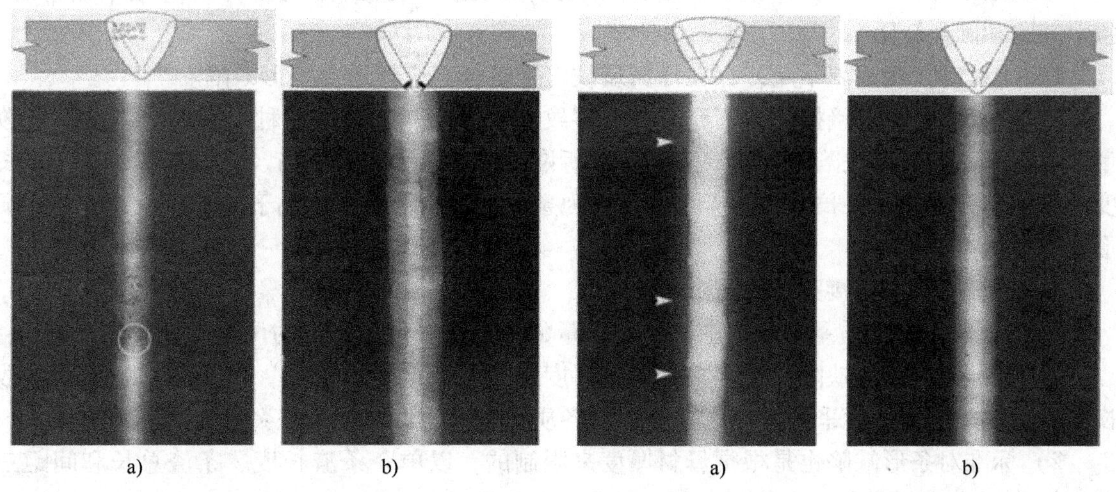

图3-40 射线照相底片影像一
a）链状气孔 b）线状夹渣

图3-41 射线照相底片影像二
a）横向裂纹 b）未熔合

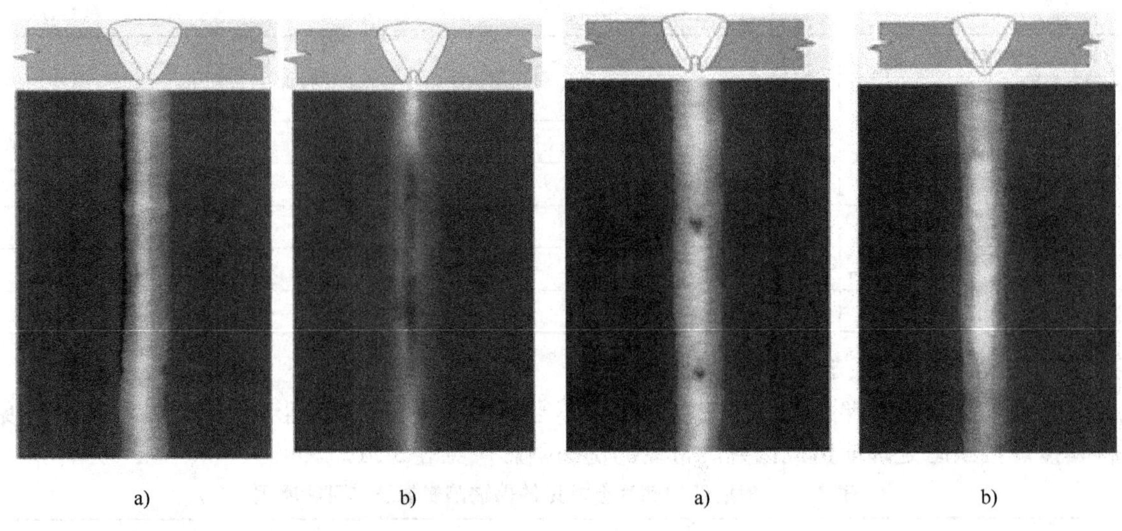

a) b) a) b)

图 3-42 射线照相底片影像三
a）咬边 b）根部凹陷

图 3-43 射线照相底片影像四
a）烧穿 b）焊瘤

3. 焊接接头的质量等级评定

射线照相的相关标准很多，不同标准关于射线照相质量分级的具体规定各不相同，但确定质量等级的原则和依据大体一致。缺陷的危害性、焊接接头的强度水平、制造要求的工艺水平是质量分级考虑的主要因素，缺陷性质、尺寸大小、数量、密集程度是划分质量等级的主要依据。下面简要介绍 JB/T 4730.2—2005 对承压设备熔化焊对接焊接接头质量分级的有关规定。

（1）缺陷种类和焊缝质量等级　标准将焊缝质量划分为Ⅰ、Ⅱ、Ⅲ、Ⅳ四个等级，其中Ⅰ级质量最好，Ⅳ级质量最差。标准将焊接接头缺陷分为五种：裂纹、未熔合、未焊透、条形缺陷和圆形缺陷。

1）Ⅰ级对接接头内不允许存在任何裂纹、未熔合、未焊透及条形缺陷。

2）Ⅱ级和Ⅲ级焊接接头内不允许存在裂纹、未熔合、未焊透三种缺陷，允许有一定数量、一定尺寸的条形缺陷和圆形缺陷存在。所谓条性缺陷和圆形缺陷，是对夹渣和气孔按长度比重新进行分类，将长宽比大于 3 的定义为条状缺陷，将长宽比小于或等于 3 的定义为圆形缺陷。

3）Ⅳ级是指焊接接头缺陷超过Ⅲ级。

（2）缺陷数量和质量等级　缺陷数量定量的依据是底片上量得的尺寸，具体要求如下：

1）标准允许圆形缺陷存在，根据母材厚度对缺陷数量加以限制，对缺陷总量采用点数换算，对缺陷密集程度采用评定区控制，对各质量等级允许的缺陷点数都有明确规定。

2）标准对条形缺陷也是根据母材厚度来限制的，以单个条渣长度、条渣总长和间距三项指标分别对单个缺陷尺寸、总量和密集程度作出限制。

3）如果在圆形缺陷评定区内同时存在圆形缺陷和条形缺陷或单面焊的未焊透，则需要进行综合评级。

标准关于质量评级的各种规定很多，评定人员应经过法定部门的培训学习。JB/T

4730.2—2005 对钢、镍、铜制承压设备熔化焊对接接头射线检测质量分级作了详细规定，可自行学习。

3.6.3　评片工作的主要步骤

评定底片的操作可分为通览底片、影像细节观察和缺陷的定性与定量三个阶段。

1. 通览底片

通览底片的目的是获得焊接接头质量的总体印象，找出需要分析研究的可疑影像。通览底片时必须注意，评定区域不仅仅是焊缝，还包括焊缝两侧的热影响区，对这两部分区域都应仔细进行观察。由于余高的影响，焊缝和热影响区的黑度差异往往较大，有时需要调节观片灯亮度，在不同的光线强度（光强）下分别进行观察。

2. 影像细节观察

影像细节观察是为了作出正确的分析判断。因细节的尺寸和对比度极小，识别和分辨是比较困难的，为尽可能看清细节，常采用下列方法：

1）调节观片灯亮度，寻找最适合观察的透过光强。

2）用纸框等物体遮挡住细节部位邻近区域的透过光线，提高表观对比度。

3）使用放大镜进行观察。

4）移动底片，不断改变观察距离和角度。

3. 缺陷的定性与定量

观察底片影像时，一般根据影像的形状、尺寸、黑度、位置、延伸方向、轮廓清晰程度等特征，来判定影像所代表的缺陷种类与性质。通常可从以下三个方面进行综合分析与判断。

（1）缺陷影像的几何形状　影像的几何形状是判断缺陷性质的重要依据。分析缺陷影像的几何形状时，一是分析单个或局部影像的基本形状，二是分析多个或整体影像的分布形状，三是分析影像轮廓线的特点。

（2）缺陷影像的黑度分布　影像的黑度分布是判断影像性质的另一个重要依据。在缺陷具有相同或相近的几何形状时，影像的黑度分布特点往往成为判断影像缺陷性质的主要依据。内在性质不同的缺陷对射线的吸收率不同，所形成的缺陷影像的黑度分布也就不同。

（3）缺陷影像的位置　缺陷在焊缝中的平面位置及大小可在底片上直接测定，而其埋藏深度则必须采用特殊的透照方法加以确定。

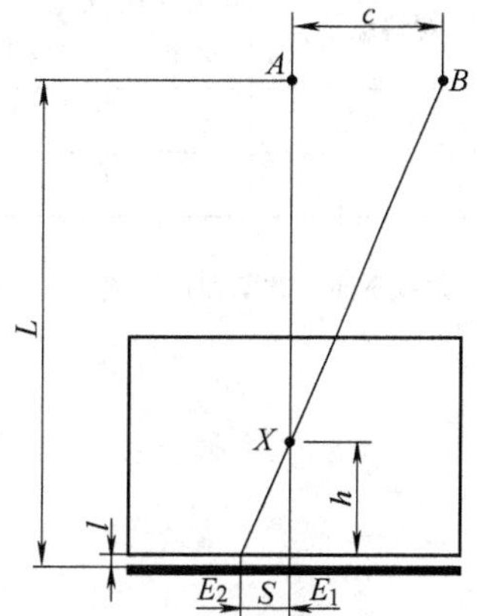

图 3-44　双重曝光法测量缺陷埋藏深度

确定缺陷埋藏深度可采用双重曝光法，即改变射线源焦点与工件之间的相互位置，对同一张底片进行两次重复曝光，如图 3-44 所示。测定缺陷 X 时，先在 A 位置处透照一次，然后工件和暗盒不动，平行移动射线源的焦点至 B，再进行一次曝光。这样在底片上就得到缺陷 X 的两个投影 E_1 和 E_2，由它们之间的几何关系可以计算出缺陷的埋藏深度 h。

3.7 射线透照工艺（书面文件）和检测记录

射线透照工艺分为通用工艺规程和专用工艺规程两种，两者都是必须遵循的规定性书面文件。射线检测记录包括射线检测操作记录和射线底片评定记录两种。

1. 射线透照工艺

射线透照工艺应符合有关法规、标准及有关设计文件和管理制度的要求。工艺条件和参数的选择应首先考虑检测工作质量，即缺陷检出率、照相灵敏度和底片质量，但检测速度、工作效率和检测成本也是必须考虑的重要因素。

（1）通用工艺规程　无损检测通用工艺规程应根据有关法规、标准和技术规范的要求，并针对本单位机构特点和设备条件进行编制。无损检测通用工艺规程应涵盖本单位产品的检测范围，应有编制、审核和批准人员的三级签字。通用工艺规程的编制人员必须具有无损检测Ⅲ级资格，批准人员一般为企业或单位的技术负责人。

（2）专用工艺规程　专用工艺规程（射线照相工艺卡）是针对射线透照工序提出具体参数和技术措施的规定性工艺文件，见表3-22。

表3-22　焊缝射线照相工艺卡

产品编号		产品名称		容器类别	
规格		材质		焊接方法	
执行标准		照相质量等级		验收等级	
设备型号		焦点尺寸		检测时机	
胶片型号		胶片规格		增感屏	
像质计型号		像质计灵敏度		底片黑度	
显影液配方		显影时间		显影温度	

焊缝编号	焊缝长度/mm	检测比例（%）	透照厚度/mm	透照方式	焦距/mm	一次透照长度/mm	底片数 N	管电压/kV	曝光时间/min

射线透照示意图和布片图

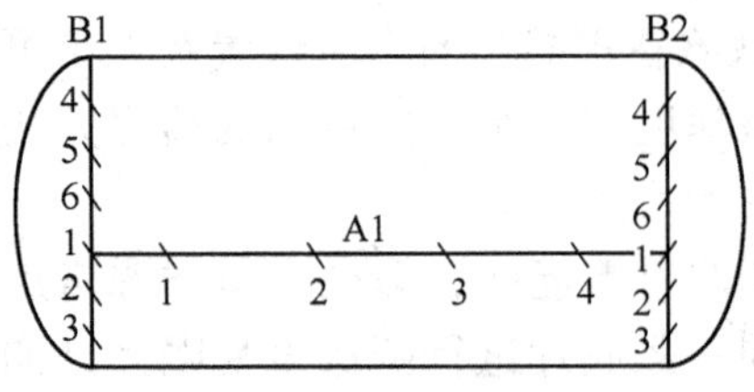

技术要求

1. 标示要齐全，包括产品编号、焊缝编号、底片编号、搭接标记、透照日期等。
2. 像质计摆放：A缝放置射线源侧，B缝放置胶片侧，加“F”标记。

编制（资格）		编制日期		审核（资格）		审核日期	

（3）射线透照示意图和射线透照布片图　射线透照示意图用来反映射线源、被检测工件和胶片等之间的相对位置，要求简明扼要，能说明问题即可，如表3-22中图所示。射线透照布片图用来反映射线所透照的每一张底片与被检测工件或其局部的一一对应关系，如表3-22中图所示。

（4）无损检测通用工艺规程与无损检测工艺卡的区别　无损检测的工艺规程（如射线检测、超声检测、磁粉检测、渗透检测、涡流检测工艺规程等）是根据检测标准编制的，规定采用无损检测方法或技术对一类产品或零件有效实施检测工作的最低要求的技术文件。无损检测工艺卡是针对具体的材料或零件，依据相关的通用工艺规程或标准编制的，指导无损检测人员逐步实施检测工作的作业指导书。

通用工艺规程是编写工艺卡的依据。通用工艺规程是为了保证检测方法和检测技术正确执行，对人员、器材、环境条件、被检测对象、工艺文件编写提出的最低质量控制要求，它不是可直接执行的操作性文件；工艺卡是对检测规程要求细化和具体化的可执行文件。

通用工艺规程须由具有相关无损检测Ⅲ级资格证书的人员制订，编制者须有广泛的知识和丰富的经验，如材料、制造工艺、缺陷及其对安全使用的危害、其他无损检测方法等方面的知识；而工艺卡可以由具有相关无损检测Ⅱ级资格证书的人员编写，不一定需要广泛的知识和丰富的经验。

通用工艺规程的覆盖范围是所应用方法或技术适用的所有被检测对象，而工艺卡的覆盖范围仅是某项指定检测技术所适用的一种或一类被检测对象，即通用工艺规程所覆盖的被检测对象范围比工艺卡要大得多，两者之间的关系类似于面与点或线之间的关系。

一般来说，通用工艺规程的编写采用文字叙述的方式，而工艺卡的编写则更多地采用图表的形式。

2. 射线检测记录

（1）射线检测操作记录　射线检测操作记录是追溯检测工作过程、出具检测报告的唯一依据，应在检测现场或检测过程中逐项填写，并应经相关责任人员签署后方为有效。不同的射线源或不同的检测对象，其射线检测操作记录的内容不同，可根据自身的特点编制相应的记录格式，见表3-23。需要说明的是，射线检测操作记录应附有射线透照布片图。

表3-23　射线检测操作记录

记录编号：

委托单位		委托编号	
工件名称		工件规格/mm	
工件材质		坡口形式	
焊接方法		检测时机	
检测标准		验收等级	
检测部位		检测比例	
像质计型号		像质指数	
仪器型号		仪器编号	
焦点尺寸/mm		胶片型号	

（续）

委托单位		委托编号	
胶片规格/mm			
管电压/γ 源种类		增感屏	
透照焦距		透照方式	
胶片处理方式		曝光量	
配方		*D* 值控制	
显影时间		显影温度	

射线透照布片图

检测（员）/资格		审核（员）/资格	
日　　期		日　　期	

（2）射线检测底片评定记录（见表 3-24）

表 3-24　射线检测底片评定记录

记录单号：

工件名称			材质		
			规格/mm		
序　号	底片编号	像质指数	评片记录	缺陷位置	质量等级
评　片			审　核		
资　格			资　格		
日　期			日　期		

3. 检测缺陷的标定

射线检测缺陷的标定是在底片评定后进行的，所需标定的缺陷一般为超标缺陷或需要返修的缺陷。缺陷标定应简洁、明了、直观，主要采用两种方式：

1）直接在被检测工件上标定。采用与被检测工件表面反差较大的涂料或记号笔在被检测区域的表面上进行标注，标注的位置须与相应的底片对应，标注的内容一般为缺陷性质、缺陷长度、缺陷数量及缺陷位置，如图3-45a和图3-46a所示。

2）采用夹片纸或其他纸张，在相应超标缺陷的底片上描出焊缝及缺陷示意图，交给焊接责任人进行处理，如图3-45b和图3-46b所示。

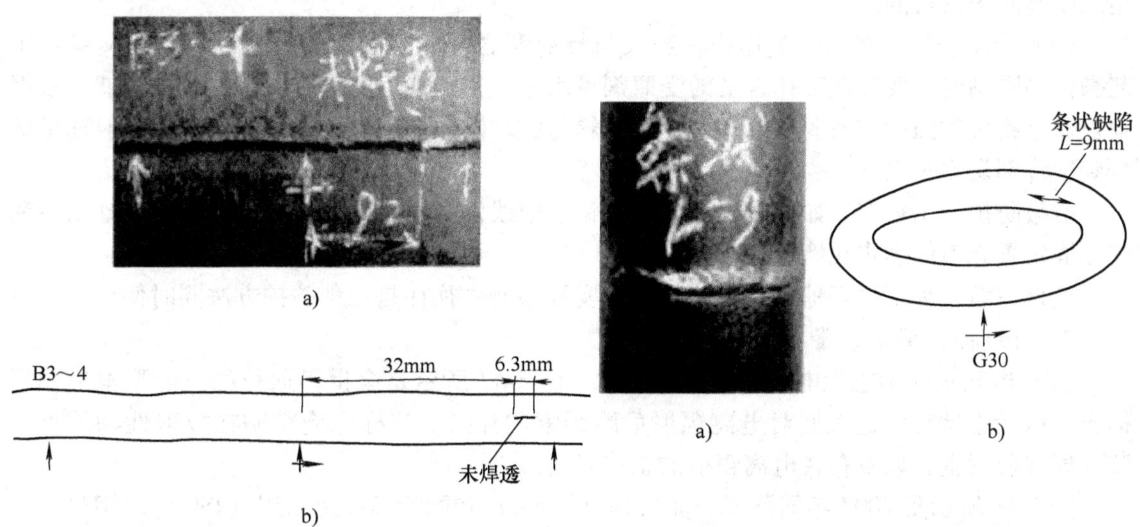

图3-45 氮气稳压罐B3焊接接头缺陷标定图
a）实物标定图 b）标定示意图

图3-46 小径管焊接接头缺陷标定图
a）实物标定图 b）标定示意图

3.8 射线检测辐射防护

射线对人体是有危害的，当人体受大剂量的射线照射或持续超过允许剂量射线照射时会受到相应程度的伤害。因此在射线照相检测技术中，必须采取措施避免射线的超剂量照射，以减少射线对人体的危害。射线防护就是通过采取适当措施，减少射线对工作人员和其他人员的照射剂量，从各方面把射线剂量控制在规定范围内。

1. 辐射防护的基本方法

（1）时间防护 在可能的情况下，尽量减少接触射线的时间是辐射防护方法之一，因为在照射率不变的情况下，照射时间越长，工作人员所接受的照射剂量越大。

如果在较大剂量情况下为了控制剂量，对于个人来说，就要求操作熟练，动作尽量简单、迅速，减少不必要的照射时间；或者通过控制拍片张数来保证检测人员在一天内不超过规定的最大允许剂量当量。

（2）距离防护 增大与辐射源间的距离可以降低受照剂量。这是因为在辐射源一定时，照射剂量或剂量率与离射线源距离的平方成反比，即

$$D_1R_1^2 = D_2R_2^2$$

式中 D_1——距辐射源 R_1 处的剂量或剂量率；

D_2——距辐射源 R_2 处的剂量或剂量率；

R_1——辐射源与 1 处的距离；

R_2——辐射源与 2 处的距离。

从上式可见，当与辐射源的距离增加一倍时，照射剂量或剂量率减少到原来的 1/4，其余依此类推。在实际工作中，为减少工作人员所接受的照射剂量，在条件允许的情况下，应尽量增大人与辐射源之间的距离，尤其是在无屏蔽的室外工作时，应尽量利用连接电缆长度达到距离防护的目的。

（3）屏蔽防护　在实际工作中，当人与辐射源之间的距离无法改变，而时间又受到工艺操作的限制时，要降低工作人员的受照剂量水平，只能采用屏蔽防护。屏蔽防护就是根据辐射通过物质时强度被减弱的原理，在人与辐射源之间加一层足够厚的屏蔽，把照射剂量减少到容许剂量水平以下。

屏蔽防护应用较广，如射线检测设备衬铅、射线发生器用遮光器、现场使用流动铅房和建立固定曝光室的钡水泥墙壁地面等。

应该注意，为了更好地进行射线防护，实际检测中往往是三种防护方法同时使用。

2. 射线检测警戒、警示标志

（1）电离辐射标志和电离辐射警示标志　图 3-47 所示是全世界通行的三叶形电离辐射标志，该标志旨在引起人们对电离辐射危险因素的注意。该标志应粘贴在放射性物质外包装、射线装置上，以及存在电离辐射的工作场所。

图 3-48 所示是 2007 年国际原子能机构（IAEA）和国际标准化组织（ISO）启用的一个新的电离辐射警示标志，它是传统的三叶形电离辐射标志的补充。该标志由辐射波、骷髅头加交叉的股骨图形以及一个奔跑的人形组成，旨在警示靠近大型电离辐射源潜在的危险。

图 3-47　电离辐射标志

图 3-48　电离辐射警示标志

（2）警示灯、警示旗、绳带和警告示牌　闪烁的警示灯用于警示人们附近有危险存在，请避开和远离。警示灯常用于夜间射线检测操作，如图 3-49a 所示。

警示旗、绳带用于设置和隔离辐射工作场所控制区和监督区的边界，并起警示作用，如图 3-49b、c 所示。

除警示灯、警示旗、绳带外，还须悬挂必要的警告示牌。标牌的内容可以是“当心电离辐射”“禁止进入射线区”“无关人员禁止入内”等，如图 3-49d 所示。

3. 辐射剂量检测仪器

场所辐射检测仪是用于场所辐射检测的仪器，按体积、质量和结构可分为携带式和固定式两类。携带式仪器体积、质量小，具有合适的量程，便于个人携带使用，如图3-50a所示。

个人剂量检测仪的探测器件通常佩戴在人员身上，以检测个人受到的总照射量或组织的吸收剂量。常用的个人剂量检测仪有电离室式剂量笔、玻璃计量仪和热释光剂量仪等，如图3-50b所示。

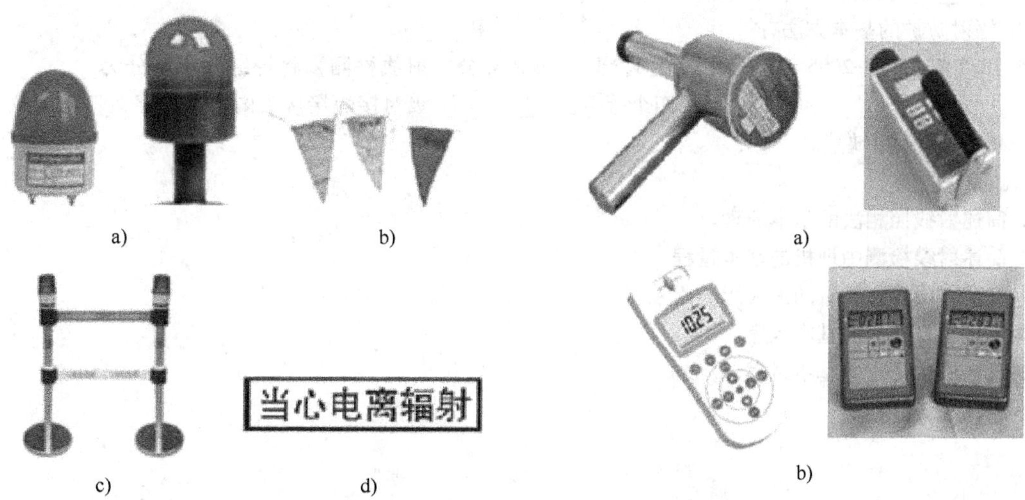

图3-49　警示灯、警示旗、绳带和警告示牌

a）警示灯　b）警示旗　c）绳带　d）警告示牌

图3-50　场所辐射检测仪和个人剂量检测仪

a）场所辐射检测仪　b）个人剂量检测仪

习　题

一、填空题

1. 射线检测可以检测金属和非金属材料的__________缺陷，其中应用最广泛的是铸件和焊接件的检测。

2. 射线检测中应用的射线主要是X射线、γ射线，其区别只是__________和产生方法不同。

3. 一般的X射线机由四部分组成：__________、__________、保护部分和控制部分。

4. 非连续使用的X射线机必须按说明书要求进行逐步升高电压的训练，这一过程称为训机。X射线机训机的目的是确保X射线管的__________。

5. 工业照相一般使用__________增感屏，它一般是将薄薄的金属箔粘合在优质纸基或胶片片基上制成。

6. __________是用来检查和定量评价射线底片影像质量的工具，我国国家标准采用__________像质计。

7. 选择射线源的首要因素是射线对被检测试件具有足够的穿透力，X射线的穿透力取决于__________，γ射线的穿透力取决于__________。

8. 透照焊缝时，金属丝型像质计应放在被检焊缝射线源一侧、被检区一端，并使金属线横跨焊缝并与焊缝方向__________。

9. 选择射线能量的原则是：在保证穿透力的前提下，选择能量较__________的X射线。

10. 单壁透照的灵敏度__________于双壁透照，因而优先选择__________透照；射线源在外的透照方式与射线源在内的透照方式相比，前者对容器内壁__________有更高的检出率；在环焊缝的各种透照方式中，以射线源在内__________法为最佳。

11. 显影剂的作用是将已感光的卤化银还原为金属银，显影的温度和时间对显影效果有显著影响，一般显影温度为__________，显影时间为__________。

12. 老化的定影液使得定影速度越来越慢，所需时间越来越长，同时会分解出硫化银，使底片__________。

13. 对于对接接头而言，一般最大黑度区域在底片__________焊接接头热影响区附近，最小黑度区域在底片__________焊缝余高中心位置附近。

14. 辐射防护的基本方法有__________、__________和__________三种。

15. JB/T 4730.2—2005《承压设备无损检测　第 2 部分　射线检测》将焊缝质量划分为__________、__________、__________和__________四个等级。__________级对接焊接接头内不允许存在任何裂纹、未熔合、未焊透及条形缺陷。

二、简答题

1. 简述射线照相法的基本原理。
2. 简述射线检测中训机的基本过程。
3. 简述射线照相质量的三大影响因素。
4. 简述暗室处理的基本程序。
5. 简述底片评定的基本过程。

第4章　超声检测

【学习目标】

1）掌握超声检测的原理及特点；了解超声检测的物理基础。

2）熟悉超声波探头、检测仪、试块和耦合剂等设备和器材。

3）理解纵波直探头检测技术和横波斜探头检测技术的原理。

4）了解超声检测缺陷的质量分级和通用工艺规程、工艺卡等书面工艺文件。

超声检测（UT，Ultrasonic Testing）是利用材料自身或缺陷的声学特性对超声波传播的影响，来检测材料缺陷或某些物理特性的一种无损检测方法。超声波进入物体遇到缺陷时，一部分声波会发生反射，发射和接收器可对反射波进行分析，从而能非常精确地测出缺陷，并且能显示内部缺陷的位置和大小，测定材料厚度等。

超声检测是目前国内外应用最广泛、使用频度最高且发展较快的一种无损检测技术，几乎渗透到所有的工业部门，如钢铁工业、石化工业、铁路运输业、造船工业、航空航天业、核电工业等。

超声检测的优点是：

1）可用于金属、非金属、复合材料制件的无损检测。

2）对确定内部缺陷的大小、位置、取向、埋深、性质等参数较之其他无损检测方法有综合优势。

3）仅需从一侧接近试件。

4）设备轻便，对人体及环境无害，可作现场检测。

5）所用参数设置及有关波形均可存储，方便以后调用。

超声检测的局限性是：

1）要对材料及制件缺陷作精确的定性、定量仍需深入研究。

2）为使超声波能以常用的压电换能器为声源进入试件，一般需要使用耦合剂。

3）对试件形状的复杂性有一定限制。

4.1　超声检测的物理基础

4.1.1　超声波简介

人耳听到的声音来源于物体的振动，在弹性介质中，如果波源所激发的纵波频率在20~20 000Hz之间，则能引起人耳的听觉，这一频率范围内的振动称为声振动，此时产生的波动称为声波。当频率低于20Hz或高于20kHz时，人耳则无法感觉到。为与可听见的声波加以区别，称低于20Hz的声波为次声波，高于20kHz的声波为超声波。

超声检测中实际所发出和接收的频率要比声波高得多，一般为（0.5~25）MHz，常用频率为（0.5～10）MHz。金属检测中使用的超声波频率为（0.5～10）MHz，其中以（2～5）MHz 最为常用。

4.1.2　超声波在介质中的传播

1. 超声波的波型

超声波是一种机械波，机械振动与波动是超声检测的物理基础。

超声波根据波型分类，主要有横波、纵波、表面波和板波等，如图 4-1 所示，它们的特点和区别见表 4-1。在超声检测中，应用较多的是横波和纵波。

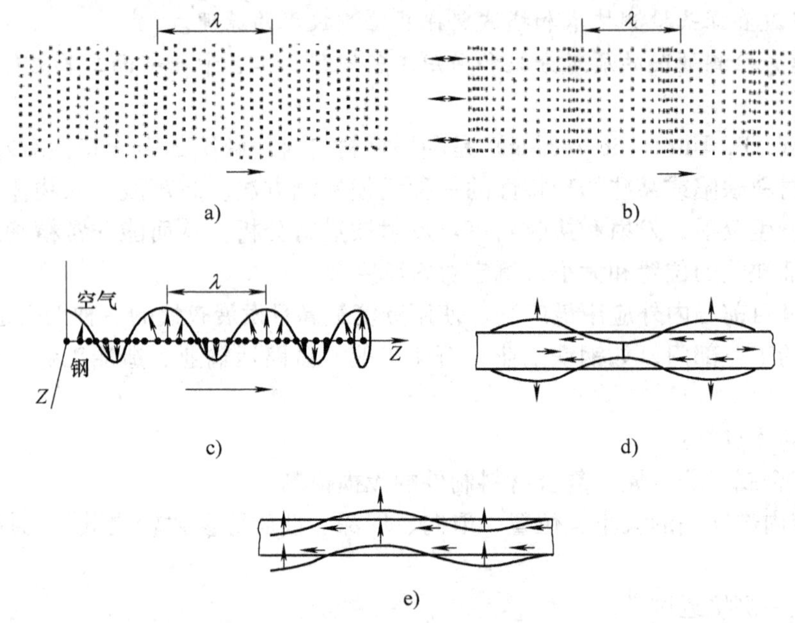

图 4-1　各种波动的波形

a）横波　b）纵波　c）表面波　d）、e）板波

表 4-1　不同超声波的特点和区别

<table>
<tr><th colspan="2">波的类型</th><th>质点振动特点</th><th>传播介质</th><th>应　用</th></tr>
<tr><td colspan="2">纵波（L）</td><td>质点振动方向平行于波的传播方向</td><td>固体、液体、气体介质</td><td>钢板、锻件的检测等</td></tr>
<tr><td colspan="2">横波（S 或 T）</td><td>质点振动方向垂直于波的传播方向</td><td>固体介质</td><td>焊缝、钢管的检测等</td></tr>
<tr><td colspan="2">表面波（R）</td><td>质点作椭圆运动，椭圆长轴垂直于波的传播方向，短轴平行于波的传播方向</td><td>固体介质</td><td>钢管的检测等</td></tr>
<tr><td rowspan="2">板波</td><td>对称型（S 型）</td><td>上、下表面质点作椭圆运动，中心面质点作纵向振动</td><td rowspan="2">固体介质（厚度与波长相当的薄板）</td><td rowspan="2">薄板、薄壁钢管的检测等（厚度小于 6mm）</td></tr>
<tr><td>非对称型（A 型）</td><td>上、下表面质点作椭圆运动，中心面质点作横向振动</td></tr>
</table>

超声波根据波源振动的时间长短，可分为连续波和脉冲波，如图 4-2 所示。波源持续不

断振动所辐射的波称为连续波；波源振动的持续时间很短（通常是微秒级）、间歇辐射的波称为脉冲波。目前超声检测中广泛采用的是脉冲波。

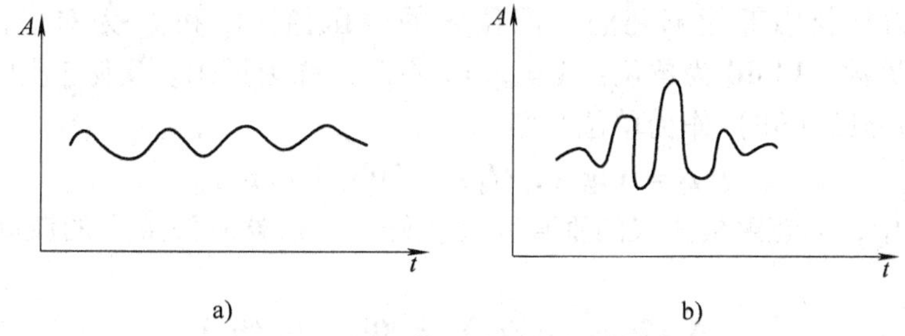

图4-2 超声波根据波源振动的时间长短分类

a）连续波 b）脉冲波

2. 超声波的主要特征量

描述超声波在介质中传播的主要物理量有声速 c、频率 f、周期 T、波长 λ、声压 p、声阻抗 z 和声强 I 等。

（1）声速 c 声速是指声波在介质中单位时间内所传播的距离，用 c 表示。声速 c、频率 f 和波长 λ 之间的关系为

$$c=\lambda f$$

在同一种介质中，纵波的波速大于横波，横波的波速大于表面波。纵波在气体中的波速为每秒钟几百米，在液体中为 1~2km/s，在固体中为 3~6km/s；在固体中，横波的波速约为纵波的一半，表面波的波速约为横波的95%。

对于钢而言：$c_L=5\ 900\text{m/s}$，$c_S=3\ 230\text{m/s}$，$c_R=2\ 950\text{m/s}$。三者之比为

$$c_L:c_S:c_R=1.82:1:0.91$$

（2）声压 p 超声场中某点具有的压强 p_1 与没有超声波存在时该点的静态压强 p_0 之差，称为该点的声压 p。即 $p=p_1-p_0$，声压的常用单位是帕斯卡（Pa）。

超声检测仪器显示的信号幅值的本质就是声压 p，示波屏上的波高与声压成正比。在超声检测中，就缺陷而论，声压值反映缺陷的大小。

（3）声阻抗 z 超声场中某处的声压 p 与该处质点的振动速度 v 之比称为声阻抗 z，其常用单位是帕·秒/米（Pa·s/m）。

声阻抗的大小等于介质的密度与声速的乘积，即 $z=p/v=\rho cv/v=\rho c$。它是表征介质声学性质的重要物理量，超声波在由两种介质组成的界面上的反射和透射情况与两种介质的声阻抗密切相关。

（4）声强 I 在声波传播方向上，单位时间内垂直通过单位面积的声波能量称为声强度（简称声强），用 I 表示，其常用单位为 W/cm^2。声强的公式为

$$I=\frac{1}{2}\frac{p^2}{z}=\frac{1}{2}\frac{p^2}{\rho c}$$

超声波在介质中传播时，若单位时间内传递的能量越多，则声强越大。在同一介质中，超声波的声强与声压的平方成正比。

由于超声波的声强 I 与声速 c 成反比，而超声波的频率远大于声波的频率，因此超声波的声强也远大于声波的声强，这是超声波能用于检测的重要原因。

（5）分贝（dB）和奈培（Np）　分贝和奈培是计算和度量声压或声强衰减时常用的两个概念，它们都是由采用同一量纲的两个参量的对数来表示的单位。

设 p_1 和 p_2 为材料内部能测到的不同位置的声压值，I_1 和 I_2 为对应的声强，则 20lg（p_1/p_2）表示分贝数，以 dB 为单位；$\Delta = \lg(I_1/I_2)$，称为贝尔。实际应用中贝尔太大，故常取其 1/10，即分贝（dB）作为单位，则

$$\Delta = 10\lg(I_1/I_2) = 20\lg(p_1/p_2)$$

在超声检测中，当超声检测仪的垂直线性较好时，仪器示波屏上的波高与声压成正比。这时有

$$\Delta = 20\lg(p_1/p_2) = 20\lg(H_1/H_2)$$

若以奈培 Np 为单位，则 1Np = 8.68dB，1dB = 0.115Np。

常用声压比（波高比）对应的分贝值见表 4-2。

表 4-2　常用声压比（波高比）对应的分贝值

p_1/p_2	10	5	2	1	1/2	1/5	1/10
分贝值	20	14	6	0	-6	-14	-20

当 $p_1/p_2 > 1$ 时，分贝值为“正”，表示增益；当 $p_1/p_2 < 1$ 时，分贝值为“负”，表示衰减。当声压比（或波高比）为 2，即一声压（波高）为另一声压（波高）的 2 倍时，这两声压（波高）之间的分贝差值为 6dB；同样，每衰减 20dB（-20dB）时，声压（波高）为原来的 1/10。

3. 超声波在平界面上的反射、折射和波形转换

超声波在传播过程中，在同一介质中，将不改变其方向而一直向前传播。但在遇到异质界面（即声阻抗不同的界面）时，超声波将发生反射、折射和波形转换现象。

如图 4-3a 所示，当超声波垂直入射到光滑界面上时，将在第一介质中产生一个与入射波方向相反的反射波，在第二介质中产生一个与入射波方向相同的透射波。声能（声压、声强）在界面上的分配和传播方向的变化遵循一定的规律。

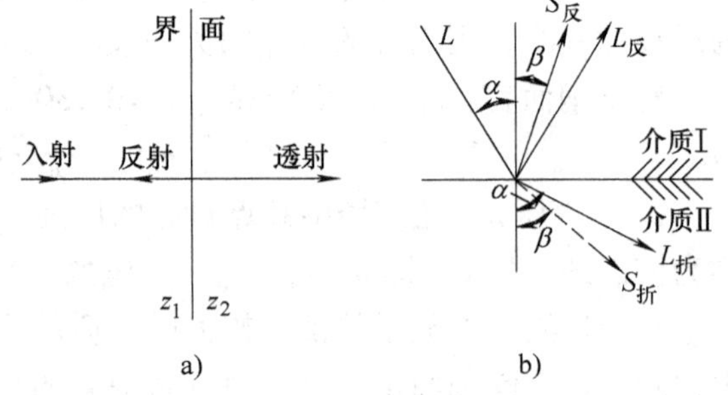

图 4-3　超声波在平界面上的反射、折射和波形转换
a）垂直入射　b）倾斜入射

如图 4-3b 所示，当超声波倾斜入射到界面上时，除产生同种类型的反射和折射波外，还会产生不同类型的反射和折射波，这种现象称为波形转换。

超声波在异质界面处的传播特性，与异质界面的几何形状、介质的声阻抗、超声波的入射角及波长等因素有关。

4. 超声波能量的衰减

超声波在介质中传播的过程中，其声能随着传播距离的增加而逐渐减弱的现象称为超声波能量的衰减。超声波在传播过程中能量减少的原因，从理论上讲可以粗略地分为扩散衰减、散射衰减和吸收衰减三种。

（1）扩散衰减　在声波的传播过程中，随着传播距离的增大，非平面波的声束不断扩展

增大，导致单位面积上的声能（或声压）随距离的增大而减弱，这种衰减称为扩散衰减。

（2）散射衰减　由于实际材料不可能绝对均匀，如材料中有外来杂质、金属中的第二相析出等均会导致整个材料的声阻抗不均，从而将引起超声波的散射。被散射的超声波在介质中沿着复杂的路径传播下去，最终变成热能，这种衰减称为散射衰减。

（3）吸收衰减　超声波在介质中传播时，由于介质的粘滞性而造成质点之间的内摩擦和热传导而引起的衰减称为吸收衰减。

应该指出，超声检测中所谓的衰减仅指介质对声波的衰减作用，即与介质有关的、表征介质声学特性的材质衰减，包括吸收衰减和散射衰减，而不包括扩散衰减。

4.2 超声检测器材与设备

超声波检测仪、探头和试块是超声检测的重要设备，了解其原理、构造、主要性能及用途，是正确选择和有效进行超声检测的保证。

4.2.1 超声波探头

超声检测中，超声波的产生和接收过程是一种能量的转换过程，它是通过探头来实现电能和声能的转换的，因此探头又称为超声换能器。焊接接头超声检测使用的主要是压电晶片（面积不超过500mm^2，且任一边长不大于25mm）的纵波直探头和横波斜探头。

1. 直探头

直探头主要用来探测与探测面平行的缺陷，如板材、锻件的检测等。直探头由外壳、阻尼、压电晶片和保护膜等组成，其基本结构如图4-4所示。其中压电晶片的作用是发射和接收超声波，实现电声换能。

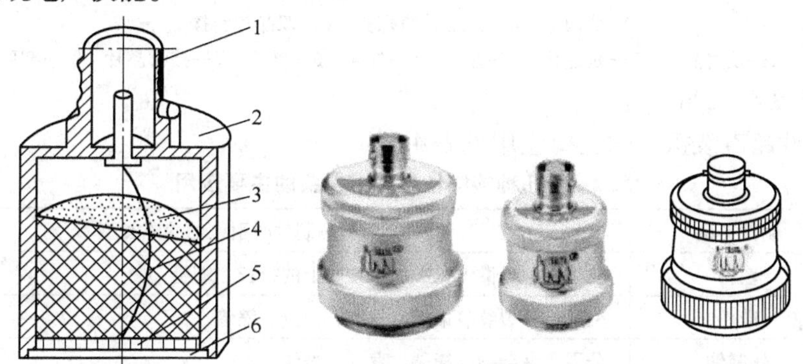

图4-4　直探头的基本结构

1—接头　2—外壳　3—阻尼　4—电缆线　5—压电晶片　6—保护膜

2. 斜探头

斜探头与直探头的主要区别是，前者在压电晶片的正前方设置了透射楔。纵波以透射楔的角度入射至工件表面，通过波形转换在钢中得到单一的折射横波。透射楔的常用材料为有机玻璃，其形状设计以楔底反射波经楔内多次反射仍无法返回压电晶片为原则。

斜探头的基本结构如图4-5所示。

3. 双晶片探头

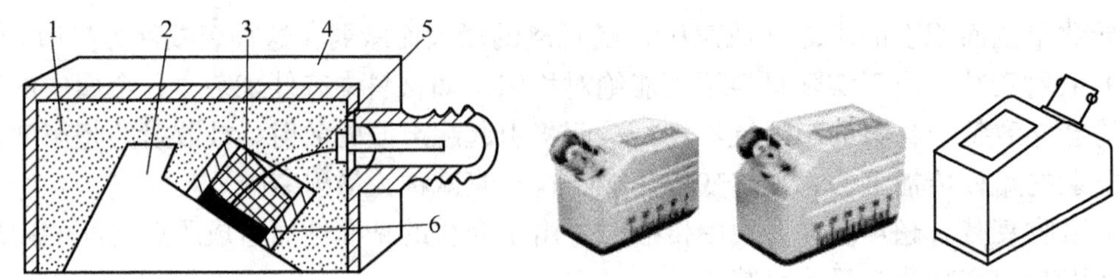

图 4-5　斜探头的基本结构

1—吸声材料　2—透射楔　3—声阻尼　4—外壳　5—电缆线　6—压电晶片

双晶片探头又称组合式探头，这种探头在同一外壳内装有发射、接收两个压电晶片，两个晶片之间用隔声层隔开，以防止发射波直接进入接收晶片。晶片前设有有机玻璃延迟块，使声波延迟一段时间后进入工件，这样可以大大减小盲区，有利于近表面缺陷的探测。双晶片探头的典型结构如图 4-6 所示。

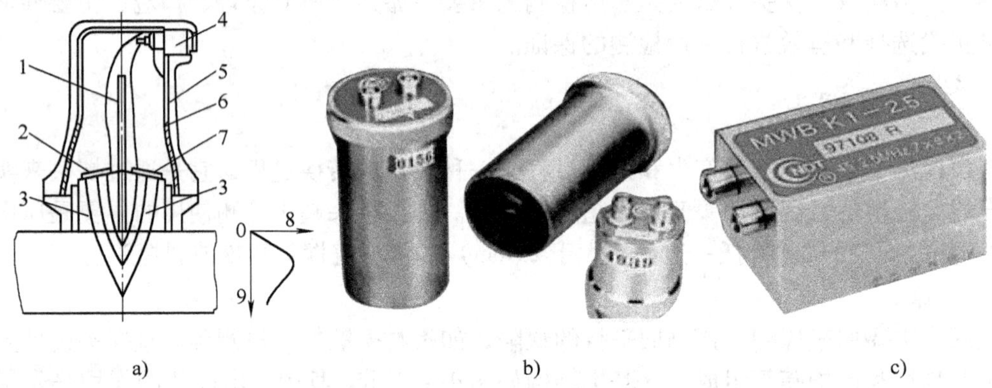

图 4-6　双晶片探头

a) 结构图　b) 双晶片直探头　c) 双晶片斜探头

1—隔离层　2—发射晶片　3—延迟块　4—接头　5—外壳　6—屏蔽　7—接收晶片　8—声压　9—深度

4. 探头的主要应用

几种接触性超声波探头的主要应用见表 4-3。

表 4-3　几种接触性超声波探头的主要应用

探头类型	制件类型	检测制件时引入的缺陷类型
直探头	坯料	夹杂物、显微组织在加工方向上的拉长、缩管
	锻件	夹杂物、裂纹、偏析、发纹、白点、缩管
	轧制件	分层、夹杂物、撕裂、发纹、裂纹
	铸件	熔渣、疏松、冷隔、撕裂、缩裂、夹杂物
斜探头	锻件	裂纹、发纹、折叠
	轧制件	撕裂、裂纹、杯锥状断裂
	焊接件	夹渣、缩松、未熔合、未焊透、焊瘤
		内凹、填料金属和基体金属中的裂纹
	管材和导管	周向和纵向裂纹
双晶片探头	中厚板和薄板	厚度变化、分层
	管子和导管	厚度变化

4.2.2 超声波检测仪

超声波检测仪是超声波检测的主体设备。它的作用是产生电振荡并加于换能器（探头）上，激励探头发射超声波，同时将探头送回的电信号进行放大，通过一定方式显示出来，从而得到被探测工件内部有无缺陷及缺陷位置和大小等信息。

超声波检测仪的分类、原理及特点见表4-4。

表4-4 超声波检测仪的分类、原理及特点

设备分类方式	设备分类	原理及特点
按信号处理方式分类	模拟机	模拟信号是指幅度连续变化的信号，模拟机是检测全过程只使用模拟信号的模拟电路仪器
	数字机	在检测过程中，仪器对放大后的回波信号进行模数（A/D）转换处理，将模拟信号转换为数字信号，然后进行数据处理
按声波的通道数量分类	单通道检测仪	一个或一对探头单独工作，适用于手工检测
	多通道检测仪	多个或多对探头交替工作，每一通道相当于一台单通道检测仪，适用于自动化检测
按信号显示方式分类	A型显示检测仪	A型显示是一种波形显示，荧光屏的横坐标代表声波的传播时间（或距离），纵坐标代表反射回波的幅度
	B型显示检测仪	B型显示是一种图像显示，可直观地显示出被探测工件任一纵截面上缺陷的分布情况及缺陷的深度
	C型显示检测仪	C型显示是一种图像显示，荧光屏上显示的是工件内部横截面缺陷的平面（投影）图像，但不能显示缺陷的深度
按超声波的连续性分类	脉冲波检测仪	仪器通过探头向工件周期性地发射不连续且频率不变的超声波，根据超声波的传播时间及幅度判断工件中缺陷的位置和大小
	连续波检测仪	仪器通过探头向工件发射连续且频率不变（或在小范围内周期性变化）的超声波，根据透过工件的超声波的强度变化，判断工件中有无缺陷及缺陷的大小
	调频波检测仪	仪器通过探头向工件发射连续且频率周期性变化的超声波，根据发射波与反射波的差频变化情况判断工件中有无缺陷

1. A型显示脉冲反射式检测仪

目前，检测中广泛使用的超声波检测仪为A型显示脉冲反射式检测仪。这种检测仪本身可发射超声波，它所发射的超声波是不连续的脉冲波，其在工件中遇到缺陷后，在荧光屏上为A型显示，即以幅度估计缺陷大小。这种仪器由一个（或多个）探头单独工作，属于单通道检测仪。

图4-7所示为采用脉冲反射法检测的典型A型显示图形。左侧幅度很高的脉冲T称为始脉冲或始波，是发射脉冲直接进入接收电路后，在屏幕上的起始位置显示出来的脉冲信号；右侧的高回波B称为底波或底面回波，是超声波传播到与入射面相对的工件底面时产生的反射波；中间的回波F则为缺陷的反射回波。

图4-8所示为常用的CTS-22型超声波检测仪的工作原理方框图，图4-9所示为其面板示

意图和实物图。

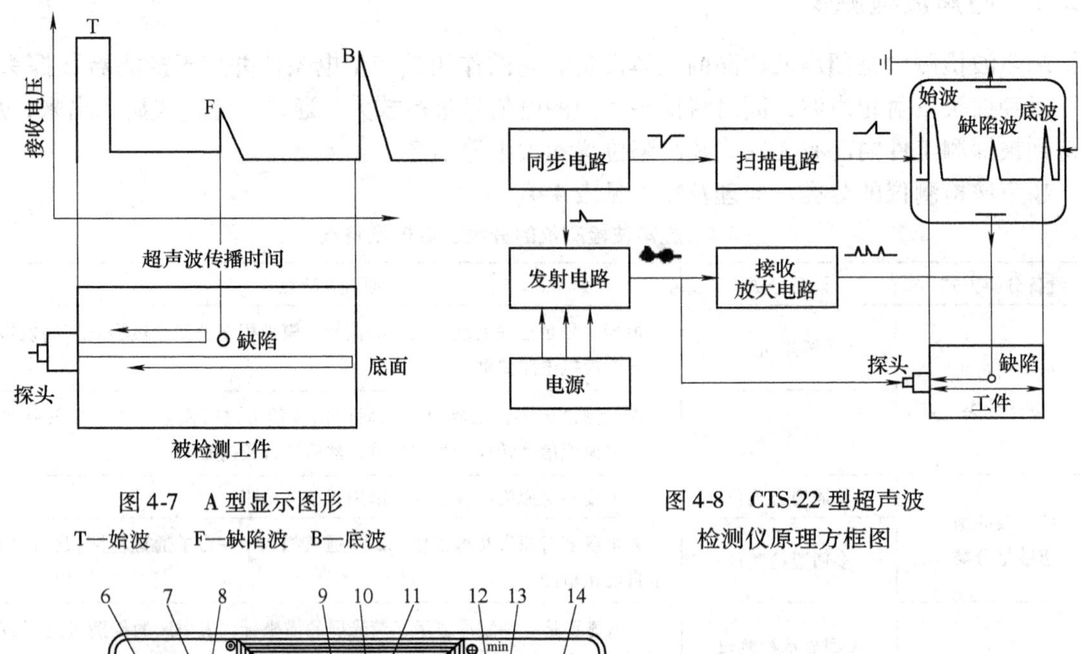

图 4-7　A 型显示图形

T—始波　F—缺陷波　B—底波

图 4-8　CTS-22 型超声波检测仪原理方框图

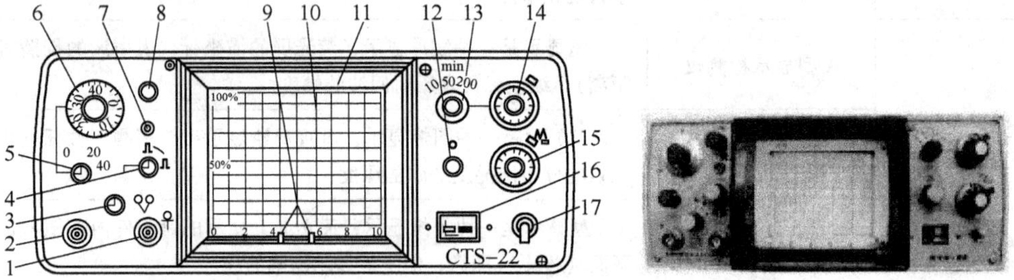

图 4-9　CTS-22 型超声波检测仪面板示意图和实物图

a）面板示意图　b）实物图

1—发射插座　2—接收插座　3—工作方式选择旋钮　4—发射强度旋钮　5—粗调衰减器　6—细调衰减器　7—抑制旋钮　8—增益旋钮　9—定位游标　10—示波管　11—遮光罩　12—聚焦旋钮　13—深度范围旋钮　14—深度细调旋钮　15—脉冲移位旋钮　16—电源指示　17—开关

（1）工作过程

1）同步电路产生的触发脉冲同时加至扫描电路和发射电路。

2）扫描电路受触发开始工作，产生锯齿波扫描电压，加至示波管水平偏转板，使电子束发生水平偏转，在荧光屏上产生一条水平扫描线。

3）与此同时，发射电路受触发产生高频窄脉冲，加至探头，激励压电晶片振动，在工件中产生超声波。

4）超声波在工件中传播，遇缺陷或底面时发生反射，返回探头时又被压电晶片转变为电信号，经接收电路放大和检波，加至示波管垂直偏转板上，使电子束发生垂直偏转，在水平扫描线的相应位置上产生缺陷波和底波。

由于示波屏上的波高与声压成正比，扫描光点的位移与时间成正比，因此可以根据 A 型检测仪示波屏上缺陷波的幅度和位置对缺陷进行定量和定位。

（2）主要旋钮　CTS-22 型超声波检测仪面板上主要旋钮的作用见表 4-5。

表4-5 CTS-22型超声波检测仪面板上主要旋钮的作用

旋钮名称	旋钮作用
工作方式选择	当开关置于“双探”时，为双探头发射、接收工作状态，可用一个双晶片探头或两个单晶片探头进行检测；当开关置于“单探”时，为单探头发射、接收状态，可用一个单探头进行检测。大部分仪器的“单探”又分两挡，其中第二挡的发射强度可调
发射强度	用来改变仪器的发射脉冲功率。增大发射强度时，可提高仪器灵敏度，但脉冲变宽，分辨力变差。因此，在检测灵敏度能满足要求的前提下，发射强度旋钮应尽量放在较低的位置
衰减器	用来调节检测灵敏度和测量反射回波幅度。调节灵敏度时，衰减器读数大，灵敏度低；衰减器读数小，灵敏度高。一般检测仪的衰减器分为粗调和细调两种，粗调每挡为10dB或20dB，细调每挡为2dB或1dB；总衰减量不小于80dB
增益（增益细调）	用来改变接收放大器的放大倍数，能够连续改变检测仪的灵敏度。使用时，可将发射波精确地调节到某一指定的高度。仪器灵敏度确定以后，检测过程中一般不再调整增益旋钮
抑制	用来抑制荧光屏上幅度较低且不必要的杂乱反射波，使其不予显示，从而使荧光屏显示的波形清晰。需要注意的是使用抑制功能时，仪器垂直线性和动态范围将被改变，抑制作用越大，仪器的动态范围越小，从而有漏掉小缺陷的危险，因此一般不使用抑制功能
深度范围（深度粗调）	用来粗调荧光屏扫描线所代表的探测范围，可较大幅度地改变时间扫描线的比例。粗调旋钮一般分为若干挡级，厚度大的工件选择数值较大的挡级，厚度小的工件选择数值较小的挡级，各挡之间有一段厚度范围的相互覆盖。因此，调节扫描线比例时，有的厚度在相邻两个挡位均可实现
深度细调	用来精确调整探测范围。调节细调旋钮可连续改变扫描线的比例，从而使荧光屏上的反射回波间距在一定范围内连续变化
脉冲移位（延迟旋钮）	用于调节开始发射脉冲时刻与开始扫描时刻之间的时间差。调节脉冲移位旋钮可使反射回波位置在扫描线上大幅度左右移动，但不改变反射回波之间的距离
聚焦	用来调节电子束的聚焦程度，使荧光屏波形清晰

（3）一般操作

1）开机。接220V交流电源，将仪器开关置于“开”。观察仪器面板，电源指示应正常，间隔数秒后荧光屏上应出现一条扫描亮线和始脉冲T波。

2）连接探头。将超声探头连接在相应的插座上。对于单晶片探头，将“工作方式选择”旋钮置于“单探”，探头连接到图4-9中的1和2；对于双晶片探头，将“工作方式选择”旋钮置于“双探”，探头的两根线分别连接到图4-9中的1和2。

注意始脉冲T波的变化，如果是直探头，始脉冲T波变化不大，宽度略增；如果是斜探头，始脉冲T波附近将出现一些杂波，否则说明探头的连接不良。

3）调节扫描线比例。根据工件厚度，将“深度粗调”旋钮置于相应的挡位。CTS-22型检测仪的“深度粗调”旋钮共有4挡，各挡对应的声程范围（钢材料）分别为10mm、50mm、250mm和1 000mm。再调节“深度细调”旋钮和“延迟”旋钮，使底波或标准反射体回波以及始脉冲处于扫描线上相应的位置，即完成扫描线的比例调节。

需要注意的是，超声波检测仪的深度粗调挡位是针对钢中的声速设置的，如果是其他材料，还应乘以系数K（等于钢纵波声速与其他材料纵波声速的比值）。

4）调节检测灵敏度。将“抑制”旋钮置于“关”，“发射强度”旋钮置于“弱”，“增益”旋钮置于较大的位置。移动探头，在荧光屏上找到试块上标准反射体（或工件大平底）的最大反射回波；保持探头稳定，调节衰减器，将该反射回波调到基准波高（通常取 50% ~80%），有时还需微调“增益”旋钮才能精确地达到基准波高（记录此时衰减器的读数），即完成检测灵敏度的调节。

需要注意的是，采用接触法进行检测时，在探头上施加 10 ~ 20N 压力的耦合效果好，探头与工件的耦合稳定；否则，反射回波的高度会变化，从而影响灵敏度调节的准确性。调节检测灵敏度时需预留一定的灵敏度余量，通常不少于 10dB，即调好检测灵敏度后，衰减器的释放量至少应达到 10dB；否则可考虑将“发射强度”旋钮置于“强”。如果仍达不到要求，则可能需更换探头或仪器，或者排查其他原因。

5）检测缺陷。按规定的检测灵敏度和扫查路径进行检测，并对缺陷进行定位和定量。

6）关机。检测工作结束后，将仪器开关置于“关”，荧光屏上扫描亮线和始脉冲 T 波消失，仪器恢复到原始状态。

2. *数字式超声波检测仪*

数字式超声波检测仪，主要是指发射、接收电路的参数控制和接收信号的处理、显示均采用数字化方式的仪器，图 4-10 所示是其原理及外形图。

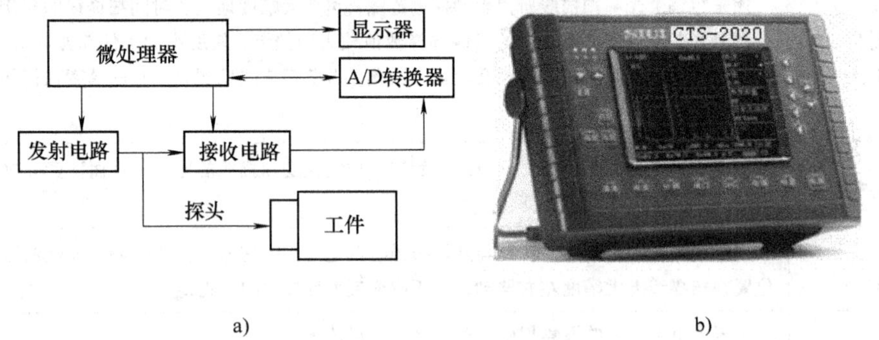

图 4-10　数字式超声波检测仪

a）原理图　b）外形图

数字式仪器与模拟式仪器相比，其优势在于接收信号的数字化使超声波信号的存储、记录、再现变得十分方便，改变了传统超声检测缺乏永久记录的缺点；显示器不需要传统的示波管，使得仪器趋于小型化；数字化使仪器功能可用软件不断扩展，使一台仪器可同时满足不同使用者的需求。

图 4-11 所示是 CTS-2020 数字式超声波探伤仪的外观。

CTS-2020 的主菜单有 7 大项：

1）“基本”：包括波形显示所必需的基本调节及校正项目。

2）“收发”：用于调节发射电路和接收放大器，以及数字信号处理等功能。

3）“计测”：斜探头检测所必需的功能，以及波形显示和读测等后处理功能。

4）“闸门”：控制 a、b 闸门所必需的功能，以及跟踪闸门的设定。

5）“DAC”：制作 DAC 曲线，以及用 DAC 曲线对缺陷回波进行评价的各项功能。

6）“存储”：用于存入、调出和删除数据集，以及数据集的其他管理。

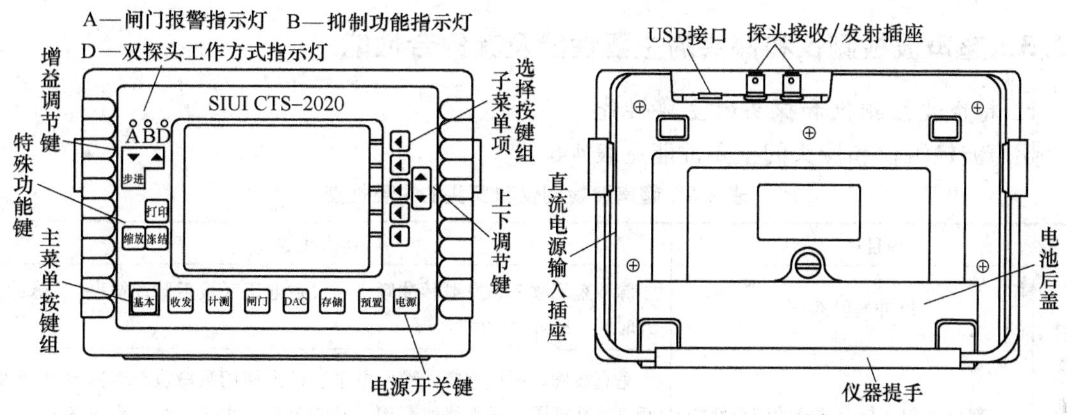

图4-11 CTS-2020数字式超声波探伤仪外观

7)“预置”：配制仪器的其他设定，包括时钟、打印、显示颜色等。

CTS-2020通过按增益调节键选择增益调节的步进，包括4挡，即0.5dB、2.0dB、6.0dB和12.0dB。

图4-12和图4-13所示分别是CTS-2020的仪器画面和显示模式。其中显示模式一是通用模式A型扫描（图4-13a），调节、设定仪器时使用这一模式；显式模式二是放大模式A型扫描（图4-13b），现场检测时可以选用这一模式。

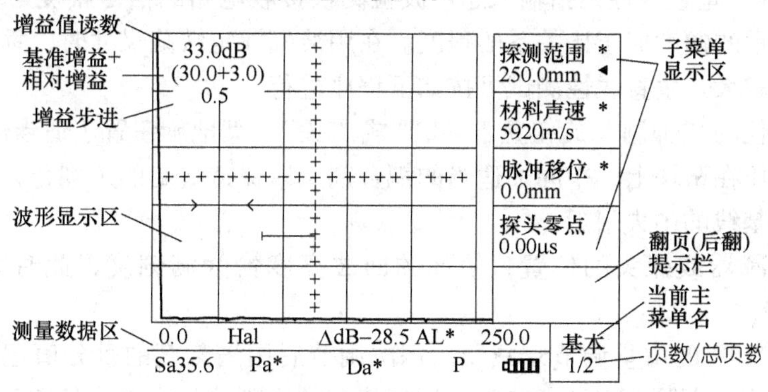

图4-12 CTS-2020仪器画面

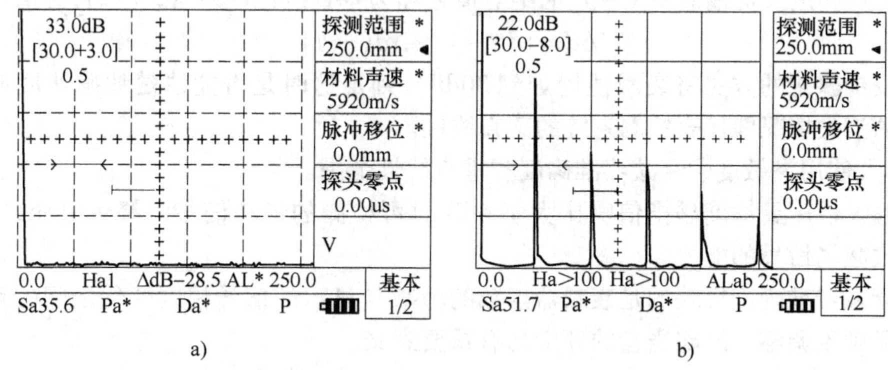

图4-13 CTS-2020显示模式

a）通用模式 b）放大模式

4.2.3 超声波检测仪和探头的主要性能及其组合性能

1. 超声波检测仪和探头的主要性能

超声波检测仪和探头的主要性能见表4-6。

表4-6 超声波检测仪和探头的主要性能

项目		具体性能
超声波检测仪主要性能	脉冲发射部分	脉冲重复频率、发射脉冲频谱、发射电压（发射脉冲幅度）、脉冲上升时间、脉冲持续时间
	接收部分（包括与示波管的结合性能）	垂直线性、频率响应、噪声电平、最大使用灵敏度、衰减器准确度、垂直偏转极限、垂直线性范围、动态范围、水平线性、水平偏转极限、水平线性范围
	数字式超声波检测仪的额外性能	数字采样率和采样位数、数字采样误差、A型显示的像素数量、响应时间
超声波探头主要性能		频率响应、相对灵敏度、时间域响应、电阻抗、距离幅度特性、声束扩散特性、斜探头的入射点和折射角、声轴偏斜角和双峰等

（1）超声波检测仪的主要性能

1）垂直线性。垂直线性是指输入超声波检测仪接收电路的信号幅度与其在超声波检测仪显示器上所显示的幅度成正比关系的程度。在用波幅评定缺陷尺寸时，垂直线性对测试性能的准确度影响较大。垂直线性测试可按如下程序进行：

① 将检测仪的“抑制”旋钮置于“0”或“关”，其他旋钮置于适当位置。

② 将探头压在试块上，中间加适当的耦合剂，以保持稳定的声耦合，并将平底孔的回波调至屏幕上时基线的中央附近。

③ 调节衰减器或探头的位置，使孔的回波高度恰为满刻度，此时衰减器至少应有30dB的衰减余量。

④ 以每次2dB的增量调节衰减器，每次调节后用满刻度的百分值记下回波幅度，一直到衰减值为26dB，测量精度为0.1%，测试值与波高理论值之差为偏差值，从中取最大正偏差 $d(+)$ 和最大负偏差 $d(-)$ 的绝对值之和为垂直线性误差 Δd（以百分值计），即

$$\Delta d = |d(+)| + |d(-)|$$

⑤ 按步骤④的方法将衰减值增加到30dB，判定这时是否能清楚地确认回波的存在。此时回波的消失情况即代表检测系统的垂直线性。

2）最大使用灵敏度、衰减器准确度和垂直线性范围。

① 最大使用灵敏度是指信噪比大于6dB时可检测的最小信号的峰值电压，它表示的是系统接收微弱信号的能力。

② 衰减器准确度反映的是衰减器读数的增减与显示的信号幅度变化之间的对应关系，它对仪器灵敏度调整、缺陷当量的评定均有重要意义。

③ 垂直线性范围是指在规定了垂直线性误差后，垂直线性在误差范围内的显示屏上的信号幅度范围，通常用上、下限刻度值（%）表示。

3）动态范围。动态范围是指反射信号从垂直极限（有的标准规定为垂直极限的80%）

衰减到消失时所需的衰减量。对于垂直线性好的检测仪，动态范围的含义是线性范围内所能检测的最大缺陷与最小缺陷之比。动态范围的调节程序如下。

① 将检测仪的“抑制”旋钮置于“0”或“关”的位置，其他旋钮置于适当位置。

② 将探头压在试块上，中间加适当的耦合剂，以保持稳定的声耦和。调节“增益”旋钮，使探测面200mm、ϕ2mm平底孔的反射回波高度刚好为饱和波高的80%，如图4-14所示。

③ 用衰减器进行衰减，使波高降至仅剩1mm的高度，这时衰减器的变化量即是检测仪的动态范围。

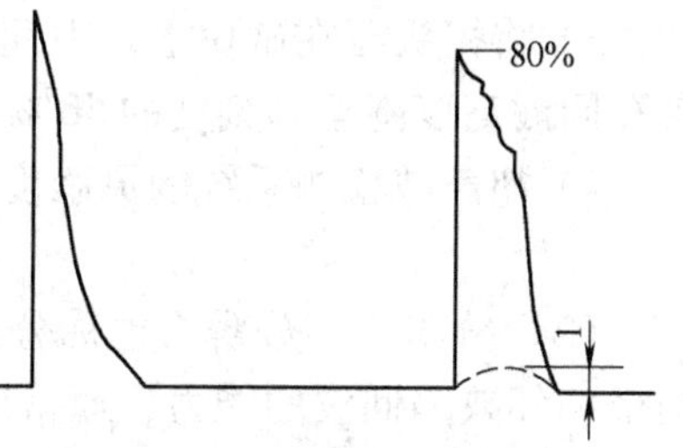

图4-14　动态范围测试波形图

4）水平线性。水平线性也称时基线性，是指检测仪荧光屏水平扫描线上显示的多次波底之间间隔距离相等的程度。水平线性差表示水平扫描单位长度所代表的时间（或探测距离）是不均匀的。水平线性影响确定缺陷位置的准确度。

水平线性的调节见4.4.1的相关内容。

（2）探头的主要性能

1）斜探头的入射点和折射角。斜探头的入射点是指斜楔中纵波声轴入射到探头底面的交点；折射角的标称值是钢中横波的折射角（K值），由斜楔的角度决定。斜探头的入射点和折射角是实际超声检测中经常用到的参数，每次检测时均要进行测量。

斜探头入射点和折射角的测量见4.5.1的相关内容。

2）其他性能。

① 声轴偏斜角反映的是声束轴线与探头几何轴线之间的偏斜程度。双峰是指声束轴线沿横向移动时，同一反射体产生两个波峰的现象。声轴偏斜角和双峰反映的是最大峰值偏离探头轴线的情况，此性能将影响到缺陷水平位置的确定。

② 频率响应是指在给定的反射体上测得的探头脉冲回波的频率特征。

③ 时间域响应是指通过回波脉冲的形状、脉冲宽度、峰数等特征来评价探头的性能。

④ 距离幅度特性是指探头声轴上，规定反射体回波声压随距离变化的曲线。

⑤ 声束扩散特性是指在不同距离处的横截面上，声压下降至声轴上声压值的-6dB时的声束宽度。

2. 超声波检测仪和探头的组合性能

（1）灵敏度　超声检测中灵敏度的广义概念是指检测仪发现缺陷的能力。检测仪的灵敏度是指通过调整发射功率、发射脉冲宽度、增益、抑制等，使检测系统在一定条件下能够发现要检测的最小缺陷的能力。

超声检测中灵敏度的调节见4.4.1的相关内容。

超声波检测仪与探头的灵敏度常用灵敏度余量来衡量。灵敏度余量是指仪器最大输出时（增益和发射强度最大，衰减和抑制为零），使规定反射体回波达到基准波高所需衰减的衰减总量。灵敏度余量大，说明检测仪与探头的灵敏度高。灵敏度余量的调节可按下列程序进行：

1）将检测仪的“抑制”旋钮置于“0”或“关”，其他旋钮置于合适位置，最好选取随后的检测工作中将使用的调整值。

2）将检测仪的“增益”旋钮调至最大；但当电噪声较大时，应降低增益（调解增益控制器或衰减器），使电噪声降至满刻度的10%。设此时衰减器的读数为S_0。

3）将探头压在试块上，中间加适当的耦合剂，以保持稳定的耦合。调节衰减器，使平底孔回波高度降至满刻度的50%，设此时衰减器的读数为S_1。

4）超声波检测系统的灵敏度余量（以dB表示）由下式计算

$$S = S_1 - S_0$$

（2）分辨力　分辨力也称分辨能力或分辨率，它是指超声波检测系统在时间轴上分开两个相邻缺陷回波的能力，通常用两个相邻缺陷之间的距离来表示（或分贝值表示）。一般说的分辨力多指远距离分辨力。

分辨力可分为纵向分辨力和横向分辨力。纵向分辨力是在声束的作用范围内，在检测仪荧光屏上，能够把距探头不同距离的两个相邻缺陷作为两个反射信号区别出来的能力。横向分辨力则是在声束的作用范围内，在检测仪荧光屏上，能够把距探头相同距离的两个相邻缺陷作为两个反射信号区别出来的能力。

（3）信噪比　信噪比是指所要检测的最小缺陷的信号幅度与杂波幅度之比。噪声的存在会掩盖幅度低的小缺陷信号，从而容易引起漏检或误判。

（4）频率　检测仪和探头的组合频率取决于仪器发射电路与探头的组合性能，它与探头的公称频率（制造厂在探头上标出）之间存在一定误差，此误差常用回波频率误差来表征。回波频率误差是指当检测仪与探头组合使用时，经工件底面反射回的超声波频率与探头公称频率间的极限误差。

（5）一些术语的解释

1）发射脉冲：用来产生超声波的电脉冲，该电脉冲在荧光屏上的显示也称发射脉冲，俗称始脉冲或始波。

2）脉冲宽度：荧光屏上回波根部的宽度。

3）发射脉冲宽度：发射脉冲的持续时间，即发射脉冲在荧光屏上显示波形的根部宽度，俗称始波占宽。

4）穿透力：对于平行平面工件，第一个底波或第一个穿透波的波高刚刚能在荧光屏上显示出来时的被测工件的厚度。

5）检测范围：荧光屏上整个时间轴所代表的声程范围。

6）刻度板：也称面板，是指装在荧光屏前面的带有纵、横刻度线的透明板。

7）回波信号：指荧光屏上显示的自界面反射回来的声波产生的信号。

8）波高：荧光屏上显示的回波垂直高度，常用标准刻度的垂直高度或分贝值来表示。

9）底波：由工件底面反射的回波。

10）仪器噪声：由工件噪声引起的出现在荧光屏上的小信号。

4.2.4　试块

采用A型显示脉冲反射法进行试件超声检测时，按一定用途设计制作的具有简单几何形状的人工反射体标准块，称为试块。

1. 试块的作用

试块的主要作用如下：

1）测试检测仪与探头的性能，如垂直线性、水平线性、分辨力、盲区等。

2）检测前，需要利用试块来调整检测灵敏度，以便能在最大深度处发现规定大小的缺陷。

3）检测前，一般要利用试块来调整扫描速度，以便对缺陷进行定位。

4）检测中，在 $x<3N$（x 为声程，N 为探头近场区长度）以内发现缺陷时，采用试块比较法来确定缺陷的当量大小。

2. 试块的分类

试块按其用途可分为标准试块、对比试块和自然缺陷试块。

（1）标准试块　标准试块是指由权威机构制作的试块，其特性与制作要求由专门的标准规定。

标准试块用于检测仪探头系统性能测试校准和检测校准，如 IIW 试块；JB/T 4730.3—2005（《承压设备无损检测　第3部分　超声检测》）中采用的焊接接头用标准试块为 CSK-ⅠA、CSK-ⅡA、CSK-ⅢA 和 CSK-ⅣA；钢板用标准试块为 CBⅠ、CBⅡ；锻件用标准试块为 CSⅠ、CSⅡ、CSⅢ。其他标准试块包括 ASME（美国机械工程师学会）试块、BS（英国国家标准）试块等。

1）IIW 试块。IIW 是国际焊接学会的英文缩写，包括 IIW1 和 IIW2 试块，如图4-15和图4-16所示。

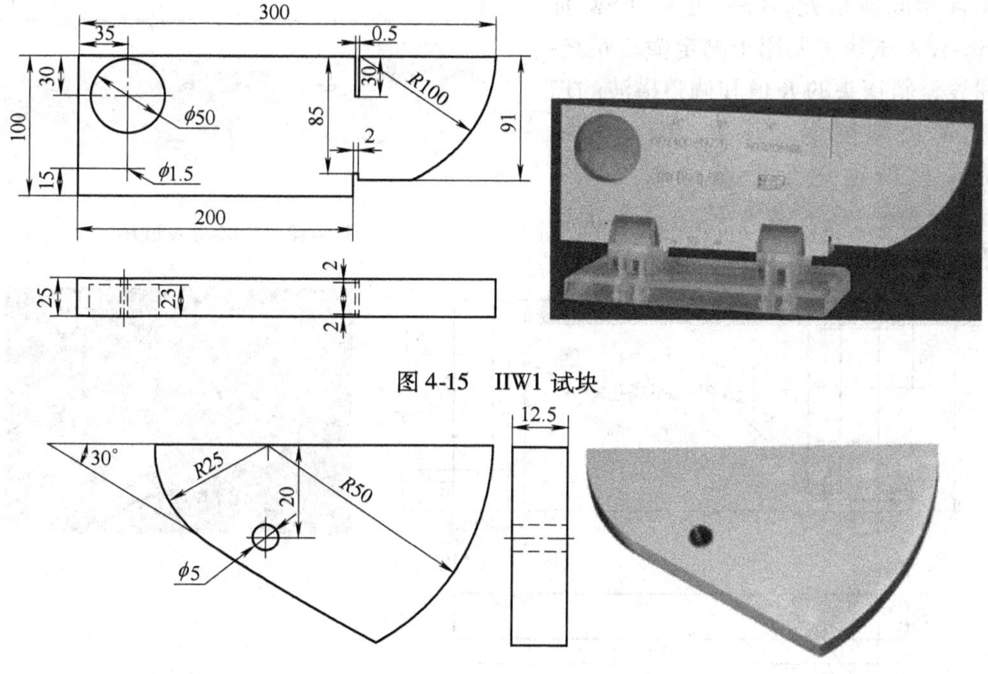

图4-15　IIW1 试块

图4-16　IIW2 试块

2）CSK-ⅠA 试块。如图4-17所示，CSK-ⅠA 试块在 IIW 试块的基础上进行了三点改进：

① 将直孔 ϕ50mm 改为 ϕ50mm、ϕ44mm、ϕ40mm 台阶孔，以便于测定横波斜探头的分辨力。

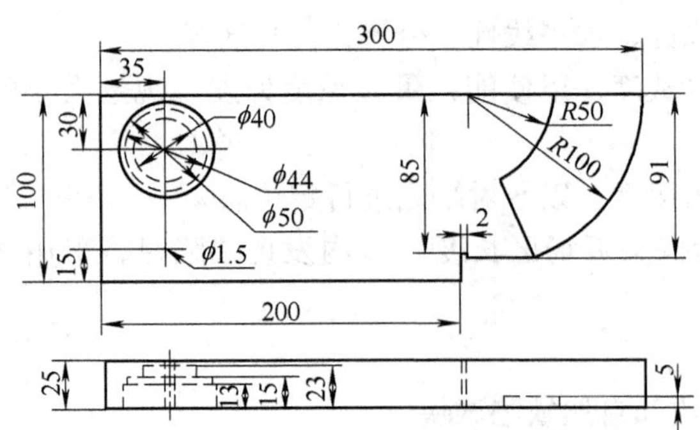

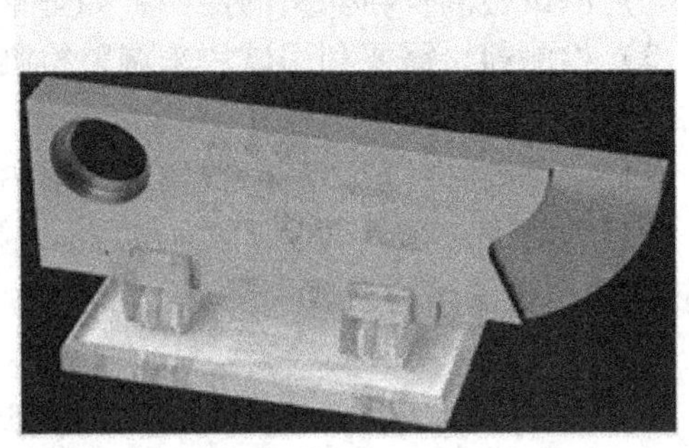

图 4-17　CSK-ⅠA 试块

② 将 R100mm 改为 R100mm、R50mm 阶梯圆弧，以便于调整横波的扫描速度和探测范围。

③ 将试块上标定的折射角改为 K 值，从而可直接测出横波斜探头的 K 值。

3）CSK-ⅡA、CSK-ⅢA 和 CSK-ⅣA 试块。如图 4-18 和图 4-19 所示，我国的 CSK 系列标准试块比较特殊，要求试块材质与工件相同或相近。CSK-ⅡA、CSK-ⅢA、CSK-ⅣA 试块主要用于测定横波距离-波幅曲线、斜探头的 K 值和调整横波的扫描速度及灵敏度等。其中，CSK-ⅡA、CSK-ⅢA 试块适用于壁厚范围为 8～120mm 的焊缝，CSK-ⅣA 试块适用于壁厚范围为 120～400mm 的焊缝。

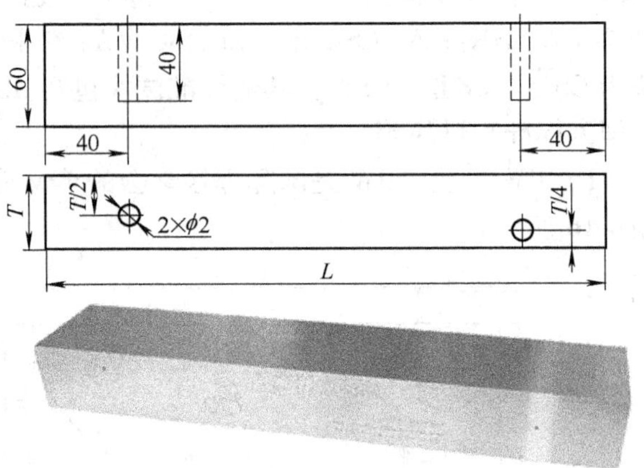

图 4-18　CSK-ⅡA 试块

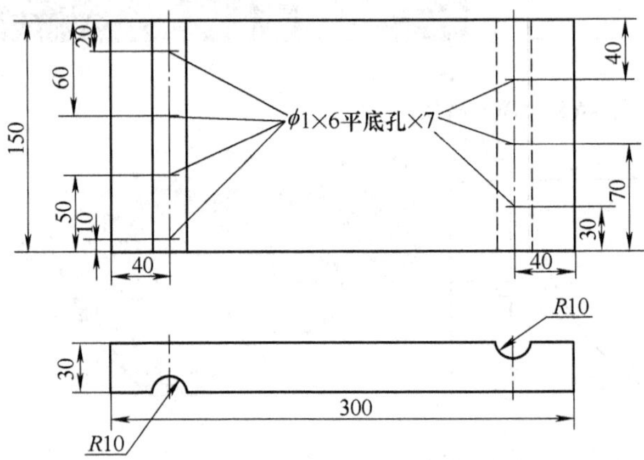

图 4-19　CSK-ⅢA 试块

（2）对比试块　对比试块是用于检测和校准的试块，如 JB/T 4730.3—2005 中规定的用于钢管环焊缝检测的 GS-1、GS-2、GS-3、GS-4 试块；用于钢板、锻件横波斜探头检测及钢管检测的 60°尖角槽试块等。

对比试块的材质、表面粗糙度应尽可能与被检测工件相同或相近，其外形应尽可能简单，并能代表被检测工件的特征，其厚度应与被检测工件的厚度相对应。对比试块一般采用人工反射体，常用的人工反射体有长横孔、短横孔、平底孔、V形槽和其他线切割槽等。

图4-20所示是JB/T 4730.3—2005中规定的无缝钢管横波检测用对比试块；图4-21所示是GB/T 11345—1989（《钢焊缝手工超声波探伤方法和探伤结果分级》）中规定的焊缝检测用对比试块。

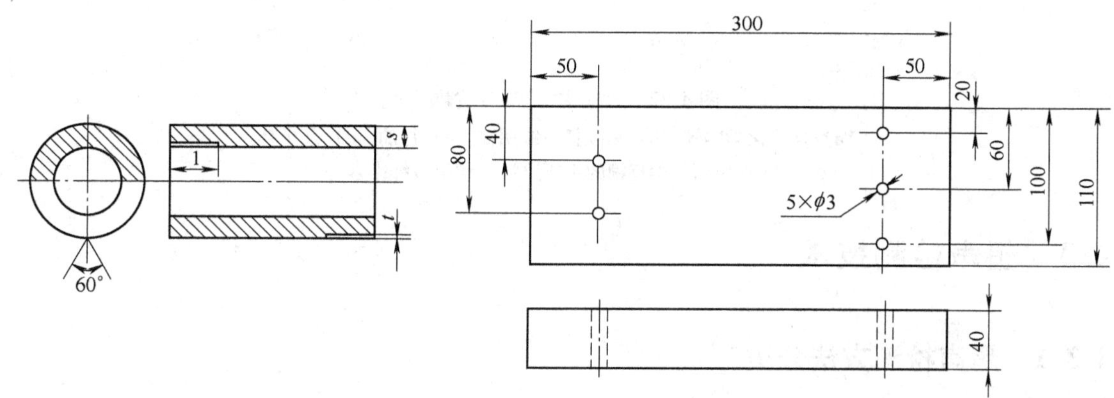

图4-20 无缝钢管横波检测用对比试块　　图4-21 焊缝检测用对比试块

（3）自然缺陷试块　根据需要从工件中截取的自然缺陷试块，可用于对工件中存在的实际缺陷进行研究，并与标准反射体进行比较等。

（4）试块的使用和维护

1）应在试块的适当部位编号，以防混淆。

2）在使用和搬运过程中应注意保护试块，防止碰伤或擦伤试块。

3）使用试块时，应注意反射体内的油污和锈蚀，常用蘸油细布将锈蚀部位抛光，或用合适的去锈剂进行处理。平底孔在清洗、干燥后，应用尼龙塞或胶粘剂封口。

4）注意防止试块锈蚀，若试块使用后的停放时间长，要涂覆缓蚀剂。

5）注意防止试块变形，如避免火烤，平板试块尽可能立放、防止重压等。

4.2.5 耦合剂

耦合剂是加在探头和检测面之间的液体薄层，它可以填充探头与工件之间的空气间隙，实现声能从探头向试块的传递。耦合剂还有润滑作用，可以减少探头和工件之间的摩擦。

常用的耦合剂有水、甘油、全损耗系统用油、变压器油、化学糨糊等，如图4-22所示。

水的最大优点是来源方便，缺点是易流失，会使试件生锈。有时不浸湿试件，而是在浸液检测中用水做浸渍液，常在其中加入浸润剂和防腐蚀剂。

甘油是声阻抗最高的实用耦合剂，耦合效果也最好，但易凝固，易损坏探头。检测中要用水经常擦洗探头，在粗糙面、曲面或竖壁上使用较为适宜。

全损耗系统用油是最常用的耦合剂之一，根据试件表面情况和环境温度，可选择适当粘度的全损耗系统用油。

化学糨糊的耦合效果比较好，也是一种常用的耦合剂。

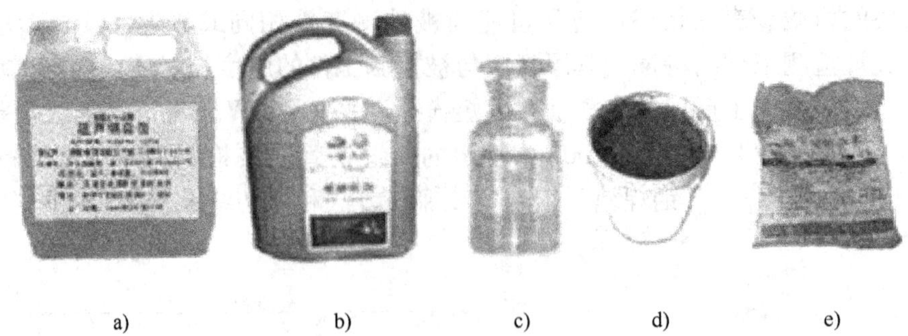

a)　b)　c)　d)　e)

图 4-22　部分常用超声波耦合剂
a）桶装化学糨糊　b）全损耗系统用油　c）甘油　d）凡士林
e）配制化学糨糊的主要原料（羧甲基纤维素）

4.3　超声检测技术

4.3.1　超声检测方法分类

超声检测方法的分类方式有多种，较常用的见表 4-7。

表 4-7　超声检测方法分类

分类原则	检测方法
按原理	脉冲反射法、衍射时差法（TOFD）、穿透法、共振法
按显示方式	A 型显示、超声成像显示（包括 B、C、D、S、P 型显示等）
按波形	纵波法、横波法、表面波法、板波法、爬波法等
按探头数目	单探头法、双探头法、多探头法
按探头与工件的接触方式	直接接触法、液浸法、电磁耦合法
按人工干预的程度	手工检测、自动检测

1. 按原理分类

（1）脉冲反射法　脉冲反射法是根据反射波情况来检测试件缺陷的方法，包括缺陷回波法、底波高度法和多次底波法。

1）缺陷回波法。根据检测仪示波屏上显示的缺陷波形进行判断的方法称为缺陷回波法，该方法是反射法的基本方法。当试件完好时，超声波可顺利传播到试件底面，检测图形中只有表示发射脉冲 T 及底面回波 B 两个信号，如图 4-23a 所示。若试件中存在缺陷，则底面回波前有表示缺陷的回波 F，如图 4-23b 所示。

2）底波高度法。底波高度法是根据底面回波的高度变化判断试件缺陷情况的检测方法，如图 4-24 所示。其特点是投影大小相等的缺陷可以得到同样的指示，而且不出现盲区，但是要求被检测试件的检测面与底面平行，耦合条件一致。由于该方法检出缺陷定位、定量不便，灵敏度较低，因此实际应用中很少将其作为一种独立的检测方法，而经常作为一种辅助手段，配合缺陷回波法发现某些倾斜的和小而密集的缺陷。

3）多次底波法。多次底波法是依据底面回波次数来判断试件有无缺陷的方法，主要用于厚度不大、形状简单、检测面与底面平行的试件。多次底波法缺陷检出的灵敏度低于缺陷回波法。

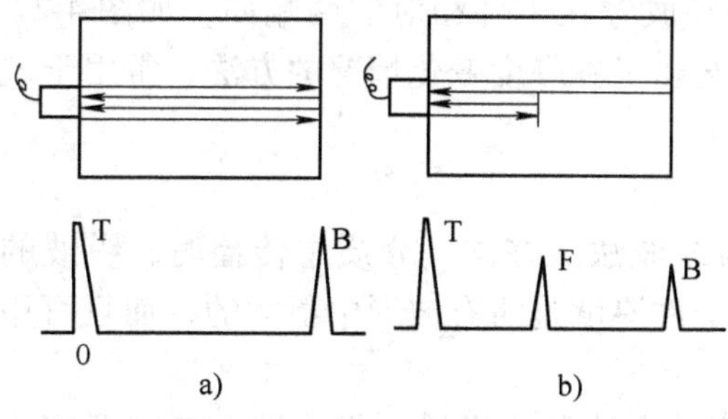

图 4-23 缺陷回波法

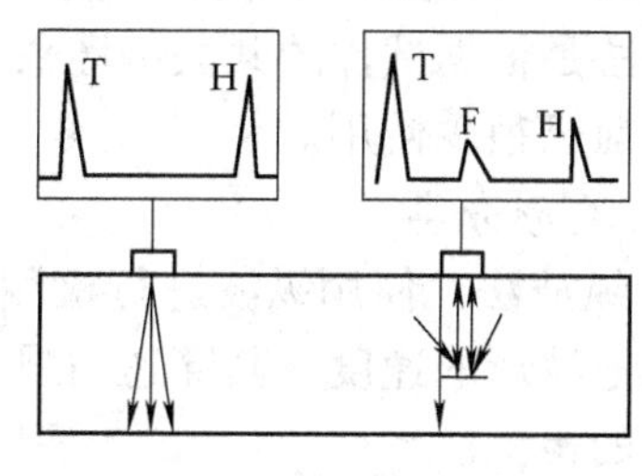

图 4-24 底波高度法

（2）衍射时差法 衍射时差法（TOFD）是利用缺陷部位的衍射波信号来检测和测定缺陷尺寸的一种超声检测方法。通常使用纵波斜探头，采用一发一收模式。缺陷处的衍射现象如图 4-25 所示。

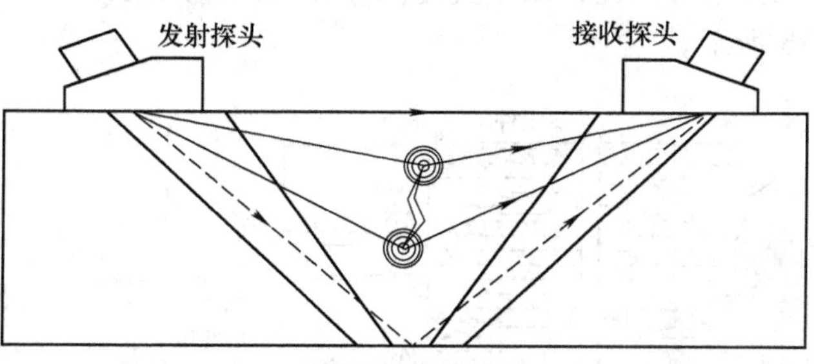

图 4-25 衍射现象

TOFD 法一般将探头对称分布于焊缝两侧。在工件的无缺陷部位，发射超声脉冲后，首先到达接收探头的是直通波，然后是底面反射波；当有缺陷存在时，在直通波和底面反射波之间，接收探头还会接收到缺陷处产生的衍射波。

TOFD 检测显示包括 A 扫描信号和 TOFD 图像。图 4-26 所示为含埋藏缺陷的平板对接焊接接头的 TOFD 检测显示示意图，图中右下方为 TOFD 图像，右上方为从 TOFD 图像中缺陷部位提取的一个 A 扫描信号，其中包括衍射波、下端点衍射波和底面反射波。

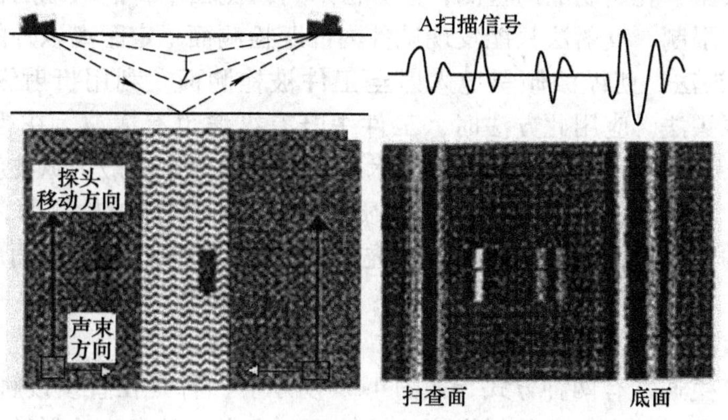

图 4-26 TOFD 检测显示示意图（含埋藏缺陷）

与脉冲反射超声检测和射线检测相比，TOFD 法的主要优点在于：缺陷的衍射信号与缺陷的方向无关，缺陷检出率高；超声波束覆盖区域大；缺陷高度测量精确；实时成像，快速分析；缺陷的定量不依赖于缺陷的回波幅度；快速、安全、方便。TOFD 法的局限性在于：扫查面和底面存在几毫米的表面盲区；TOFD 信号较弱，易受噪声影响；倾向于“过分夸大”中下部缺陷和部分良性缺陷，如气孔、夹层等；TOFD 数据分析对检测人员要求高。

（3）穿透法和共振法　穿透法是根据脉冲波或连续波穿透试件之后的能量变化来判断缺陷情况的一种方法，常采用一发一收双探头分别放置在工件相对的两端面，如图 4-27 所示。共振法是根据试件的共振特性来判断缺陷情况和工件厚度变化情况的方法，常用于试件测厚，目前已很少使用。

2. 按波形分类

（1）纵波法　使用纵波进行检测的方法称为纵波法。在同一介质中传播时，纵波的速度大于其他波形的速度，其穿透力强，可检测的工件厚度是所有波形中最大的，而且可用于粗晶材料的检测。

1）纵波直探头法。使用纵波直探头进行检测的方法称为纵波直探头法。波束垂直入射至工件被检测面，以不变的波形和方向透入工件，所以又称垂直入射法，简称垂直法，如图 4-28 所示。

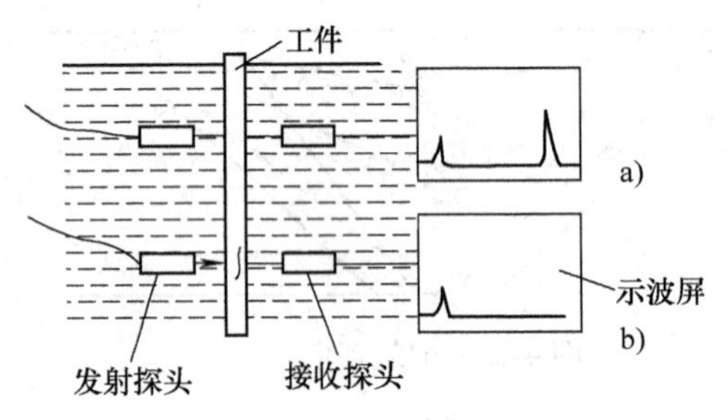

图 4-27　穿透法

a）无缺陷时的波形　b）有缺陷时的波形

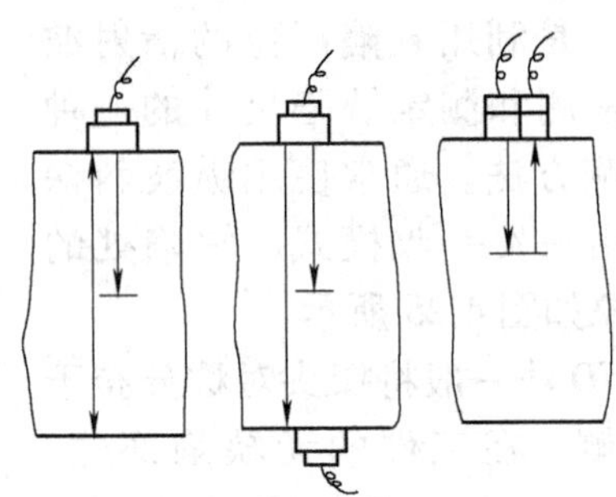

图 4-28　垂直法

垂直法可分为单晶探头反射法、双晶探头反射法和穿透法。常用的是单晶探头反射法，主要用于铸造、锻压、轧制制品的检测，该方法对与检测面平行的缺陷的检出效果最佳。由于盲区和分辨力的限制，反射法只能发现试件内部距检测面一定距离以外的缺陷。

2）纵波斜探头法。使纵波倾斜地入射至工件被检测面，利用折射纵波进行检测的方法，称为纵波斜探头法。应用此方法时，工件中既有纵波也有横波。在粗晶材料（如奥氏体不锈钢焊接接头）的检测和 TOFD 检测技术中，使用的探头一般为纵波斜探头。

（2）横波法　将纵波通过楔块、水等介质倾斜入射至试件被检测面，利用波形转换得到横波进行检测的方法，称为横波法。由于透入试件的横波束与被检测面成锐角，所以又称斜射法。横波法主要用于管材、焊缝的检测；检测其他试件时，则作为一种有效的辅助手段，用以发现垂直检测法不易发现的缺陷。

斜射声束的产生通常有两种方式，如图 4-29 所示。一种是在直接接触法中采用斜探头，由晶片发出的纵波通过一定倾角的斜楔到达接触面，在界面处发生波形转换，在工件中产生折射后的斜射横波声束；另一种是利用水浸直探头，在水中改变声束入射到检测面时的入射角，从而在工件中产生所需波形和角度的折射波。

（3）表面波法　使用表面波进行检测的方法称为表面波法。这种方法主要用于表面光滑的试件的检测。

表面波的波长比横波的波长短，因此其衰减也大于横波。同时，表面波仅沿表面传播，对于表面上的油污、不光洁等较敏感，从而被大量地衰减。利用此特点，可以通过手蘸油在

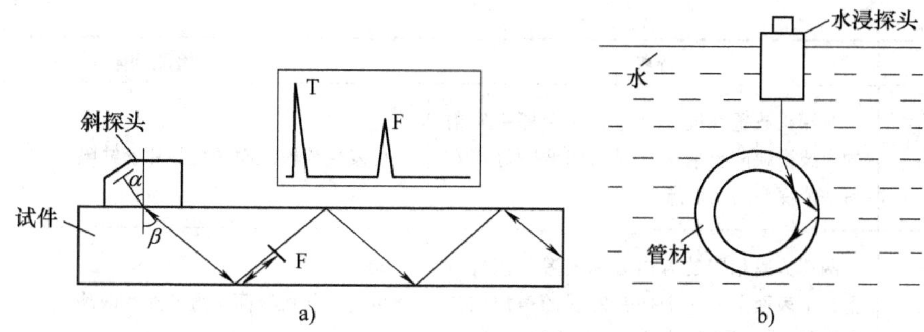

图4-29 斜射声束的产生方式

a）直接接触法 b）水浸法

声束传播方向上进行触摸来观察缺陷回波高度的变化，从而对缺陷进行定位。

（4）板波法 使用板波进行检测的方法称为板波法，主要用于薄板、薄壁管等形状简单的试件的检测。板波充塞于整个试件，可以发现试件内部和表面的缺陷。其检出灵敏度除取决于仪器的工作条件外，还取决于波的形式。

3. 按探头数目分类

（1）单探头法 使用一个探头兼作发射和接收超声波的方法称为单探头法。单探头法操作方便，可以检出大多数缺陷，是目前最常用的一种方法。

单探头法对于与波束轴线垂直的片状缺陷和立体缺陷的检出效果最好，与波束轴线平行的片状缺陷则难以检出。当缺陷与波束轴线倾斜时，根据倾斜角度的大小，会因收到部分回波或反射波束全部反射在探头之外而无法检出。

（2）双探头法 使用两个探头（一个发射，一个接收）进行检测的方法称为双探头法，主要用于发现单探头法难以检测的缺陷。双探头可根据两个探头的排列方式和工作方式进一步分为并列式、交叉式、V形串列式、K形串列式和串列式等，如图4-30所示。双探头各种排列方式的特点及可检测缺陷见表4-8。

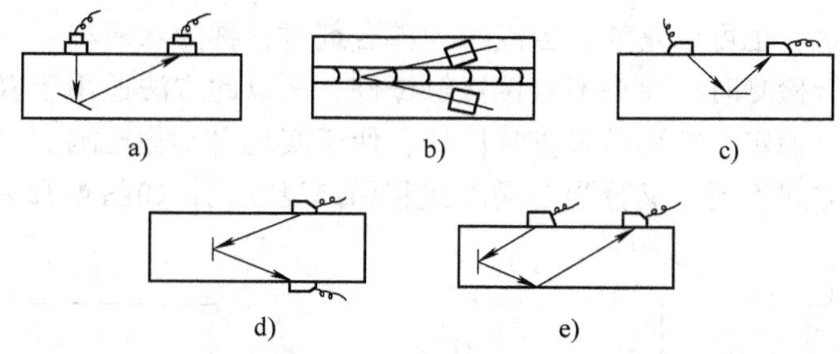

图4-30 双探头的排列方式

a）并列式 b）交叉式 c）V形串列式 d）K形串列式 e）串列式

表4-8 双探头排列方式及特点

排列方式	特点	检测缺陷
并列式	两个探头并列放置并同步移动，但采用直探头时，一个探头固定	可发现与检测面倾斜的缺陷，适用于薄试件、近表面缺陷的检测
交叉式	两个探头的轴线交叉，交叉点为要检测的部位	可发现与检测面垂直的片状缺陷。在焊缝检测中，常用来发现横向缺陷

（续）

排列方式	特点	检测缺陷
V形串列式	两探头放置在同一面上，一个探头发射的声波被缺陷反射，反射的回波刚好落在另一个探头的入射点上	可发现与检测面平行的片状缺陷
K形串列式	两探头以相同的方向分别放置于试件的上、下表面上。一个探头发射的声波被缺陷反射，反射的回波进入另一个探头	可发现与检测面垂直的片状缺陷
串列式	两探头一前一后，以相同的方向放置在同一表面上，一个探头发射的声波被缺陷反射的回波，经底面反射进入另一个探头	可发现与检测面垂直的片状缺陷（如厚焊缝的中间未焊透）

（3）多探头法　使用两个以上的探头成对地组合在一起进行检测的方法，称为多探头法。多探头法的应用主要是通过增加声束来提高检测速度或发现各种取向的缺陷，通常与多通道仪器和自动扫描装置配合使用，如图4-31所示。

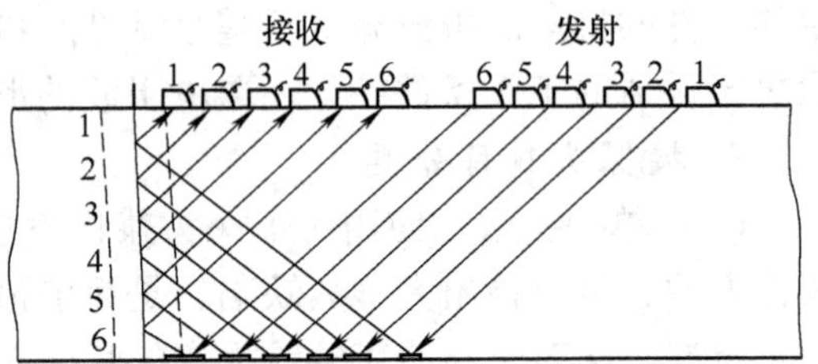

图4-31　多探头法

4. 按探头与工件的接触方式分类

（1）直接接触法　探头与试件检测面之间涂有很薄的耦合剂层，因此可以看作两者直接接触，这种检测方法称为直接接触法。

直接接触法操作方便，检测图形较简单，判断容易，检出缺陷灵敏度高，是实际检测中用得最多的方法之一。直接接触法检测的试件，要求检测面的表面粗糙度值较小。

（2）液浸法　将探头和工件浸于液体中，以液体为耦合剂进行检测的方法，称为液浸法。耦合剂可以是水，也可以是油。当以水为耦合剂时，称为水浸法。

采用液浸法进行检测时，探头不直接接触试件，所以此方法适用于表面粗糙的试件，探头也不易磨损，耦合稳定，检测结果重复性好，便于实现自动化检测。

液浸法按检测方式不同，又分为全浸没式和局部浸没式，如图4-32所示。

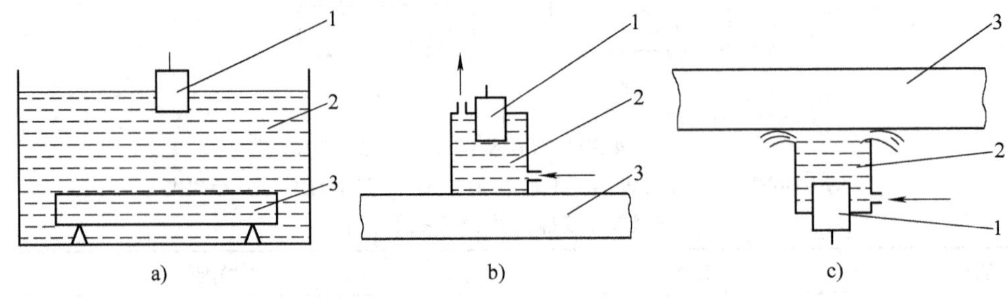

图4-32　液浸法

a）全浸没式　b）局部浸没式　c）喷流式局部液浸法

1—探头　2—耦合剂（液体）　3—工件

4.3.2 检测条件的选择

1. 检测仪的选择

检测前应根据检测要求和现场条件来选择检测仪，一般根据以下情况进行选择：

1）对于定位要求高的情况，应选择水平线性误差小的仪器。

2）对于定量要求高的情况，应选择垂直线性好、衰减器精度高的仪器。

3）对于大型零件的检测，应选择灵敏度余量高、信噪比高、功率大的仪器。

4）为了有效地发现近表面缺陷和区分相邻缺陷，应选择盲区小、分辨力好的仪器。

5）对于室外现场检测，应选择质量小、荧光屏亮度高、抗干扰能力强的携带式仪器。

6）要选择性能稳定、重复性好和可靠性高的仪器。

2. 探头的选择

探头的选择包括探头形式、频率、晶片尺寸和斜探头 K 值的选择等。

（1）探头形式的选择　常用的探头形式有纵波直探头、横波斜探头、表面波探头、双晶探头、聚焦探头等。一般根据工件的形状和可能出现缺陷的部位、方向等条件来选择探头的形式，使声束轴线尽量与缺陷垂直。

1）纵波直探头只能发射和接收纵波，声束轴线垂直于检测面，主要用于检测与检测面平行的缺陷，如锻件、钢板中的夹层、折叠等缺陷。

2）横波斜探头是通过波形转换来实现横波检测的，主要用于检测与检测面垂直或成一定角度的缺陷，如焊缝生中的未焊透、夹渣、未熔合等缺陷。

3）纵波斜探头主要利用小角度的纵波进行检测，或在横波衰减过大的情况下，利用纵波穿透能力强的特点进行斜入射纵波检测。此时工件中既有纵波也有横波，使用时需注意横波干扰，可利用纵波和横波的速度不同加以识别。

4）双晶探头用于检测薄壁工件或近表面缺陷。

5）水浸聚焦探头可用于检测管材或板材；接触聚焦探头可有效提高信噪比，但其检测范围较小，可用于已发现缺陷的精确定量等。

（2）探头频率的选择　超声检测频率在（0.5～10）MHz之间，选择范围大。一般使用的频率为（2.0～5.0）MHz，我国多采用2.5MHz。

频率的高低对检测有较大的影响。频率高时，灵敏度和分辨力高，指向性好，对检测有利；但近场区长度大，衰减大，又对检测不利。实际检测中要全面考虑各方面因素，合理选择频率，一般应在保证检测灵敏度的前提下尽可能选用较低的频率。

对于晶粒较细的锻件、轧制件和焊接件等，一般选用较高的频率，常用频率为（2.5～5.0）MHz；对于晶粒较粗大的铸件、奥氏体钢等，宜选用较低的频率，常用频率为（0.5～2.5）MHz。

（3）探头晶片尺寸的选择　探头晶片的面积一般不大于500mm^2，圆晶片的直径一般不大于25mm。

1）检测面积大的工件时，为了提高检测效率，宜选用大晶片探头。

2）检测厚度大的工件时，为了有效地发现远距离的缺陷，宜选用大晶片探头。

3）检测小型工件时，为了提高缺陷定位、定量精度，宜选用小晶片探头。

4）检测表面不太平整、曲率较大的工件时，为了减少耦合损失，宜选用小晶片探头。

（4）横波斜探头 K 值的选择　在横波检测中，探头 K 值对检测灵敏度、声束轴线方向和一次波的声程（入射点与底面反射点的距离）有较大的影响。

1）当工件厚度较小时，应选用较大的 K 值，以便增加一次波的声程，避免近场区检测。

2）当工件厚度较大时，应选用较小的 K 值，以减少由声程过大引起的衰减，便于发现深度较大处的缺陷。

3）在焊缝检测中，还要保证主声束能扫查整个焊缝截面。对于单面焊根部未焊透缺陷，还要考虑端角反射问题，应使 $K=0.7\sim1.5$，因为 $K<0.7$ 或 $K>1.5$ 时的端角反射率很低，容易引起漏检。

3. 耦合剂的选用和施加方法

（1）耦合剂的选用　应选用全损耗系统用油、糨糊、甘油和水等透声性好，且不损伤检测表面的耦合剂。

1）甘油的声阻抗高，耦合性能好，常用于一些重要工件的精确检测；但其价格较贵，对工件有腐蚀作用。

2）水玻璃的声阻抗较高，常用于表面粗糙工件的检测；但其清洗不太方便，且对工件有腐蚀作用。

3）水的来源广、价格低，常用于水浸检测；但其容易流失，易使工件生锈，有时不易润湿工件。

4）全损耗系统用油和变压器油的粘度、流动性、附着力适当，对工件无腐蚀，价格也不贵，是目前实验室使用最多的耦合剂。

5）化学糨糊的耦合效果较好，且成本低、使用方便，近年来被大量用于现场检测。

（2）施加方法

1）清洁工件表面，用抹布将工件表面探头移动区粘附的颗粒物（如灰尘、沙粒等）擦干净。

2）用毛刷蘸适量的耦合剂（如全损耗系统用油、化学糨糊等）均匀地涂在探头移动区上。为避免耦合剂流失，每次涂刷耦合剂的面积不要过大。对于粘度较低的耦合剂，在操作过程中还应及时予以补充。

3）当采用直接接触法用水作为耦合剂进行检测时，由于水的润湿性差（可以在水中加适量的活化剂）及流动性大，操作过程中要不断在探头下补充水。此外，水会使钢板表面生锈，必要时可加入适量的缓蚀剂。

4）当采用高水层局部水浸法检测钢板时，水一定要干净，并要控制充入探头中的水流速度，以防止水中出现气泡。

4.4　纵波直探头检测技术

4.4.1　检测仪器的调整

为保证在确定的检测范围内发现规定尺寸的缺陷，并确定缺陷的位置和大小，检测仪的调整主要是对扫描速度和检测灵敏度进行调整。

1. 时基线的调整

调整时基线的目的，一是使时基线显示的范围足以包含需检测缺陷的深度；二是使时基线的刻度与声波在材料中的传播距离成一定比例，以便准确测定缺陷的深度。

时基线调整的内容包括扫描线比例和零位调节。

（1）扫描线比例调节　检测仪荧光屏上扫描线的水平刻度值与实际声程的比例关系称为扫描线比例或扫描速度。扫描线比例可按 $1:n$ 或 $n:1$ 进行调试。目前使用的超声波检测仪，其荧光屏扫描线的刻度共有 10 大格，扫描线比例 $1:n$ 可理解为每一大格代表实际声程 $n$cm，而扫描线比例 $n:1$ 则可以理解为 n 大格代表实际声程 1cm。

直探头扫描线比例调节的一般方法是：将检测范围内已知厚度的试块及试块上的人工标准反射体或工件底面的两次不同反射回波，分别对准相应的扫描线水平刻度值（要求检测面和底面必须是相互平行的），从而实现扫描线比例的调节。

为了便于观察和减小误差，调节扫描线比例时要充分利用荧光屏面板的宽度，观察范围一般应达到60%以上。进行直探头纵波检测时，对于不同厚度的工件，在整个扫描范围内能看到的底波情况为：当工件厚度小于 100mm 时，荧光屏上可显示 2～3 个底波；当工件厚度为 100～200mm 时，荧光屏上可显示 1～2 个底波；当工件厚度大于 200mm 时，荧光屏上可显示 1 个底波。

【例 4-1】　用直探头检测厚度为 30mm 的饼形锻件时，如何利用工件底面调节扫描线比例？如在工件内 20mm 处有一缺陷，它应在扫描线的第几格出现？

1）确定扫描线调节比例。因为工件的厚度为 30mm，可按深度 1:1 进行调节，即扫描线的 1 大格相当于深度 1cm，此时工件第一个底波 B_1 应在第 3 格。

① 接通电源，并将开关置于“开”，荧光屏上出现一条扫描亮线和始脉冲 T 波。

② 连接探头，并将“工作方式”旋钮置于“单探”，将探头连接到仪器的相应插座上。

③ 用工件大平底调节扫描线比例。首先用毛刷蘸适量耦合剂，均匀地将其涂于锻件的被检测表面上。其次，根据工件厚度将“深度粗调”旋钮置于 2 挡（50mm），一只手握紧探头置于涂有耦合剂的锻件表面，并适当转动探头，使探头与工件耦合良好，反射回波信号稳定。最后，用另一只手调节“深度细调”和“延迟”旋钮，使饼形锻件第一次底波 B_1、第二次底波 B_2 和第三次底波 B_3 分别出现在第 3、第 6、第 9 格，即完成扫描线比例调节，如图 4-33 所示。

2）确定缺陷应出现的位置。由于扫描线比例为 1:1，因此缺陷第一次反射回波 F_1 应出现在扫描线上的第 2 格；缺陷第二次反射回波 F_2 应出现在扫描线上的第 $3+2=5$ 格；缺陷第三次反射回波 F_3 应出现在扫描线上的第 $2\times3+2=8$ 格，如图 4-33 所示。

（2）零位调节　扫描线比例确定后，还需利用“延迟”旋钮，将声程零位设置在所选定的水平刻度线上，此过程称为零位调节。在直接接触法中，声程零位通常放在时基线的零点，时基线的读数直接对应反射回波的深度。

2. 检测灵敏度的调整

检测灵敏度是指在确定的声程范围内发现规定大小缺陷的能力，一般根据产品技术要求或有关标准确定。调节检测灵敏度的目的在于发现规定大小的缺陷，并对缺陷定量。检测灵敏度太高或太低都对检测不利：灵敏度太高，荧光屏上的杂波多，判伤困难；灵敏度低，则

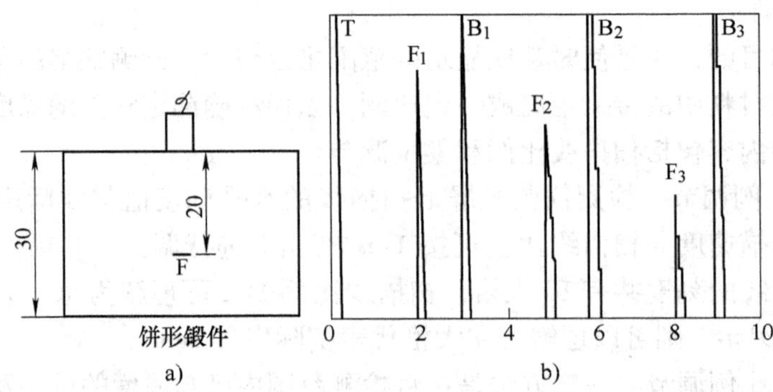

图 4-33　厚度为 80mm 工件扫描线比例为 1∶1 的调节和缺陷示意图

容易引起漏检。

检测灵敏度包括两种，一种为基准灵敏度，一种为扫查灵敏度。基准灵敏度指的是缺陷记录灵敏度，通常用于缺陷的定量和缺陷的等级评定；扫查灵敏度是用于实际检测的灵敏度，通常不得低于基准灵敏度。评定缺陷大小时，应符合基准灵敏度的水平。

调整灵敏度的常用方法有试块调整法和工件底波调整法两种，见表 4-9。

表 4-9　直探头检测灵敏度的调整方法

	调整方法	适用范围	优缺点
试块调整法	1）根据工件对检测灵敏度的要求选择相应的试块 2）将直探头对准试块上的人工缺陷（平底孔），调整仪器上有关灵敏度的“增益”旋钮和衰减器，使荧光屏上人工缺陷的最高反射回波达到基准波高的 50%～80% 3）实测由试块与工件表面粗糙度不同引起的表面耦合补偿 Δ_1，以及由试块与工件衰减不同引起的灵敏度补偿 4）调节衰减器，增益为（$\Delta_1+\Delta_2$）dB	工件厚度小于 3N 或工件没有与表面平行的底面	操作简单，但需要加工不同声程、不同当量尺寸的试块，成本高
工件底波（大平底）调整法	1）确认工件厚度大于或等于 3N（$N=D^2/4\lambda$） 2）计算工件底面反射回波与同深度人工缺陷（平底孔）反射回波的分贝差 $\Delta=20\lg\frac{p_B}{p_\phi}=20\lg\frac{2\lambda x}{\pi D_\phi^2}$ 式中　p_B——大平底的反射回波声压； p_ϕ——直径为 ϕ 的平底孔反射回波声压； x——工件厚度（mm）； λ——波长（mm）； D_ϕ——要求探出的最小平底孔的直径（mm） 3）调整有关灵敏度的“增益”旋钮和衰减器，使荧光屏上人工缺陷的最高反射回波达到基准波高的 50%～80% 4）调节衰减器，增益为 ΔdB，这时检测灵敏度就调好了 5）工件底面不得有污物，否则调节的灵敏度会偏高	1）工件厚度大于或等于 3N 2）工件具有与表面平行的底面或圆柱曲底面 3）底面应足够大	操作简便，不需要考虑表面耦合剂补偿和材质衰减补偿；但需要通过计算得到反射回波分贝差

注：调整衰减器 ΔdB 时，对于常用的 CTS-22 型检测机，衰减器读数越小，灵敏度越高，因此应将衰减器的数值减去 ΔdB；对于数字式检测机则相反，应将衰减器的数值增加 ΔdB。

3. 传输修正值的测定

传输修正是利用试块调节灵敏度时，当工件的表面状态和材质衰减与对比试块存在一定差异时采取的一种补偿措施。

测定两者所差的分贝数，即传输修正值，它可以在调节灵敏度时利用衰减器（或“增益”旋钮）进行补偿。测定的方法是将试块的底波与工件底波进行比较，测定步骤见表4-10。

表4-10 传输修正值的测定步骤

分类	测定步骤
试块与工件厚度相同时（试块对比法）	1）在试块上均匀地涂上耦合剂，并将探头置于选定厚度的试块上 2）调节检测仪的时基线和增益，使荧光屏上的一次底面回波 B_1 达到基准高度（如荧光屏满刻度的60%），并记录此时衰减器（或“增益”旋钮）的读数 V_1（dB） 3）把探头移到工件的被检测面上，调节衰减器，使工件的一次底面回波 B_2 达到同一基准高度，并记录衰减器（或“增益”旋钮）的读数 V_2（dB），计算 V_1 和 V_2 的差值 $\Delta = V_1 - V_2$（衰减型）　$\Delta = V_2 - V_1$（增益型） Δ 即为传输修正值。Δ 为正时，表示工件的表面耦合损失和材质衰减大于试块；Δ 为负时，表示工件的表面耦合损失和材质衰减小于试块
试块与工件厚度不同时（试块调节法）	1）按同厚度试块的测定步骤，测得 Δ 2）求由试块与工件的声程不同而引起的底波高度的分贝值 V_3 $V_3 = 20\lg x/x_i$ 式中 x——工件厚度（mm）； x_i——试块厚度（mm） V_3 为正时，说明试块厚度小于工件厚度；V_3 为负时，说明试块厚度大于工件厚度 3）$\Delta + V_3$ 即为传输修正值

4.4.2 扫查

进行超声波检测时，检测面上探头与试件的相对运动称为扫查。扫查时，要保证试件的整个检查区有足够的声束覆盖以避免漏检；另外，声束的入射方向应始终符合规定。

扫查时，常将调整好的仪器灵敏度再增益4~6dB，将其作为扫查灵敏度。

1. 扫查方式

纵波直探头的扫查方式包括全面扫查和局部扫查。全面扫查指的是探头在整个检测面上沿一定的方向移动，移动时相邻的间距须保证声束有一定重叠量；局部扫查指的是对间隔较大的间距进行扫查或只扫查工件的某些部位。

对于不同形状的工件，有不同的扫查方式。例如：对于圆盘形工件，多沿圆周方向在平表面上进行扫查，沿径向等间隔前进；对于大型轴类工件，则常在外圆周作螺旋线扫查。

2. 扫查速度

扫查速度 v 应适当，通常取决于探头的有效直径 D 和检测仪同步电路发射同步脉冲的频率（脉冲重复频率）f。若扫描重复 n 次（$n>3$），荧光屏上可因视觉暂留而看到扫迹，或

记录仪可录得所需记录，则

$$v \leqslant \frac{Df}{n}$$

从上式可以看出，如果探头的有效直径大，检测仪的脉冲重复频率高，则扫查速度可以快一些；如果探头的有效直径小，检测仪的脉冲重复频率低，则扫查速度必须放慢。

3. 扫查间距

扫查间距指的是相邻扫查线之间的距离。扫查间距应保证两次扫查之间有一定比例的声束覆盖。对于检测精度要求较高的工件，扫查间距应不大于探头有效声束宽度的1/2或1/3；对于板材等扫查面积大的工件，有时仅要求10%～20%的覆盖。

探头有效声束宽度的测定方法为：采用直接接触法进行检测时，根据探头的特点，选择检测深度范围中声束直径最小的深度处，取埋深与其相等并含有所要求直径的平底孔的试块；调节检测仪，使平底孔反射波的波高为荧光屏满刻度的80%；找出探头沿平底孔直径方向移动时，反射波波高下降6dB的两点间的距离，此距离即为探头有效声束宽度。

4.4.3　缺陷的评定

缺陷评定的内容主要是缺陷位置的确定和缺陷尺寸的评定。缺陷位置的确定包括缺陷平面位置和埋藏深度的确定；缺陷尺寸的评定包括缺陷回波幅度的评定、当量尺寸的评定和缺陷延伸长度（或面积）的测量。

另外，在纵波直探头法超声检测中，除了始波、底波和缺陷波外，常会出现一些其他信号，如迟到波、三角反射波、61°反射波以及由其他原因引起的非缺陷回波等，这些信号波将影响对缺陷波的正确判别。

1. 缺陷位置的确定

进行纵波直探头检测时，在发现缺陷后，首先要找到缺陷波为最大幅度的位置，缺陷通常位于探头的正下方。由于声束通常有一定的宽度，因此此法确定的缺陷平面位置不是十分精确。缺陷埋藏深度可按校正的时基线读出，如果超声检测仪的时基线是按1∶n的比例（如1∶2）调节的，观察到缺陷回波前沿所对的水平刻度值为τ_f（如水平刻度为50mm处），则缺陷至探头的距离为

$$x_f = n\tau_f \quad (\text{如 } x_f = 2 \times 50\text{mm} = 100\text{mm})$$

2. 缺陷尺寸的确定

直探头确定缺陷尺寸的方法见表4-11。

表4-11　缺陷定量方法

缺陷定量法	当量法（小缺陷）	当量试块比较法（声程小于3N）
		当量计算法（声程大于或等于3N）
		AVG曲线法
	移动探头测长法（大缺陷）	相对灵敏度测长法
		绝对灵敏度测长法
	底波高度法	F/B_F 法和 F/B_G 法
		B_F/B_G 法
		多次底波反射法

（1）当量法　当缺陷尺寸小于声束截面积时，可采用当量法确定缺陷的大小。用当量法测定的缺陷尺寸称为缺陷的当量尺寸。

1）当量试块比较法。当量试块比较法是指将工件中的自然缺陷反射回波与试块上的人工缺陷反射回波进行比较，从而对缺陷进行定量的方法。当同声程处的自然缺陷反射回波与某人工缺陷（如平底孔）反射回波的高度相等时，该人工缺陷的尺寸就是此自然缺陷的大小。

当量试块比较法的优点是直观、易懂，当量概念明确，定量比较稳妥、可靠。其缺点是：需要制作大量试块，成本高；现场检测要携带很多试块，很不方便。因此，当量试块比较法仅在 $x<3N$ 的情况下或在特别重要工件的精确定量时应用。

2）当量计算法。当 $x\geqslant 3N$ 时，规则反射体反射回波的声压变化规律基本符合理论反射回波声压公式。当量计算法就是根据检测中测得的缺陷波高的分贝值，利用直探头常用的几种规则反射体的相对声压公式计算缺陷当量尺寸的定量方法，其计算公式见表4-12。

应用当量计算法对缺陷进行定量时不需要任何试块，是目前广泛采用的一种当量法。

3）AVG 曲线法。AVG（德文中距离、增益和大小的词头缩写）曲线，又称距离-分贝曲线，是描述规则反射体的距离、反射回波高度以及当量大小之间关系的曲线。

表4-12　直探头常用的几种规则反射体的相对声压计算公式

公式	各字母的含义
同声程大平底与平底孔 $\dfrac{p_B}{p_\phi}=\dfrac{2\lambda x}{\pi\phi^2}$	p_B——大平底反射回波的声压 p_ϕ——直径为 ϕ 的平底孔的反射回波声压 x——声程（mm） ϕ——平底孔直径（mm） λ——波长（mm）
同声程凸底面与平底孔 $\dfrac{p_{凸}}{p_\phi}=\dfrac{2\lambda x}{\pi\phi^2}\sqrt{\dfrac{r}{R}}$	$p_{凸}$——圆柱凸底面反射波的声压 $p_{凹}$——圆柱凹底面反射回波的声压 R——圆柱外圆半径（mm） r——圆柱内圆半径（mm）
同声程凹底面与平底孔 $\dfrac{p_{凹}}{p_\phi}=\dfrac{2\lambda x}{\pi\phi^2}\sqrt{\dfrac{r}{R}}$	
不同声程和不同孔径的平底孔 $\dfrac{p_{\phi1}}{p_{\phi2}}=\dfrac{\phi_1^2x_2^2}{\phi_2^2x_1^2}$	$p_{\phi1}$——直径为 ϕ_1 的平底孔在声程 x_1 处反射回波的声压 $p_{\phi2}$——直径为 ϕ_2 的平底孔在声程 x_2 处反射回波的声压

AVG 曲线主要有两种表达方式，即通用 AVG 曲线和实用 AVG 曲线。其中通用 AVG 曲线的通用性好，适用于不同规格的探头，但制作较复杂，计算较麻烦，因此实际应用并不多。

图4-34所示为某纵波直探头平底孔实用 AVG 曲线。图中的纵坐标表示规则反射体的相对波高（dB），横坐标表示实际声程（mm），缺陷用平底孔的实际尺寸来表示。实用 AVG

曲线只适用于某一确定的直探头，其制作时需较多试块，但表达直观，使用较方便。因此，在工件检测声程小于 3N，且由于试块厚度不连续而不能满足要求时，应由实用 AVG 曲线确定检测灵敏度以及进行缺陷当量尺寸的评定等。

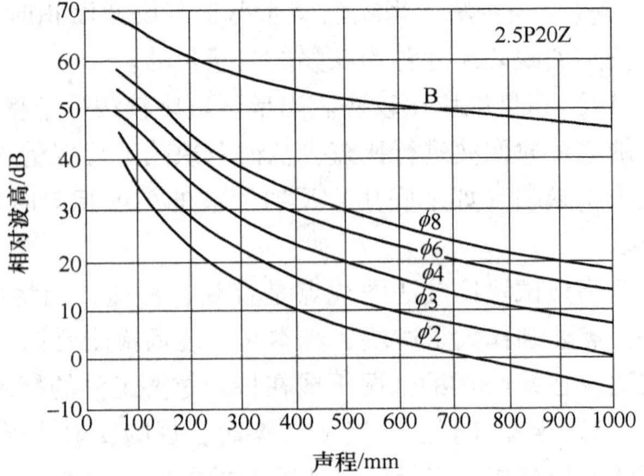

图 4-34　纵波直探头平底孔实用 AVG 曲线

下面利用两个案例来说明单直探头实用 AVG 曲线的制作与使用。

【例 4-2】　制作用 2.5P20Z 单直探头检测深度范围为 200mm 的碳素钢的实用 AVG 曲线。

1）接通电源，用最大探测距离为 200mm 的 ϕ2mm 平底孔将扫描线比例调节为 1∶2，则 200mm 平底孔的最大反射回波在第 10 格，图 4-35 所示为其调节示意图。

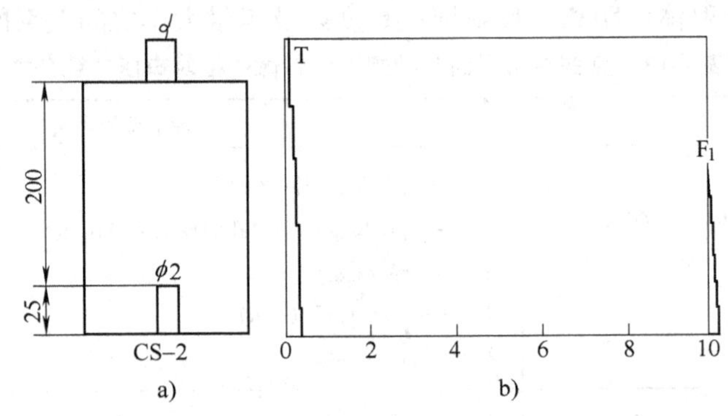

图 4-35　直探头扫描线比例为 1∶2 的调节示意图

2）实测 ϕ2mm 平底孔反射回波的分贝值，在坐标纸上画出 ϕ2mm 孔的 AVG 曲线：在 CS-2 试块（其尺寸见表 4-13）上找到探测距离为 200mm 处的 ϕ2mm 平底孔的最大反射回波，将“抑制”旋钮置于“关”，调节检测仪“增益”旋钮和衰减器，使反射回波达到基准波高（如满屏值的 80%），记下此时的分贝读数；不改变仪器的增益值，只改变衰减器的读数，依次可得到一组不同深度（150mm、125mm、100mm、75mm 和 50mm）的 ϕ2mm 平底孔的分贝读数，在坐标纸上描出这些点并连接成一条曲线。

表 4-13　CS-2 系列试块的尺寸　　（单位：mm）

试块序号	孔径	孔深					
8、14、20、26、32、38	ϕ2	50	75	100	125	150	200
9、15、21、27、33、39	ϕ3						
10、16、22、28、34、40	ϕ4						

3）按步骤 2）的方法，分别在坐标纸上制作 ϕ3mm 和 ϕ4mm 孔的距离-分贝曲线。

4）利用大平底与平底孔反射回波声压公式，计算出 3N 以外大平底各点与某平底孔（如 ϕ2mm）的分贝值，即可得到大平底 B 的 AVG 曲线。

因为
$$\frac{p_B}{p_\phi}=\frac{2\lambda x}{\pi\phi^2}$$

所以
$$\Delta=20\lg\frac{2\lambda x}{\pi\phi^2}$$

使用该公式的条件是 $x \geqslant 3N$，本例中

$$3N = 3\times\frac{D^2}{4\lambda} = 3\times\frac{20^2}{4\times2.36}\text{mm}\approx127\text{mm}$$

当 $x=127$mm 时

$$\Delta = 20\lg\frac{2\lambda x}{\pi\phi^2} = 20\lg\frac{2\times2.36\times127}{3.14\times2^2}\text{dB}\approx33.6\text{dB}$$

同理，可算出 $x=150$mm 和 $x=200$mm 时的分贝值，分别为 $\Delta\approx35$dB 和 $\Delta\approx37.5$dB。

5）在图上标出探头参数，包括晶片尺寸、频率等。

按上述方法绘制在坐标纸上的一组曲线就是单直探头实测 ϕ2mm、ϕ3mm 和 ϕ4mm 平底孔的实用 AVG 曲线，如图 4-36 所示。

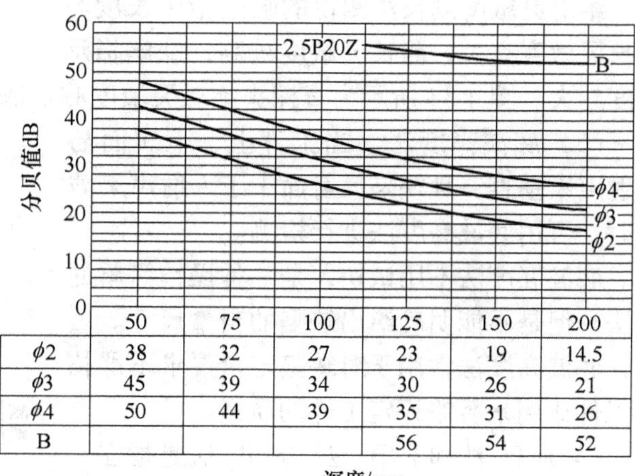

	50	75	100	125	150	200
ϕ2	38	32	27	23	19	14.5
ϕ3	45	39	34	30	26	21
ϕ4	50	44	39	35	31	26
B				56	54	52

图 4-36 单直探头实测平底孔的 AVG 曲线

【例 4-3】 探测厚度为 200mm 的工件时，如何利用 AVG 曲线图调整 ϕ2mm 平底孔的检测灵敏度？如在 150mm 深处发现一缺陷，如何利用 AVG 曲线图确定缺陷当量？

1）接通电源，用工件底波调节扫描线比例为 1:2。

2）调节检测灵敏度。在检测面相互平行的工件上的完好部位找到底波后，将波高调整至基准高度（80%）。在如图 4-36 所示的单直探头实测平底孔 AVG 曲线上查出 200mm 深度处大平底与 ϕ2mm 平底孔的分贝差，本例为（52－14.5）dB＝37.5dB（取 38dB）。将衰减器读数减少 38dB，就完成了 ϕ2mm 平底孔灵敏度的调整。

3）缺陷当量。使用衰减器将 150mm 深度处的缺陷波调节到基准波高（80%），记下衰减器的读数 Δ 大于 4.5dB，则该缺陷当量可记为 $\phi2+(\Delta-4.5)$ dB。

（2）移动探头测长法　移动探头测长法在工件中的缺陷尺寸大于声束截面积时采用，它根据缺陷波高与探头移动距离来确定缺陷的尺寸，所确定的缺陷长度称为缺陷的指示长度。

根据测定缺陷长度时灵敏度的基准不同，移动探头测长法分为相对灵敏度测长法和绝对灵敏度测长法。

1）相对灵敏度测长法。相对灵敏度测长法是指以缺陷的最高反射回波为基准，沿缺陷的长度方向移动探头，降低一定的分贝值（有 3dB、6dB、10dB、12dB、20dB 等多种）来测定缺陷的长度。经常采用的是 6dB 法，由于波高在降低 6dB 后正好为原来波高的一半，

因此也称为半波高法。

6dB 法的具体操作步骤是：移动探头找到缺陷的最大反射回波，调节衰减器，使缺陷波高降至基准波高（如 80%）；用衰减器将仪器灵敏度增益 6dB，沿缺陷方向移动探头，当缺陷波高降至基准波高时，探头中心线之间的距离就是缺陷的指示长度。

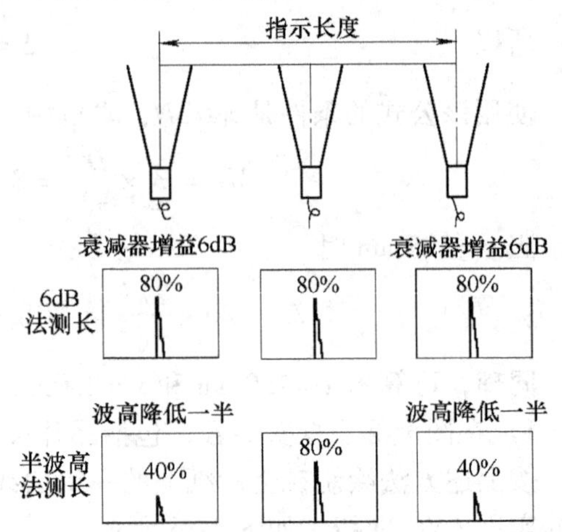

图 4-37　直探头相对灵敏度测长法示意图

图 4-37 所示为直探头相对灵敏度测长法示意图。

2）绝对灵敏度测长法。绝对灵敏度测长法是指在某一规定的检测灵敏度下，探头沿缺陷长度方向平行移动，当缺陷波高降到该灵敏度的位置时，探头移动的距离就是缺陷的指示长度。

绝对灵敏度测长法测得的缺陷指示长度与测长灵敏度有关，测长灵敏度越高，缺陷指示长度越大。图 4-38 所示为直探头绝对灵敏度测长法示意图，其中 $L_1 > L_2$。

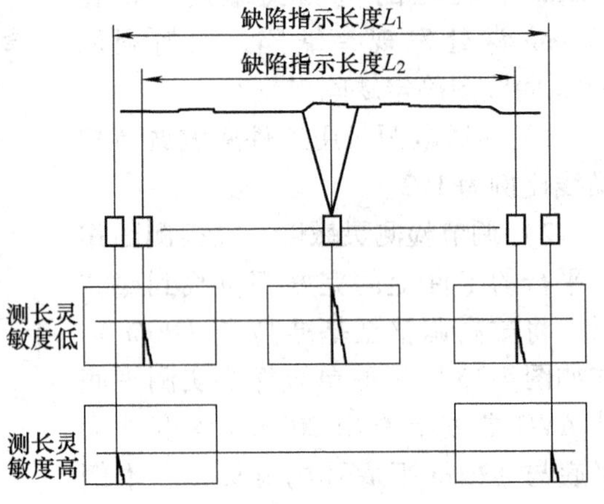

图 4-38　直探头绝对灵敏度测长法示意图

（3）底波高度法　当工件上、下表面与入射声束垂直，且缺陷反射面小于入射声束截面时，可用底波高度法进行检测。

底波高度法不用试块，是一种操作简单的方法，但是不能明确给出缺陷的当量尺寸。因此，底波高度法常用于对缺陷定量要求不严格的工件或用来粗略评定工件的质量。

1）F/B_F 法和 F/B_G 法。F/B_F 法是指在一定的灵敏度条件下，以缺陷波（F）波高与缺陷处底波（B_F）波高之比来衡量缺陷相对大小的方法，如图 4-39a 所示。F/B_G 法是指在一定的灵敏度条件下，以缺陷波（F）波高与无缺陷处底波（B_G）波高 B_G 之比来衡量缺陷相对大小的方法，如图 4-39b 所示。

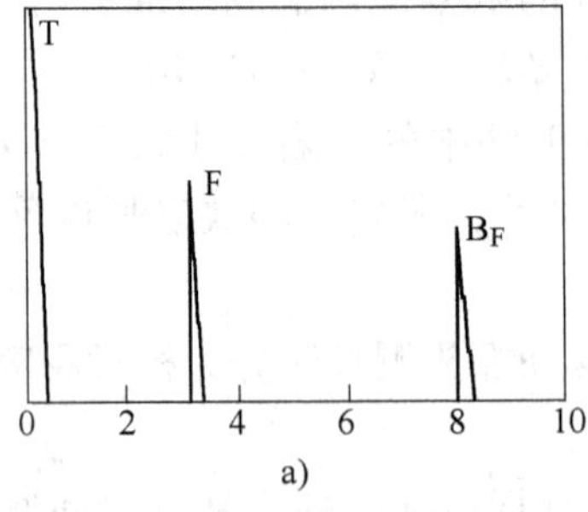

a)

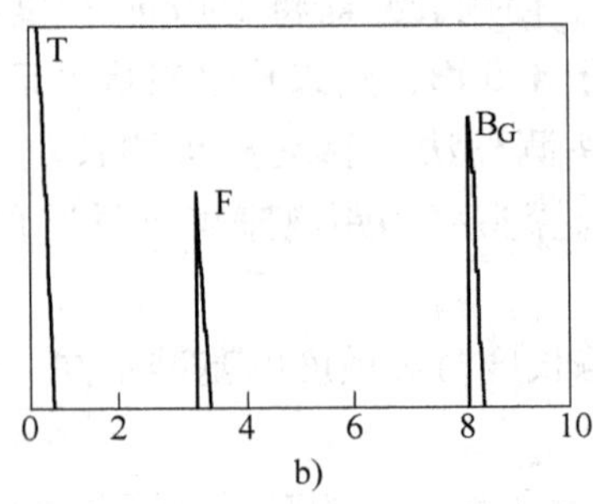

b)

图 4-39　F/B_F 和 F/B_G 法示意图

a）F/B_F 法　b）F/B_G 法

采用上述两种方法评价缺陷时，底波 B_F 和 B_G 是不饱和的，当工件中存在小于声束宽度的单个缺陷时，由于在缺陷处的反射，使工件底波波高下降。缺陷越大，缺陷波越高，底波就越低，缺陷波波高与底波波高之比就越大。同样大小的缺陷，距离小时，F/B 大；距离大时，F/B 小。因此，F/B 相同的缺陷，其当量尺寸不一定相同。

2) B_F/B_G 法。当工件中存在倾斜的面状小缺陷或密集小缺陷时，缺陷反射回波 F 可能不高，但由于缺陷的遮挡，缺陷处底波 B_F 却可能下降较多。为了评定这种类型的缺陷，需要采用另外一种方式来衡量缺陷的相对大小，即在一定的灵敏度条件下，以无缺陷处底波 B_G 与缺陷处底波 B_F 之比 B_F/B_G 来评定缺陷的相对大小。

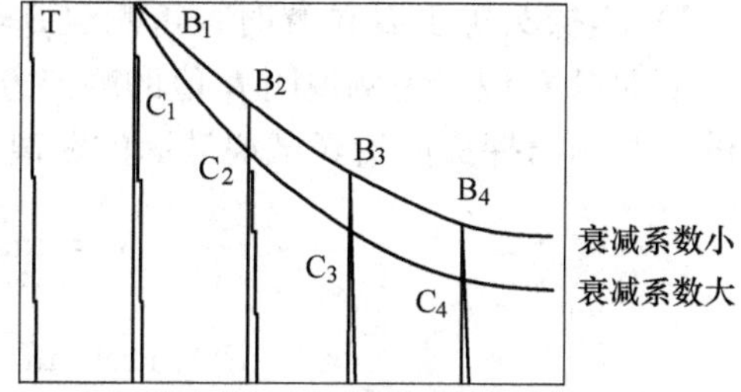

图 4-40　两种不同衰减系数的工件底波规律示意图

3) 多次底波反射法。当透入工件的超声波能量较大，而工件的厚度较小时，超声波可在检测面与底面之间往复传播多次，示波屏上将出现多次底波 B_1、B_2、B_3 等。如果工件存在缺陷，则缺陷的反射及散射将增加声能的损耗，使底面反射回波的次数减少，同时也打乱了各次底面反射回波高度依次衰减的规律。

图 4-40 所示为两种不同衰减系数的工件底波规律示意图，其中 B 曲线对应材料的衰减系数小，C 曲线对应材料的衰减系数大。这种依据底面反射回波次数来判断工件有无缺陷的方法称为多次底波法。

4.5　横波斜探头检测技术

横波斜探头法多用于焊接接头、细的管材和棒材、薄的板材的检测，以及纵波直探头难以检测的场合，是目前应用最多的检测方法之一。以下以横波斜探头法检测焊接接头为例介绍其检测程序。

4.5.1　检测仪器的调节

1. 探头入射点和折射角的测定

由于有机玻璃楔块容易磨损，所以在每次检测前应测定探头入射点和折射角。

(1) 斜探头入射点和前沿长度的测定　可采用 IIW 试块或 CSK-ⅠA 试块进行测定，测定方法为：将斜探头放在试块上，如图 4-41 所示，在检测面的中心位置移动探头（探头声束轴线与试块两侧平行），使 *R*100mm 圆柱曲底面的回波达到最高，此时，*R*100mm 圆弧的圆心所对应探头上的点就是该探头的入射点；量出探头前端至试块圆弧边缘的距离 *M*（mm），则该探头的前沿长度 $l_0 = 100 - M$。

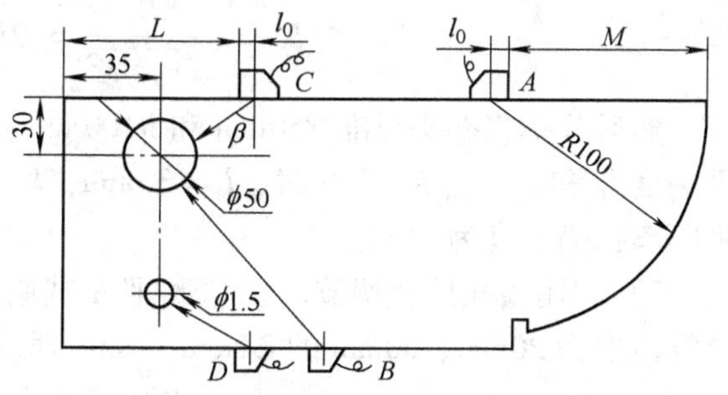

图 4-41　入射点与 *K* 值的测定

注意试块上的 *R* 值应大于钢中近场区的

长度 N，因为近场区内轴线上的声压不一定最高，测试误差大。

（2）测定斜探头 K 值或折射角 β　斜探头的 K 值常用 IIW 试块或 CSK-ⅠA 试块上的 ϕ50mm 或 ϕ1.5mm 横孔来测定，如图 4-41 所示。测定方法如下：

1）当探头置于 B 位置时，可测定 $\beta=35°\sim75°$（$K=0.7\sim1.73$）。

2）当探头置于 C 位置时，可测定 $\beta=60°\sim75°$（$K=1.73\sim3.73$）。

3）当探头置于 D 位置时，可测定 $\beta=75°\sim80°$（$K=3.73\sim5.67$）。

下面以 C 位置为例说明 K 值的测定方法。将探头对准试块上的 ϕ50mm 横孔，找到最高回波，并测出探头前沿至试块端面的距离 L，则有

$$K=\tan\beta=\frac{L+L_0-35}{30}$$

则

$$\beta=\arctan K=\arctan\left(\frac{L+L_0-35}{30}\right)$$

2. *扫描速度的调节*

横波扫描速度的调节方法一般有三种：声程调节法、水平调节法和深度调节法。

（1）声程调节法　声程调节法是使示波屏上的水平刻度值 τ 与横波声程 x 成比例，即 $\tau:x=1:n$。这时，仪器示波屏上可直接显示横波声程。

按声程调节横波扫描速度，可在 IIW、CSK-ⅠA、IIW2、半圆试块及其他试块或工件上进行。现以 CSK-ⅠA 试块为例进行介绍：将探头置于试块（图 4-17）上，扫查 R100mm 圆弧，找到最高反射回波，向 R50mm 圆弧侧平移探头，在 R100mm 圆弧反射回波前出现 R50mm 圆弧的反射回波；调节仪器，使 R50mm 圆弧的反射回波对准 50，R100mm 圆弧的反射回波对准 100，时基线按声程距离 1∶1 完成调节。

（2）水平调节法　水平调节法是使示波屏上水平刻度值 τ 与反射体的水平距离 l 成比例，即 $\tau:l=1:n$。这时，示波屏上的水平刻度值直接显示反射体的水平投影距离（简称水平距离）。水平调节法多用于薄板工件焊缝的横波检测。

按水平距离调节横波扫描速度，可在 CSK-ⅠA 试块、半圆试块、横孔试块（如 CSK-ⅢA 试块）上进行。

1）利用 CSK-ⅠA 试块（图 4-17）调节。先计算 R50mm、R100mm 圆弧对应的水平距离 l_1、l_2

$$l_1=\frac{KR_1}{\sqrt{1+K^2}}\quad(R_1=50\text{mm})$$

$$l_2=\frac{KR_2}{\sqrt{1+K^2}}=2l_1\quad(R_2=100\text{mm})$$

然后分别将探头对准 R50mm 和 R100mm 圆弧，调节仪器使反射回波 B_1、B_2 分别对准水平刻度 l_1 和 l_2。当 $K=1.0$ 时，$l_1=35$mm，$l_2=70$mm，若使 B_1、B_2 分别对准 35、70，则水平距离扫描速度为 1∶1。

2）利用横孔试块调节。以 CSK-ⅢA 试块（图 4-19）为例进行说明：设探头的 $K=1.5$，计算深度为 20mm、60mm 的 ϕ1mm×6mm 对应的水平距离 l_1 和 l_2

$$l_1=Kd_1=1.5\times20\text{mm}=30\text{mm}$$
$$l_2=Kd_2=1.5\times60\text{mm}=90\text{mm}$$

调节仪器，使深度为20mm、60mm的ϕ1mm×6mm的回波H_1、H_2分别对准水平刻度30、90，这时水平距离扫描速度1:1就调节好了。需要指出的是，这里的H_1、H_2不是同时出现的，当H_1对准30时，H_2不一定正好对准90，因此往往要反复调试，直至H_1对准30、H_2对准90为止。

（3）深度调节法　深度调节法是使示波屏上的水平刻度值τ与反射体深度d成比例，即$\tau : d = 1 : n$。这时示波屏水平刻度值直接显示深度距离，常用于较厚工件焊缝的横波检测。

按深度调节横波扫描速度，可在CSK-ⅠA试块、半圆试块和横孔试块（如CSK-ⅢA试块）等试块上进行。

1）利用CSK-ⅠA试块（图4-17）调节。先计算R50mm、R100mm的圆弧反射回波B_1、B_2对应的深度d_1、d_2

$$d_1 = \frac{R_1}{\sqrt{1+K^2}} \quad (R_1 = 50\text{mm})$$

$$d_2 = \frac{R_2}{\sqrt{1+K^2}} = 2d_1 \quad (R_2 = 100\text{mm})$$

调节仪器，使B_1、B_2分别对准水平刻度值d_1、d_2。例如当$K=2.0$时，$d_1=22.4$mm，$d_2=44.8$mm，调节仪器使B_1、B_2分别对准水平刻度22.4、44.8，则扫描速度1:1就调好了。

2）利用横孔试块调节。将探头分别对准深度$d_1=40$mm、$d_2=80$mm的CSK-ⅢA试块上的ϕ1mm×6mm横孔，调节仪器，使d_1、d_2对应的ϕ1mm×6mm的回波H_1、H_2分别对准水平刻度40、80，这时扫描速度1:1就调好了。这里同样要注意反复调试，使H_1对准40时，H_2正好对准80。

3. 距离-波幅曲线的制作和灵敏度的调整

横波距离-波幅曲线是相同大小反射体的反射波高随其与探头距离发生变化的关系曲线，常采用检测用的特定探头。在横波检测中，常采用距离-波幅曲线进行缺陷尺寸的评定，尤其是在焊缝检测中的使用极为广泛。

焊缝超声检测的距离-波幅曲线是按所用探头和检测仪在试块上实测的数据绘制而成的。实际使用中，距离-波幅曲线有两种形式：距离-dB曲线和面板曲线。

（1）距离-dB曲线　如图4-42所示，距离-dB曲线将由dB值表示的波幅作为纵坐标，以距离为横坐标。该曲线族由评定线、定量线和判废线组成。评定线与定量线之间（包括评定线）为Ⅰ区，定量线与判废线之间（包括定量线）为Ⅱ区，判废线及其以上区域为Ⅲ区。

通过距离-dB曲线可以了解反射体波高与距离之间的对应关系，比较缺陷的大小，以及确定缺陷所处区域。但是，实际检测中，使用距离-dB曲线比较麻烦，而面板曲线则使用方便。

（2）面板曲线　面板曲线可根据缺陷波高直接确定缺陷当量和区域，目前国内外应用很广。面板曲线是以由mm（或%）表示的波幅为纵坐标，以距离为横坐标，实际检测中将其绘制在示波屏面板上。

1）面板曲线的绘制。

①　测定探头的入射点和K值，根据板厚按深度或水平调节扫描速度，这里按深度1:1进行调节。

② 将探头对准CSK-ⅢA 试块上深度为10mm 的 ϕ1mm×6mm 横孔，找到最高回波，将其调至满幅度的100%（但不饱和），在面板上标记波峰对应的点①，并记下此时的 dB 值 N（假定 N=30dB）。

③ 固定“增益”旋钮和衰减器，分别检测深度为 20mm、30mm、40mm、50mm、60mm 的 ϕ1mm×6mm 横孔，找到最高回波，并在面板上标记波峰对应的点②、③、④、⑤、⑥。然后连接点①、②、③、④、⑤、⑥，得到一条 ϕ1mm×6mm 的参考曲线，此参考曲线就是面板曲线，如图 4-43 所示。

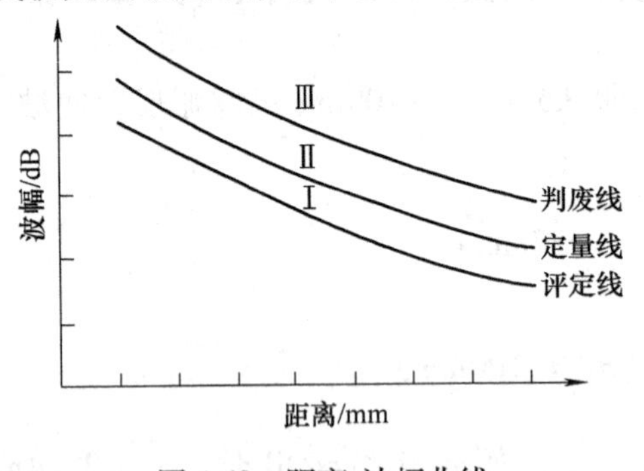

图 4-42 距离-波幅曲线

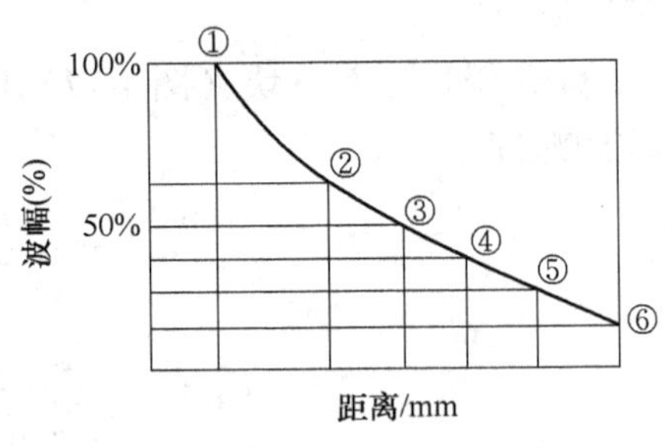

图 4-43 面板曲线

2）面板曲线的应用。

① 灵敏度的调节。若工件厚度在 15～46mm 的范围内，评定线为 ϕ1×6－9dB，只要在 N=30dB 的基础上再提高 9dB，即衰减器的读数为 21dB，灵敏度就调节好了。如果考虑补偿，则应提高需补偿的 dB 数，设补偿 5dB，则衰减器的读数为 16dB 即可。

② 确定缺陷区域。检测时，若缺陷波波高低于参考线，则说明缺陷波低于评定线，可以不予考虑；若缺陷波高于参考线，则应用衰减器将缺陷波调至参考线，根据衰减的 dB 值求出缺陷的当量和区域。例如：+4dB，则缺陷当量为 ϕ1×6－9dB+4dB=ϕ1×6－5dB，在Ⅰ区；+8dB，则缺陷当量为 ϕ1×6－9dB+8dB=ϕ1×6－1dB，在Ⅱ区；+16dB，则缺陷当量为 ϕ1×6－9dB+16dB=ϕ1×6+7dB，在Ⅲ区。

应用上述面板曲线时，只要记住+6dB 和+14dB 即可。+6dB 表示缺陷达到定量线；+14dB 表示缺陷达到判废线，应直接评为Ⅲ级。若将判废线、定量线和评定线都绘制在示波屏面板上，则使用起来将更加方便。

对于现在广泛使用的数字式超声波检测仪，只需测出不同距离处 ϕ1mm×6mm 的最高回波，输入评定线、定量线和判废线与 ϕ1mm×6mm 波幅的 dB 差值，仪器即可同时将各线显示于屏上，使用起来更加方便。

4. 传输修正值的测定和补偿

传输修正又称声能传输损耗补偿。工件本身影响反射波幅的两个主要因素是材料的材质衰减、由工件表面粗糙度及耦合状况造成的表面声能损失。

碳钢或低合金钢的材质衰减，在频率低于 3MHz、声程不超过 200mm，或者衰减系数小于 0.01dB/mm 时，可以忽略不计。标准试块和对比试块均满足这一要求。

检测工件时，如声程较大或材质衰减超过上述范围，则在确定缺陷反射波幅时，应考虑材质衰减修正。若被检工件表面粗糙度值较大，还应考虑表面声能损失问题。

4.5.2　扫查

1. 扫查方式

扫查的目的是寻找和发现缺陷，因而必须采用正确的扫查方式，见表4-14。

表4-14　横波斜探头扫查方式

<table>
<tr><th colspan="3">扫查方式</th><th>说明</th></tr>
<tr><td rowspan="7">单探头扫查</td><td rowspan="4">纵向缺陷扫查</td><td>锯齿形扫查</td><td>检测纵向缺陷的初始扫查方式，速度快，易发现缺陷
斜探头应垂直于焊缝中心线放置，在保持探头垂直于焊缝前后移动的同时，还应作角度为10°～15°的左右转动。每次前进的齿距不得超过探头晶片直径的85%，如图4-44a所示</td></tr>
<tr><td>前后与左右扫查</td><td>当锯齿形扫查发现缺陷后，可通过前后扫查来确定缺陷的水平距离或深度，通过左右扫查来确定缺陷沿焊缝方向的长度，如图4-44b所示</td></tr>
<tr><td>转角扫查</td><td>可推断缺陷的方向，如图4-44b所示</td></tr>
<tr><td>环绕扫查</td><td>可推断缺陷的形状，如图4-44b所示</td></tr>
<tr><td rowspan="3">横向缺陷扫查</td><td>平行扫查</td><td>对于磨平的焊缝，可将斜探头直接放在焊缝上进行平行扫查，如图4-45a所示</td></tr>
<tr><td>斜平行扫查</td><td>对于有余高的焊缝，可在焊缝两侧边缘，使探头与焊缝成一定夹角（<10°）作斜平行扫查，如图4-45b所示</td></tr>
<tr><td>交叉扫查</td><td>对于电渣焊中的人字形横裂，可用K1斜探头在焊缝两侧45°方向上作交叉扫查，如图4-45c所示</td></tr>
<tr><td rowspan="3">双探头扫查</td><td colspan="2">串列扫查</td><td>检测厚壁焊缝中垂直于检测面的缺陷。探头在焊缝的一侧前后放置，作等间隔移动，如图4-46a所示</td></tr>
<tr><td colspan="2">V形扫查</td><td>检测平板对接焊缝中平行于检测面的缺陷。探头在焊缝两侧，作垂直于焊缝中心线的相向移动，如图4-46b所示</td></tr>
<tr><td colspan="2">交叉扫查</td><td>检测平板对接焊缝中的横向缺陷。探头在焊缝两侧，作垂直于焊缝中心线的相向移动，但两探头的声束轴线相交于要检测的部位，如图4-46c所示</td></tr>
</table>

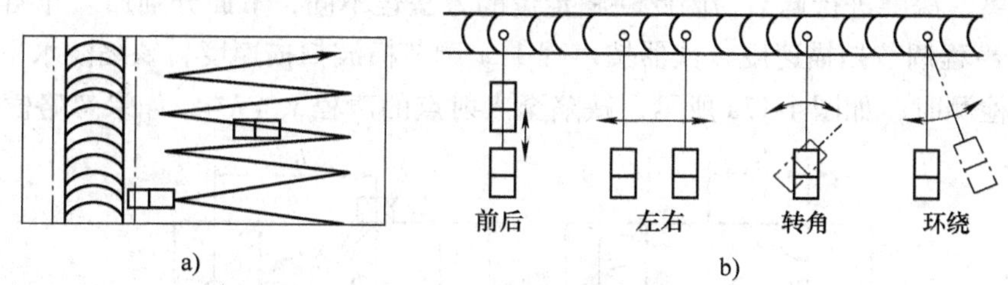

图4-44　横波斜探头纵向缺陷扫查方式

a）锯齿形扫查　b）四种基本扫查方式

2. 扫查速度和扫查间距

检测时，探头与检测面相对运动的速度即为扫查速度。选择扫查速度的基本原则是，既要保证检测人员能看清楚荧光屏上显示的缺陷回波信号，又要保证记录仪能明确地记录下缺陷回波信号，在此前提下可适当提高扫查速度。焊缝手工检测的扫查速度不应大于150 mm/s。

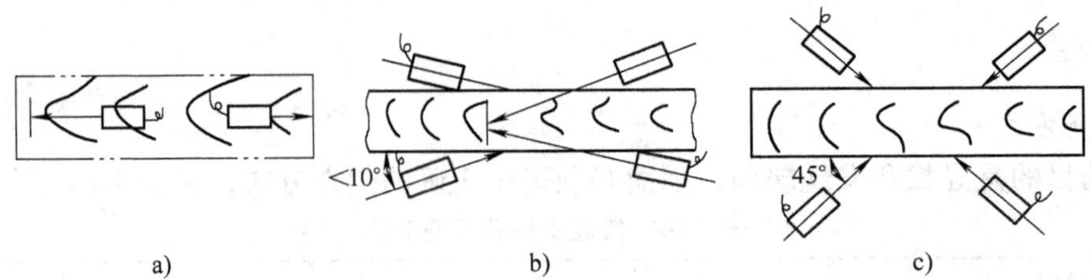

图 4-45　横波斜探头横向缺陷扫查方式

a）平行扫查　b）斜平行扫查　c）交叉扫查

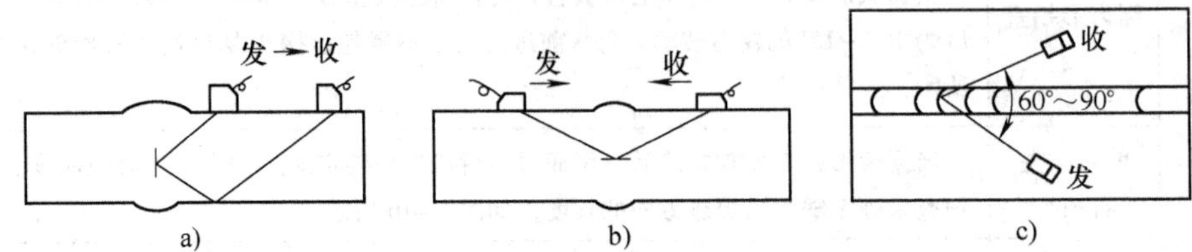

图 4-46　横波斜探头扫查方式

a）串列扫查　b）V形扫查　c）交叉扫查

扫查间距指的是相邻扫查线（探头移动路线）之间的距离（锯齿扫查为齿距）。扫查间距一般应不大于探头晶片直径或探头有效声束宽度的 1/2。所谓有效声束宽度，是指声束边缘的声压比声束轴线上的声压低某一规定分贝数（如 -6dB）的声束截面宽度。

4.5.3　缺陷的评定

焊接接头缺陷的评定包括确定缺陷的位置、性质、幅度和指示长度。

1. 焊缝缺陷位置的测定

以平面工件的缺陷定位为例介绍如下，圆柱曲面工件的缺陷定位可参考相关资料自行学习。

采用横波斜探头检测平面时，波束轴线在两处发生折射，工件中缺陷的位置由探头的折射角和声程来确定，或由缺陷在水平和垂直方向的投影来确定。由于横波扫描速度可按声程、水平距离、深度进行调节，因此缺陷定位的方法也不同，下面分别加以介绍。

（1）按声程调节扫描速度　仪器按声程 1∶n 调节横波扫描速度，缺陷波水平刻度为τ_f。

一次波检测时，如图 4-47a 所示，缺陷至入射点的声程 $x_f = n\tau_f$，如果忽略横孔直径，则

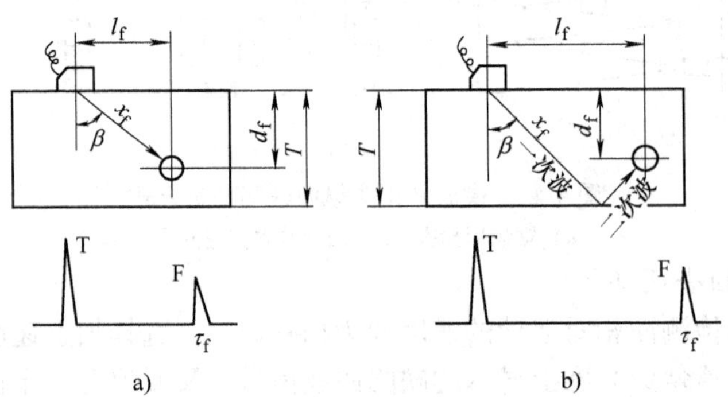

图 4-47　横波检测缺陷定位

a）一次波　b）二次波

缺陷在工件中的水平距离 l_f 和深度 d_f 为

$$l_f = x_f \sin\beta = n\tau_f \sin\beta$$
$$d_f = x_f \cos\beta = n\tau_f \cos\beta$$

二次波检测时，如图4-47b所示，缺陷至入射点的声程 $x_f = n\tau_f$，则缺陷在工件中的水平距离 l_f 和深度 d_f 为

$$l_f = x_f \sin\beta = n\tau_f \sin\beta$$
$$d_f = 2T - x_f \cos\beta = 2T - n\tau_f \cos\beta$$

（2）按水平距离调节扫描速度　仪器按水平距离 1∶n 调节横波扫描速度，缺陷波的水平刻度值为τ_f，采用K值探头检测。

一次波检测时，缺陷在工件中的水平距离 l_f 和深度 d_f 为

$$l_f = n\tau_f$$
$$d_f = \frac{l_f}{K} = \frac{n\tau_f}{K}$$

二次波检测时，缺陷波在工件中的水平距离 l_f 和深度 d_f 为

$$l_f = n\tau_f$$
$$d_f = 2T - \frac{l_f}{K} = 2T - \frac{n\tau_f}{K}$$

【例4-4】　用$K2$横波斜探头检测厚度 $T = 15\text{mm}$ 钢板的焊缝；仪器按水平距离 1∶1 调节横波扫描速度，检测中在水平刻度$\tau_f = 45$处出现一缺陷波，求此缺陷的位置。

解：由于 $KT = 2 \times 15\text{mm} = 30\text{mm}$，$2KT = 60\text{mm}$，$KT < \tau_f < 2KT$，因此可以判定此缺陷是二次波发现的。则缺陷在工件中的水平距离 l_f 和深度 d_f 为

$$l_f = n\tau_f = 1 \times 45\text{mm} = 45\text{mm}$$
$$d_f = 2T - \frac{l_f}{K} = \left(2 \times 15 - \frac{45}{2}\right)\text{mm} = 7.5\text{mm}$$

（3）按深度调节扫描速度　仪器按深度 1∶n 调节横波扫描速度，缺陷波的水平刻度值为τ_f，采用K值探头检测。一次波检测时，缺陷在工件中的水平距离 l_f 和深度 d_f 为

$$l_f = Kn\tau_f$$
$$d_f = n\tau_f$$

二次波检测时，缺陷在工件中的水平距离 l_f 和深度 d_f 为

$$l_f = Kn\tau_f$$
$$d_f = 2T - n\tau_f$$

【例4-5】　用$K1.5$横波斜探头检测厚度 $T = 30\text{mm}$ 钢板的焊缝，仪器按深度 1∶1 调节横波扫描速度，检测中在水平刻度$\tau_f = 40$处出现一缺陷波，求此缺陷的位置。

解：由于 $T < \tau_f < 2T$，因此可以判定此缺陷是二次波发现的。则缺陷在工件中的水平距离 l_f 和深度 d_f 为

$$l_f = Kn\tau_f = 1.5 \times 1 \times 40\text{mm} = 60\text{mm}$$
$$d_f = 2T - n\tau_f = (2 \times 30 - 1 \times 40)\text{mm} = 20\text{mm}$$

（4）判断缺陷是否在焊缝中　对焊缝缺陷进行定位时，首先要确定缺陷是否在焊缝中，具体的做法是确定缺陷与探头入射点的水平距离 l_f。用直尺测量出缺陷波幅度最大时，探头

入射点与焊缝边缘的距离 l 及焊缝宽度 a。如果 $l < l_f < l + a$，则缺陷在焊缝中；如果 $l_f < l$ 或 $l_f > l + a$，则缺陷不在焊缝中，不属于焊接缺陷，如图 4-48 所示。

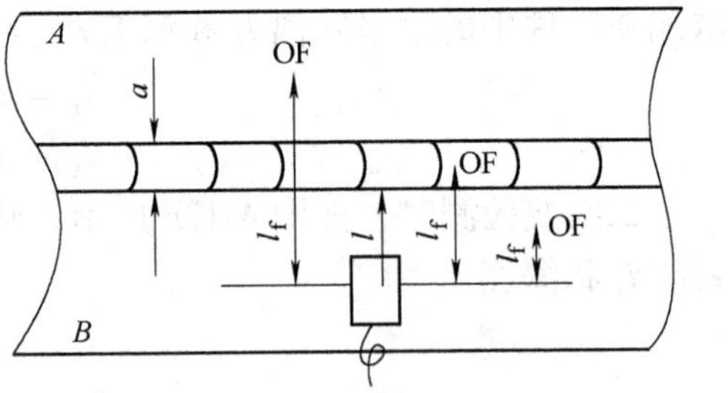

实际检测时，可在缺陷波幅度最大时的探头实际位置，用直尺量出 l_f 所对应的缺陷位置，从而直接判断缺陷是否在焊缝中。

图 4-48　焊缝检测缺陷位置的确定

2. 缺陷幅度的确定

缺陷幅度的表示方式是：以距离-波幅曲线上的某一条线为基准，用缺陷信号的最大峰值高于或低于该线的 dB 数来表示缺陷的幅度。如缺陷信号高于定量线上同深度处人工反射体幅度 3dB，可称其为缺陷幅度为定量线 +3dB（SL +3dB）。按 JB/T 4730—2005 的规定，若定量线幅度为 $\phi1 \times 6 - 6$dB，则该缺陷位于Ⅱ区，其幅度为 $\phi1 \times 6 - 3$dB。

3. 缺陷指示长度的测定和计量

4.4 中提到的 6dB 法、端点 6dB 法、绝对灵敏度法等，均可用于焊接接头缺陷指示长度的测定，其示例见 4.6 中的案例。

4.6　缺陷的质量分级

超声检测质量等级是根据缺陷反射波幅的评定、指示长度的评定、密集程度的评定及缺陷性质的估判综合确定的。超声检测根据被检测对象的不同，如钢板、管材、锻件、铸钢件和焊接接头等，其质量等级的评定有所不同。有些评定项目甚至不规定等级概念，而是与验收标准联系在一起，直接给出合格与否的结论。

下面对 JB/T 4730. 3—2005（《承压设备无损检测　第 3 部分　超声检测》）中关于钢板和焊接接头的等级规定作简要介绍。JB/T 4730. 3—2005 中关于复合钢板、管材、锻件、铸钢件、一些角焊缝、压力管道环向对接焊缝、奥氏体不锈钢对接焊缝、堆焊层、铝及其合金、钛及其合金等的各种超声检测质量等级的规定可参考标准自行学习。

1. 钢板质量等级判定

JB/T 4730. 3—2005 根据缺陷指示长度与指示面积不同，将钢板质量分为Ⅰ、Ⅱ、Ⅲ、Ⅳ、Ⅴ五个等级，其中Ⅰ级最高，Ⅴ级最低，具体分级方法见表 4-15。

表 4-15　钢板质量分级

等级	单个缺陷指示长度/mm	单个缺陷指示面积/cm^2	在任一 1m×1m 的检测面积内存在的缺陷面积百分比（%）	以下单个缺陷指示面积不计/cm^2
Ⅰ	<80	<25	≤3	<9
Ⅱ	<100	<50	≤5	<15
Ⅲ	<120	<100	≤10	<25
Ⅳ	<150	<100	≤10	<25
Ⅴ	超过Ⅳ级者			

1）单个缺陷指示长度是指缺陷指示的最大长度尺寸。若单个缺陷的指示长度小于

40mm，可不作记录。

2）缺陷指示面积是指缺陷边界范围内的面积。对于间距小于100mm或小于相邻较小缺陷指示长度（取其最大值）的多个缺陷，以各缺陷面积之和作为单个缺陷指示面积。

3）检测过程中，当检测人员确认钢板中有白点、裂纹等危害性缺陷存在时，应直接评为Ⅴ级。

【例4-6】 超声检测面积为1m×1m的甲、乙两钢板。甲钢板有以下缺陷：$90cm^2$ 2个，$60cm^2$ 2个，$20cm^2$ 3个，各缺陷间距均大于100mm。乙钢板有以下缺陷：$40cm^2$ 2个，间距为80mm；$30cm^2$ 8个，间距为100mm。试根据JB/T 4730.3—2005评定甲、乙钢板的质量等级。

解：（1）甲钢板评级

1）按单个缺陷评级。最大单个缺陷面积为$90cm^2$，标准中规定，面积小于$50cm^2$为Ⅱ级，面积小于$100cm^2$为Ⅲ级，故评为Ⅲ级。

2）按1m×1m内缺陷总面积所占的百分比评级。标准规定，Ⅱ级中小于$15cm^2$的单个缺陷不计，Ⅲ级中小于$25cm^2$的单个缺陷不计。这里按Ⅱ级计算缺陷总面积

$$F_{总} = (90\times2+60\times2+20\times3)cm^2 = 360cm^2$$

则$F_{总}$占1m×1m的百分比为 $\dfrac{360}{10\,000}\times100\% = 3.6\% < 5\%$

故评为Ⅱ级。

3）综合评级。根据JB/T 4730.3—2005，甲钢板为Ⅲ级。

（2）乙钢板评级

1）单个缺陷评级。$40cm^2$ 2个，缺陷间距为80mm（<100mm），以两者之和作为单个缺陷，则单个缺陷最大面积为

$$F_m = 40\times2cm^2 = 80cm^2$$

标准中规定，面积小于$50cm^2$为Ⅱ级，面积小于$100cm^2$为Ⅲ级，故评为Ⅲ级。

2）据1m×1m内缺陷总面积所占的百分比评级。缺陷总面积为

$$F_{总} = (40\times2+30\times8)\ cm^2 = 320cm^2$$

则$F_{总}$占1m×1m的百分比为

$$\frac{320}{10\,000}\times100\% = 3.2\% < 5\%$$

故评为Ⅱ级。

3）综合评级。根据JB/T 4730.3—2005，乙钢板应评为Ⅲ级。

2. 钢制承压设备焊接接头的超声检测质量分级

超声检测在发现反射波幅超过Ⅰ区的缺陷后，首先判断缺陷焊缝是否位于焊缝中，然后判断缺陷是否具有裂纹、未熔合等缺陷特征。如为危害性缺陷，则直接评定为最低质量等级；如不是危害性缺陷，则确定缺陷的最大反射波幅在距离-波幅曲线上的区域，并对缺陷指示长度进行测定。缺陷的幅度区域和指示长度确定后，须结合标准规定评定质量等级。

JB/T 4730.3—2005将焊接接头的质量分为Ⅰ、Ⅱ、Ⅲ三个等级，其中Ⅰ级质量最高，Ⅲ级质量最低，具体分级规定见表4-16。

表 4-16　焊接接头质量分级

等级	板厚 T/mm	反射波幅（所在区域）	单个缺陷指示长度 L/mm	多个缺陷累计长度 L'/mm
Ⅰ	6～400	Ⅰ	非裂纹类缺陷	
	6～120	Ⅱ	$L=T/3$，最小为 10，最大不超过 30	在任意 $9T$ 焊缝长度范围内，L'不超过 T
	>120～400		$L=T/3$，最大不超过 50	
Ⅱ	6～120	Ⅱ	$L=2T/3$，最小为 12，最大不超过 40	在任意 $4.5T$ 焊缝长度范围内，L'不超过 T
	>120～400		最大不超过 75	
Ⅲ	6～400	Ⅱ	超过Ⅱ级者	超过Ⅱ级者
		Ⅲ	所有缺陷	
		Ⅰ、Ⅱ、Ⅲ	裂纹等危害性缺陷	

【例 4-7】　检测 $T=45$mm 的对接接头，发现 3 个波幅为 $\phi1\times6+2$dB、指示长度为 12mm 的条状缺陷，且 3 个缺陷位于同一直线上，其间距均为 7mm。试据 JB/T 4730.3—2005 评定该焊缝的质量等级。

解：(1) 缺陷反射波幅所处区域　$T=45$mm，定量线为 $\phi1\times6-3$dB，判废线为 $\phi1\times6+5$dB；该缺陷当量为 $\phi1\times6+2$dB，位于Ⅱ区。

(2) 缺陷指示长度计量　由已知得

$$T/3=45\text{mm}/3=15\text{mm}\quad 2T/3=2\times45\text{mm}/3=30\text{mm}$$

由于缺陷间距为 7mm，小于相邻缺陷中较小指标指示长度 12mm，故应以缺陷之和作为单个缺陷，则缺陷总长为

$$L=12\text{mm}\times3=36\text{mm}>2T/3$$

故该焊接接头的质量等级为Ⅲ级。

4.7　超声检测通用工艺规程、工艺卡和操作记录

1. *超声检测通用工艺规程*

超声检测通用工艺规程是根据法规、安全技术规范、产品标准、有关技术文件的要求，并针对检测机构的特点和检测能力而编制的技术文件。超声检测通用工艺规程应涵盖本单位（制造、安装或检验检测单位）产品（或检测对象）的检测范围。

超声检测通用工艺规程至少应包括适用范围，引用标准、法规，检测人员资格，检测设备、器材和材料，检测表面制备，检测时机，检测工艺和检测技术，检测结果的评定和质量等级分类，检测记录、报告和资料档案，编制（级别）、审核（级别）和批准人、制定日期。

超声检测通用工艺规程一般以文字说明为主，检测对象一般为某类工件，它具有一定的覆盖性和通用性。

2. *超声检测工艺卡*

超声检测工艺卡是以表格或卡片形式出现的，它是依据通用工艺规程、产品标准、有关

技术文件及检测标准的要求制订的，并针对超声检测工序提出具体参数和技术措施的规定性工艺文件。工艺卡的适用对象可能是某一具体产品，或产品上的某一部件，或部件上的某一结构。

超声检测工艺卡用来指导无损检测人员进行超声检测工作，无损检测人员只要严格遵照工艺卡的规定，通常可获得令人满意的超声检测结果。表 4-17 是超声检测工艺卡示例。

表 4-17 ××件超声检测工艺卡

工程名称		工件名称	
工件编号		材质	
规格		检测标准	
验收标准		合格级别	
检测时机		仪器型号	
探头		试块	
耦合剂		表面状态	
表面补偿			
检测面		辅助检测面	
扫描线比例			
基准灵敏度			
衰减系数			
扫查方式			

检测部位和方向示意图：

编制级别	×××（×级） 年 月 日	审核级别	×××（×级） 年 月 日

3. 超声检测操作记录

超声操作记录是追溯检测工作过程、出具检测报告的唯一依据，应在检测现场或检测过程中逐项填写，并应经相关责任人员签署后方为有效。表 4-18 是超声检测操作记录示例。

表 4-18 超声检测操作记录示例

序号	工序名称		操作要求及主要工艺参数
1	检测准备	工件表面检查与处理	
		检测设备	
		探头种类和参数	
		标准试块	
		耦合剂	

（续）

序号	工序名称		操作要求及主要工艺参数	
2	检测操作	检测时机		
		扫描线调试		
		仪器-探头系统主要参数测定		
		衰减系数 α 测定		
		基准灵敏度调整		
		表面补偿		
		扫查方式		
		缺陷测定和记录		
		仪器探头系统复核		
3	缺陷评定			
4	检测报告			
5	后处理			
编制级别	×××（×级） 年　月　日		审核级别	×××（×级） 年　月　日

习　　题

一、填空题

1. 超过人耳听觉范围的声波称为超声波，它的频率高于______。

2. 超声波根据波型分类，主要有横波、纵波、表面波和板波等，超声波检测中应用较多的是______和______。

3. A 型显示脉冲反射式检测仪在荧光屏上为 A 型显示，即以______估计缺陷大小。

4. 在超声检测中，当缺陷的取向与超声波入射方向______时，能获得最大的超声波反射。

5. 脉冲反射法是根据反射波情况来检测试件缺陷的方法，包括______法、______法和多次底波法。

6. 斜探头的入射点和折射角是实际超声检测中经常用到的参数，每次检测时均要进行测量。斜探头的入射点是指______；折射角的标称值是______，由斜楔的角度决定。

7. 纵波直探头只能发射和接收纵波，声束轴线垂直于检测面，主要用于检测与检测面______的缺陷，如锻件、钢板中的夹层、折叠等缺陷。

8. 横波斜探头是通过波形转换来实现横波检测的，主要用于检测与检测面______或成一定角度的缺陷，如焊缝层中的未焊透、夹渣、未熔合等缺陷。

9. 相对灵敏度测长法是指以缺陷的最高反射回波为相对基准，沿缺陷的长度方向移动探头，降低一定的分贝值来测定缺陷的长度。经常采用的是______法，也称为半波高度法。

10. 用 CSK-ⅠA 试块可测定______。

11. 一般横波扫描速度的调节方法有三种：______法、______法和______法。

12. 一台垂直线性好的超声波检测仪，当荧光屏上的波幅从 80% 处降至 5% 时，应衰减

____________________ dB。

二、简答题

1. 超声波探头的主要作用是什么？
2. 如何测定斜探头的入射点和折射角？
3. 什么是扫描速度？如何实现扫描速度的调节？
4. 什么是检测灵敏度？常用的调节检测灵敏度的方法有哪几种？
5. 在超声波检测中，常用的缺陷指示长度测量方法各有什么缺点？
6. 什么是当量尺寸？缺陷的当量定量法有几种？

第5章　表面检测

【学习目标】

1）掌握磁粉检测、渗透检测和涡流检测的基本原理、适用范围及特点。

2）熟悉磁粉检测、渗透检测和涡流检测使用的设备及器材。

3）理解磁粉检测、渗透检测和涡流检测工艺；掌握它们的基本操作步骤。

4）了解磁粉检测、渗透检测和涡流检测的工艺规程、工艺卡等书面工艺文件。

磁粉检测、渗透检测和涡流检测都属于表面无损检测，但其原理和适用范围的区别很大，并且有各自独特的优点和局限性。所以应熟练掌握这三种检测方法，并能根据工件材料、状态和检测要求选择合适的方法进行检测。

表面无损检测方法的比较见表5-1。

表5-1　表面无损检测方法比较

项目＼方法	磁粉检测（MT）	渗透检测（PT）	涡流检测（ET）
方法原理	磁场作用	毛细渗透作用	电磁感应作用
适用材质	铁磁性材料	非多孔性材料	导电材料
能检测出的缺陷	表面和近表面缺陷	表面开口缺陷	表面及近表层缺陷
应用对象	铸钢件、锻钢件、压延件、管材、棒材、型材、焊接件、机加工件及使用中的上述工件的检测	任何非多孔性材料工件及使用中的上述工件的检测	管材、线材、棒材等工件的检测，材料状态检验和分选，厚度测量等
主要检测缺陷	裂纹、发纹、白点、折叠、夹杂物、冷隔	裂纹、白点、疏松、针孔、夹杂物	裂纹、材质变化、厚度变化
显示缺陷的器材	磁粉	渗透液和显像剂	记录仪、示波器或电压表
缺陷表现形式	漏磁场吸附磁粉形成磁痕	渗透液的回渗	线圈输出电压和相位的变化
缺陷显示	直观	直观	不直观
缺陷性质判断	能大致确定	能大致确定	难以判断
灵敏度	高	较高	较低
检测速度	较快	慢	很快（可自动化）
污染	较轻	较重	很轻
其他	检测几乎不受工件几何形状和缺陷方向的限制；检测时的灵敏度与磁化方向有很大关系	检测不受工件几何形状和缺陷方向的影响；不使用水、电，特别适用于现场检验	对形状复杂的工件不适用，受边界效应的影响，适用于非接触法检测

5.1　磁粉检测

铁磁性材料的工件被磁化后，磁力线在其表面和近表面的缺陷处发生变形，逸出工件表面形成漏磁场。所谓磁粉检测（MT，Magnetic Particle Testing），就是利用磁粉在缺陷漏磁场处的聚集，得到放大且对比度更高的缺陷磁痕，以显示试件表面与近表面缺陷的无损检测方法。

5.1.1　磁粉检测原理、适用范围及特点

1. *磁粉检测基本原理*

电流的周围存在着磁场，磁场的分布可用磁力线来描述。在任何磁场中，每条磁力线都是和闭合电流相互套链的无头无尾的闭合线，磁场较强的地方，磁力线较密；反之，磁力线就较疏。磁力线的环绕方向和电流方向的关系符合右手螺旋定则，如图5-1所示。在磁场中，通过某一给定曲面的总磁力线称为通过该曲面的磁通量，如图5-2所示。

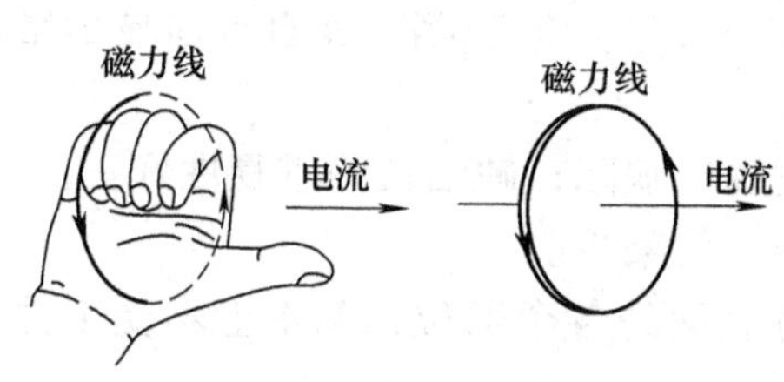

图5-1　磁感应线环绕方向与电流方向的关系

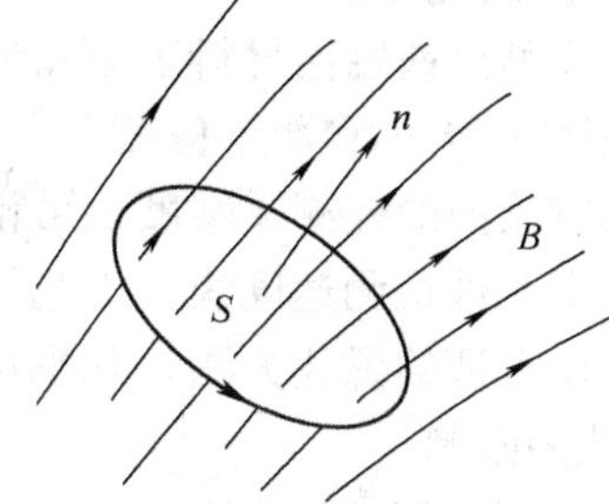

图5-2　磁通量

当磁通量从一种介质进入另一种介质时，若两种介质的磁导率不同，则界面上磁力线的方向一般会发生突变。若工件表面或近表面存在缺陷，经磁化后，由于缺陷处空气的磁导率（$\mu_r=1$）远远低于铁磁性材料的磁导率（$\mu_r=3\ 000$），因此界面上磁力线的方向将发生改变。这样，便有一部分磁通散布在缺陷周围。这种由于介质磁导率发生变化而使磁通泄漏到缺陷附近的空气中所形成的磁场，称为漏磁场，如图5-3所示。

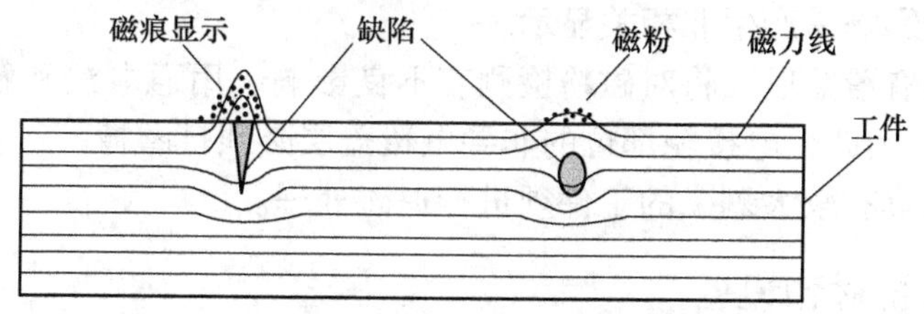

图5-3　缺陷处的漏磁场和磁痕分布

缺陷处产生漏磁场是磁粉检测的基础。但是，漏磁场是看不见的，还必须有显示或检测漏磁场的手段。磁粉检测是通过漏磁场引起磁粉聚集所形成的磁痕显示进行检测的，如图5-3所示。磁粉受漏磁场的吸引可以看成是磁极的作用，磁粉被磁化并沿磁力线排列起来，当磁粉的两级与漏磁场的两极相互作用时，磁粉就会被吸引并加速移到缺陷上去。

漏磁场的宽度要比缺陷的实际宽度大数倍甚至数十倍，所以磁痕对缺陷宽度具有放大作用，能将目视不可见的缺陷变成目视可见的磁痕，使其容易被观察。

2. 磁粉检测的适用范围

1）适合检测铁磁性材料（如16MnR、20、30CrMnSiA钢）工件表面和近表面尺寸很小、间隙极窄（如可检测出0.1mm、宽度为微米级的裂纹）和目视难以看出的缺陷。马氏体不锈钢和沉淀硬化不锈钢具有磁性，因而可以进行磁粉检测。不适用于非磁性材料，如奥氏体不锈钢和用奥氏体不锈钢焊条焊接的焊缝，也不适用于铜、铝、镁、钛及其合金等非磁性材料的检测。

2）适用于铸造、锻造和焊接工件表面或近表面的裂纹、白点、发纹、折叠、疏松、冷隔、气孔和夹杂等缺陷的检测，但不适合检测工件表面浅而宽的划伤、针孔状缺陷、埋藏较深的内部缺陷和延伸方向与磁感应方向夹角小于20°的缺陷。

3）适合检测未加工的原材料（如钢坯）和加工的半成品、成品件及使用过的工件。

4）适合检测管材、棒材、板材、型材和锻钢件、铸钢件及焊接件。

3. 磁粉检测的优点和局限性

磁粉检测的优点如下：

1）可检测出铁磁性材料表面和近表面（开口和不开口）的缺陷，能直观地显示出缺陷的位置、形状、大小和严重程度。

2）具有很高的检测灵敏度，可检测出微米级宽度的缺陷；缺陷检测重复性好。

3）单个工件检测速度快、工艺简单、成本低廉、污染少。

4）采用合适的磁化方法，几乎可以检测到工件表面的各个部位，基本上不受工件大小和几何形状的限制。

5）可检测受腐蚀的表面。

磁粉检测的局限性如下：

1）只适用于铁磁性材料，不能检测奥氏体不锈钢和奥氏体不锈钢焊缝及其他非铁磁性材料；只能检测表面和近表面的缺陷。

2）检测时的灵敏度和磁化方向有关，若缺陷方向与磁化方向近似平行或缺陷与工件表面的夹角小于20°，就难以发现缺陷。另外，也不易发现工件表面浅而宽的划伤、锻造皱折等。

3）受几何形状影响易产生非相关显示。

4）若工件表面有覆盖层，将对磁粉检测有不良影响。用通电法和触头法磁化时，易产生电弧而烧伤工件。因此，电接触部位的非导电覆盖层必须打磨掉。

5）部分磁化后具有较大剩磁的工件须进行退磁处理。

5.1.2　磁粉检测器材和设备

1. 磁粉和磁悬液

磁粉和磁悬液是显示缺陷的重要手段，是磁粉检测的必备材料，其性能的高低对检测灵敏度的影响很大。所谓磁粉，是指以铁磁性物质为主要成分制成的颗粒状物质。磁悬液是把干磁粉调制在煤油或水等载液中制成的，一般为膏状或糊状。

直接将干磁粉作为缺陷显示介质的检测方法称为干法，以磁悬液为缺陷显示介质的检测方法称为湿法。

（1）磁粉 磁粉按其适用的磁痕观察方式，可分为荧光磁粉和非荧光磁粉，如图5-4所示；按适用的施加方式，分为湿法用磁粉和干法用磁粉。干法用磁粉是将磁粉在空气中吹成雾状喷洒到工件表面的磁粉，湿法用磁粉是将磁粉悬浮在油或水载液中喷洒到工件表面的磁粉。

a)

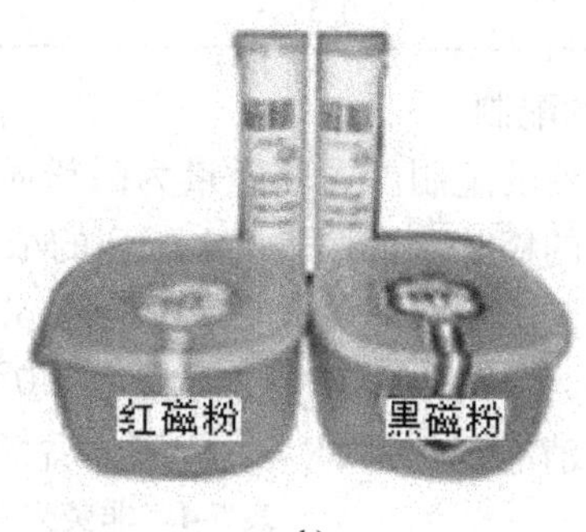

b)

图5-4 磁粉

a）荧光磁粉 b）非荧光磁粉

荧光磁粉是在磁性氧化铁粉（Fe_2O_3、γ-Fe_2O_3）或工业纯铁粉等颗粒的外面用环氧树脂粘附一层荧光染料（YC2荧光磁粉）或将荧光染料通过化学处理附在铁粉表面制作而成的。检测时，须在紫外光灯（又称黑光灯）下观察磁痕。由于荧光磁粉在黑光照射下，能发出人眼接受最敏感的色泽鲜明的黄绿色荧光，与工件表面颜色的对比度高，因而适用于任何颜色的受检表面，且容易观察、检测灵敏度高、检测速度快。荧光磁粉多用于湿法检测。

非荧光磁粉是一种在可见光（白光）下观察磁痕的磁粉。常用的有Fe_3O_4黑磁粉、γ-Fe_2O_3红磁粉、蓝磁粉和白磁粉，也称为彩色磁粉。前两种磁粉干法、湿法均适用；以工业纯铁粉等为原料，用粘合剂包覆制成的白磁粉或经氧化处理的蓝磁粉等非荧光彩色磁粉只适用于干法。

（2）磁悬液 磁悬液是磁粉和载液按一定比例混合而成的悬浮液体，其载液的要求见表5-2。

表5-2 载液的性能要求、组成及优缺点

载液	性能要求	组成	优缺点
油基载液	高闪点、低粘度、无荧光、无臭味和无毒性的水白色油基载液	50%变压器油+50%煤油	无腐蚀、易燃
水载液	具有合适的润湿性、分散性、防腐性、消泡性和稳定性	在水中添加润湿剂、缓蚀剂和消泡剂	易腐蚀、不易燃、粘度低，工作前须经水断试验

1）磁悬液浓度。每升磁悬液中所含磁粉的质量（g/L）或每100mL磁悬液沉淀出磁粉的体积（mL/100mL）称为磁悬液浓度。前者称为磁悬液配制浓度，后者称为磁悬液沉淀浓度。

磁悬液浓度太低，将影响漏磁场对磁粉的吸附量，使磁痕不清晰，会使缺陷漏检；浓度太高，则会在工件表面滞留很多磁粉，形成过度背景，甚至会掩盖相关显示。所以应对磁悬液浓度作出严格限制。JB/T 4730.4—2005（《承压设备无损检测 第4部分 磁粉检测》）对磁悬液浓度的要求见表 5-3。

表 5-3　磁悬液的浓度要求

磁粉类型	配制浓度/（g/L）	沉淀浓度（含固体量）/（mL/100mL）
非荧光磁粉	10～25	1.2～2.4
荧光磁粉	0.5～3.0	0.1～0.4

2）磁悬液的配制

① 油磁悬液的配制。先取质量为磁粉质量 2 倍的油基载液与磁粉混合，使磁粉全部润湿，搅拌成均匀的糊状，再按表 5-4 所列的浓度加入余下的油基载液，搅拌均匀即可。

② 水磁悬液配制。非荧光磁粉水磁悬液配方见表 5-4。

其配制方法为：将 100#浓乳加入 1L、50℃的温水中，搅拌至完全溶解，再加入亚硝酸钠、三乙醇胺和消泡剂，每加入一种成分后都要搅拌均匀，最后加入磁粉并搅拌均匀。

表 5-4　非荧光磁粉水磁悬液配方

水	100#浓乳	三乙醇胺	亚硝酸钠	28#消泡剂	HK-1 黑磁粉
1L	10g	5g	10g	0.5～1g	10～25g

荧光磁悬液不能配制油磁悬液，因为煤油等在黑光灯照射下本身会发出荧光。荧光磁悬液的配方见表 5-5。其配制方法为：将润湿剂（JFC 乳化剂）和消泡剂加入 50℃的温水中搅拌均匀，并按比例加足水，成为水载液；取质量为磁粉质量 2 倍的水载液与磁粉搅拌成均匀的糊状，再加入余下的水载液，然后加入亚硝酸钠。

表 5-5　荧光磁粉水磁悬液配方

水	JFC 乳化剂	亚硝酸钠	28#消泡剂	YC2 荧光磁粉
1L	5g	10g	0.5～1g	0.5～2g

③ 磁膏水磁悬液的配制。采用磁膏（图 5-5a）配制水磁悬液时，由于磁膏中含有磁粉、润湿剂和缓蚀剂等，所以可以与水直接配制。配制方法为：先取 150mL 水，在水中挤入 50mm 长的磁膏后搅拌溶解，再加入 350mL 水搅拌均匀即可。

④ 罐装磁悬液的配制。将合格的磁悬液装在喷罐中，使用时只需轻轻摇动喷罐，将磁悬液搅拌均匀，充磁时就可以直接喷洒。使用喷罐方便快捷，特别适用于高空、野外和仰视检测。罐装磁悬液如图 5-5b 所示。

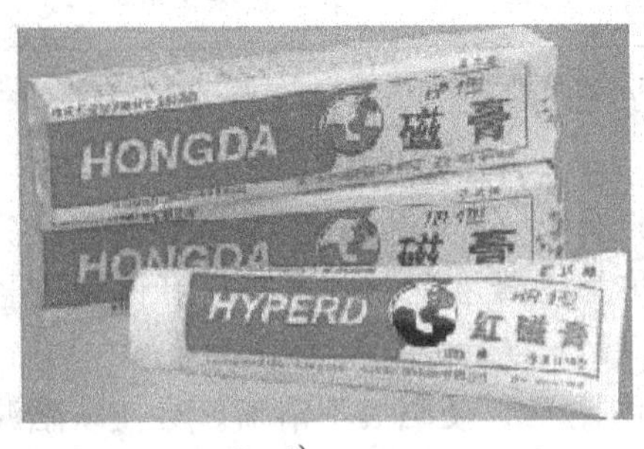

a)

b)

图 5-5　磁膏和罐装磁悬液

磁粉检测前，除应进行综合性能试验外，还必须测量循环使用的磁悬液的浓度，以保证满足标准要求；对于水磁悬液，还应进行水断法磁悬液润湿性能试验。

水断试验是指将水磁悬液喷洒在被检工件上，当喷洒停止后，观察工件表面的状态，如果磁悬液在整个工件表面上是连续、均匀的，说明水中含有足够的润湿剂；如果磁悬液的薄膜断开，露出工件表面，并形成许多小水滴，则说明是水断表面，尚需加入更多的润湿剂，然后重新进行检验。

2. 磁粉检测设备

（1）磁粉检测设备分类　按设备的质量和可移动性，分为固定式、移动式和便携式三种，如图5-6所示；按设备的组合方式，分为一体型和分立型两种。一体型磁粉探伤机是将磁化电源、螺管线圈、工件夹持装置、磁悬液喷洒装置、照明装置和退磁装置等部分组成一体的探伤机；分立型磁粉探伤机是将各部分按功能制成单独分立的装置，在检测时组合成系统使用的探伤机。

a)

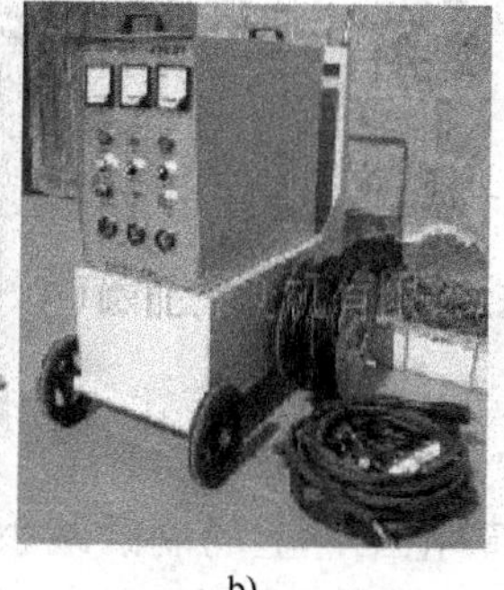
b)

c)

图5-6　磁粉检测设备

a）固定式　b）移动式　c）便携式

固定式探伤机属于一体型，其使用操作方便；移动式和便携式探伤机属于分立型，其便于移动和现场组合使用。

磁粉探伤机的分类见表5-6。

表5-6　磁粉探伤机的分类

设备分类	电流范围/A	磁化方法	组成部分
固定式	1 000～10 000	通电法、中心导体法、感应电流法、线圈法、磁轭法整体或复合磁化	磁化电源、螺管线圈、工件夹持装置、指示装置、磁粉或磁悬液喷洒装置、照明装置和退磁装置等
移动式	500～8 000	触头法、夹钳通电法、线圈法	主体是磁化电源，有触头、夹钳、开合和闭合式磁化线圈及软电缆等
便携式	500～2 000	磁轭法、交叉磁轭法	磁化电源、磁轭、交叉磁轭等

（2）磁粉检测设备的组成

1）磁化电源。磁化电源是磁粉探伤机的核心部分，其作用是产生磁场，磁化工件。

2）工件夹持装置。工件夹持装置是指固定式探伤机夹持工件的磁化夹头或触头，夹头间距一般是可调的。磁化夹头上应包有铅垫或铜编织网，以利于接触时防止打火和烧伤工件。便携式探伤仪直接在工件局部进行磁化，一般不需要夹持装置。

3）指示装置和控制装置。磁粉探伤机的指示装置是指示磁化电流大小的仪表和显示有关工作状态的指示灯，主要包括电流表、电压表、磁通量表和磁场强度表。磁粉探伤机的控制装置是控制磁化电流产生和使用的电气装置的组合。

4）喷洒装置。固定式探伤机的磁悬液喷洒装置由磁悬液槽、电动泵、软管和喷嘴组成。磁悬液槽用于储存磁悬液，并通过电动泵叶片将槽内的磁悬液搅拌均匀，依靠泵的压力使磁悬液通过软管从喷嘴喷洒到工件上。磁悬液槽的上方装有格栅，用于摆放工件和回收磁悬液。为防止铁屑等杂物进入磁悬液槽内，在回流口上装有过滤网。移动式和便携式探伤机无固定的搅拌喷洒装置，在湿法检测中，常使用电动或手动喷洒装置，如带喷嘴的塑料壶或磁悬液喷罐等。

5）照明装置。磁粉检测照明装置主要有荧光灯和黑光灯（图 5-7）。固定式探伤机一般已配置照明装置，移动式和便携式探伤机应另外携带照明装置。

图 5-7　黑光灯和黑光灯灯泡

6）退磁装置。退磁装置应保证被磁化工件上的剩磁减小到不妨碍工件使用的程度。有的退磁装置作分立件单独设置，有的则直接装在探伤机上，如图 5-8 所示。

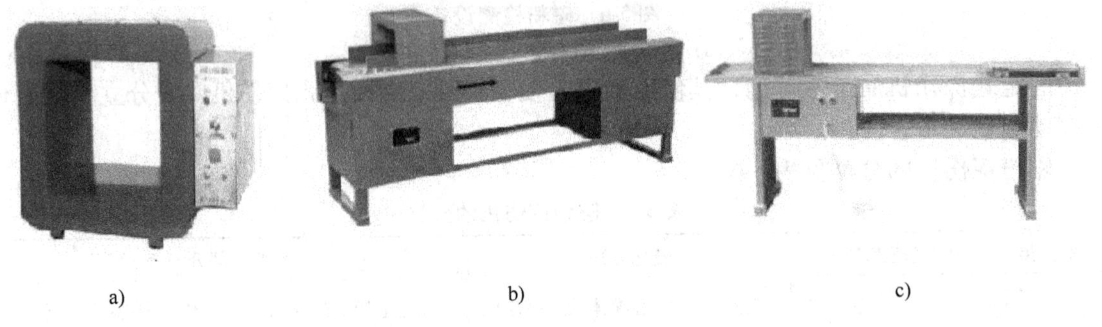

a)　　b)　　c)

图 5-8　退磁装置示例

a）高场强退磁机　b）输送带式退磁机　c）小车移动式退磁机

3. 标准试片和标准试块

磁粉检测标准试片和标准试块用来定期检查系统的灵敏度（如检验磁粉检测设备、磁粉和磁悬液的综合性能）和考察检测工艺规程和操作方法是否恰当，是磁粉检测的必备器材。

（1）标准试片

1）标准试片简介。标准试片除具有上述作用外，还可用来了解被检测工件表面上的大致有效磁场强度、方向以及有效检测区。对几何形状复杂的工件进行磁化时，可以大致确定较理想的磁化规范。

我国使用的标准试片有 A_1 型、C 型、D 型和 M_1 型四种，其规格和图形见表5-7。标准试片为由 DT4A 超高纯低碳纯铁轧制而成的薄片，包括经退火处理和未经退火处理两种。标准试片的分类符号用大写英文字母表示，经退火处理的加下标1或无下标，未经退火处理的加下标2。图5-9所示为 A_1 型、C 型和 D 型试片的实物图。

表5-7 标准试片的类型、规格和图形

类型	规格：缺陷槽深/试片厚度/μm		图形和尺寸/mm
A_1 型	A_1-7/50		A_1；6；ϕ10；20；6；7/50；20
	A_1-15/50		
	A_1-30/50		
	A_1-15/100		
	A_1-30/100		
	A_1-60/100		
C 型	C-8/50		C；10；8/50；分割线；人工缺陷；5；5×5
	C-15/50		
D 型	D-7/50		3；ϕ5；10；3；10；7/50
	D-15/50		
M_1 型	ϕ12mm	7/50	M_1；20；20
	ϕ9mm	15/50	
	ϕ6mm	30/50	

注：C 型标准试片可剪成5个小试片分别使用。

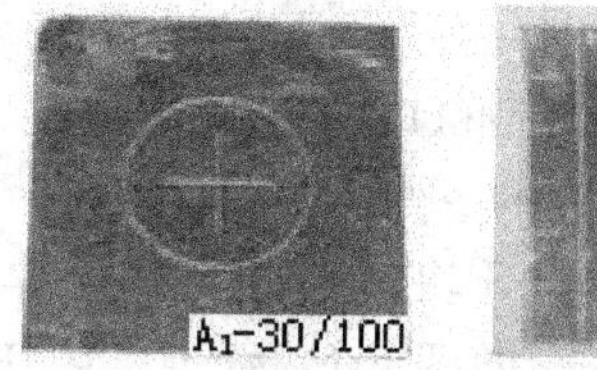

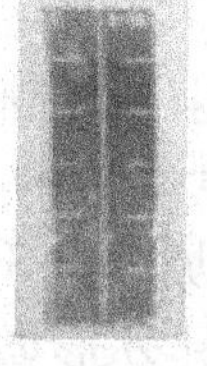

图5-9 A型、C型和D型试片

M_1 型多功能试片是将三个槽深各异而间隔相等的人工刻槽，以同心圆样式做在同一试片上，其三种槽深分别与三种型号 A_1 型试片的槽深相同。这种试片可一片多用，可直观地观察磁痕显示差异，能更准确地推断出被检测工件表面的磁化状态。

2）标准试片的使用原则。

① 标准试片只适用于连续法检测，不适用于剩磁法检测。用连续法检测时，检测灵敏度几乎不受被检工件材质的影响，仅与被检工件表面磁场强度有关。一般应选用 A_1-30/100 型试片，当灵敏度要求高时，可选用 A_1-15/100 型试片。

② 在检测焊缝坡口等狭小部位，由于尺寸关系，A_1 型标准试片使用不便时，一般可选用 C-15/50 型标准试片（因 C 型试片可剪成 5 个小试片单独使用）。当用户需要或技术文件有规定时，可选用 D 型或 M_1 型标准试片。

③ 使用标准试片前，应用溶剂清洗防锈油；如果工件表面贴试片处凹凸不平，应打磨平并除去油污；用完试片后，可用溶剂清洗并擦干，干燥后涂上防锈油，放回原装试片袋内保存；当试片表面锈蚀或有褶纹时，不得继续使用。

④ 使用试片时，应将试片无人工缺陷的面朝外。为使试片与工件被检测面接触良好，可用透明胶带靠试片边缘贴成“#”字形，并贴紧（间隙应小于 0.1mm），注意透明胶带不得盖住有槽的部位。

（2）标准试块　标准试块除具有前述作用外，还可用于检测各种磁化电流及由磁化电流大小不同产生的磁场在标准试块上的大致渗入深度。标准试块不适用于确定被检测工件的磁化规范，也不能用于考察被检测工件表面的磁场方向和有效磁化区。

我国目前使用的试块有 B 型标准试块（直流试块）、E 型标准试块（交流试块）和磁场指示器三种。

1）B 型标准试块。国家标准样品 B 型标准试块的外形如图 5-10a 所示。B 型标准试块的材料为经退火处理的 9CrWMn 钢锻件，其硬度为 90～95HRB。

2）E 型标准试块。国家标准样品 E 型标准试块的外形如图 5-10b 所示。E 型标准试块由经退火处理的 10 钢锻制而成。

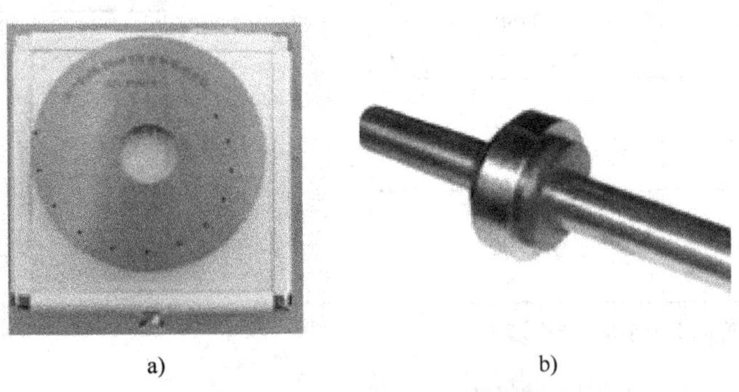

a)　　b)

图 5-10　国家标准样品 B 型和 E 型标准试块外形

a）B 型标准试块　b）E 型标准试块

3）磁场指示器。磁场指示器是用电炉铜将 8 块低碳钢与铜板焊接在一起构成的，它有一个无铁磁性手柄，又称为八角试块，其外形如图 5-11 所示。由于磁场指示器的刚性大，与工件不能很好地贴合，因而难以模拟真实的工件表面状况，只能作为表示被检工件表面磁场方向、有效检测区及磁化方法是否正确的一种粗略的校验工具，而不能作磁场强度和磁场分布的定量测试，但其比标准试片耐用，操作简便。

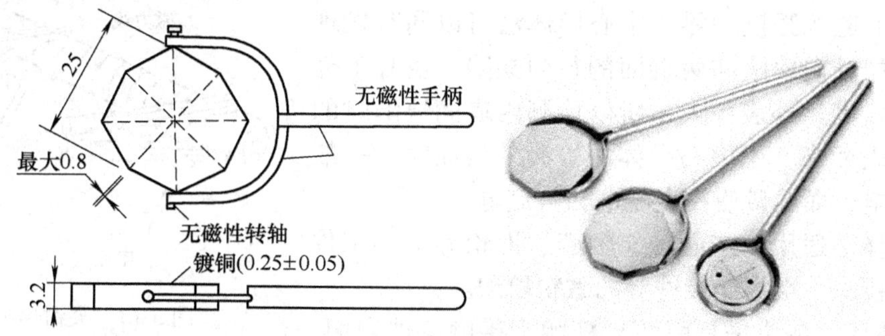

图5-11 磁场指示器尺寸及外形图

5.1.3 磁粉检测技术与工艺

1. *磁化方法*

磁粉检测必须在被检工件内或在其周围建立一个磁场，磁场建立的过程就是工件的磁化过程，根据磁化方向的不同，磁化方法一般分为周向磁化、纵向磁化和复合磁化。磁化工件的顺序，一般是先进行周向磁化，后进行纵向磁化。如果一个工件上各处的横截面尺寸不等，周向磁化时，应分别计算电流值，先磁化小直径，后磁化大直径。

（1）周向磁化 周向磁化是指给工件直接通电，或者使电流通过贯穿空心工件孔中的导体，在工件中建立一个环绕工件并与工件轴线相垂直的周向闭合磁场。周向磁化用于发现与工件轴线平行的纵向缺陷。

1）轴向通电法。轴向通电法是将工件夹入探伤机的两磁化夹头之间，直接通入磁化电流，在工件表面和内部产生一个闭合的周向磁场，如图5-12a所示。轴向通电法用于检测与磁场方向垂直、与电流方向平行的纵向缺陷，是最常用的磁化方法之一。若工件不便于夹持在探伤机两夹头之间，可采用夹钳通电法，如图5-13所示，此法不适合大电流磁化。

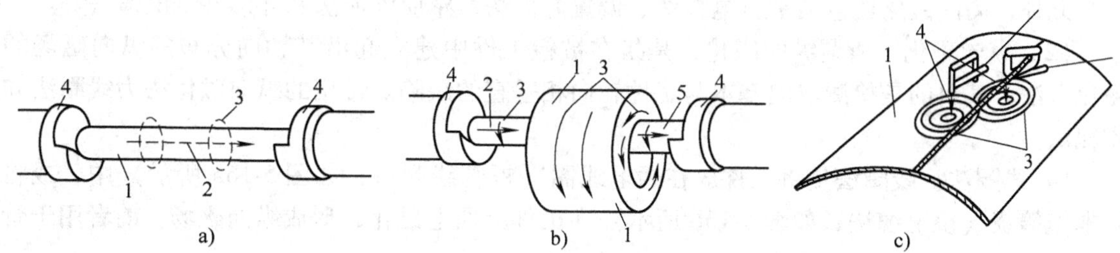

图5-12 周向磁化法

a）轴向通电法 b）中心导体法 c）触头法

1—工件 2—电流 3—磁力线 4—电极 5—中心导体

轴向通电法适用于中小杆状和棒状工件的磁粉检测。此法电流较大，当工件两端夹持面不平或有氧化皮时，易产生电火花烧伤工件，为此检测时应注意进行工件表面处理和正确夹持工件。

2）中心导体法。中心导体法是将导体穿入空心工件孔中并使电流通过导体，以在被检工件表面和内部产生周向磁场，如图5-12b所示。

空心工件用直接通电法不能检测出内表面的缺陷，因为内表面的磁场强度为零。中心导体法可以同时发现内、外表面的轴向缺陷和两端面的径向缺陷，空心工件内表面磁场强度比外表面大，所以检测内表面缺陷时的灵敏度比外表面高。用中心导体法检测外表面时，一般不使用交流电，而尽量使用直流电和整流电。

中心导体法适用于空心轴、轴套、齿轮等空心工件和管子、管接头、空心焊接件等的磁粉检测。

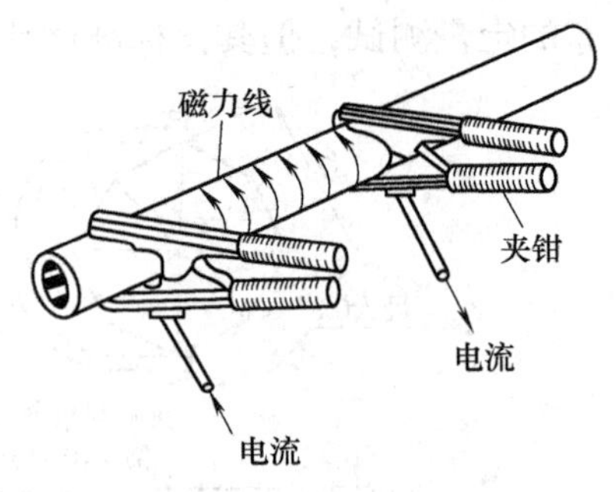

图 5-13　夹钳通电法

3）触头法。触头法是用两支杆触头接触工件表面，通电磁化，在平板工件上产生一个畸变的周向磁场，用于发现与两触头连线平行的缺陷，如图 5-12c 所示。触头电极材料宜采用铅、钢或铝，最好不用铜，以防铜沉积于被检工件表面而影响材料的性能。

JB/T 4730. 4—2005 规定：采用触头法时，电极间距应控制在 75 ~ 200mm 之间；磁场的有效宽度为触头中心线两侧 1/4 极距；通电时间不应太长，电极与工件之间应保持良好的接触，以免烧伤工件；两次磁化区域应有不小于 10% 的磁化重叠区，如图 5-14 和图 5-15 所示。

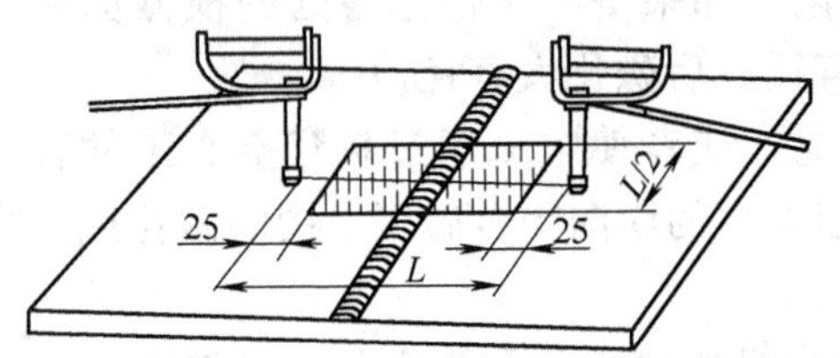

图 5-14　触头法磁化的有效磁化区（阴影部分）

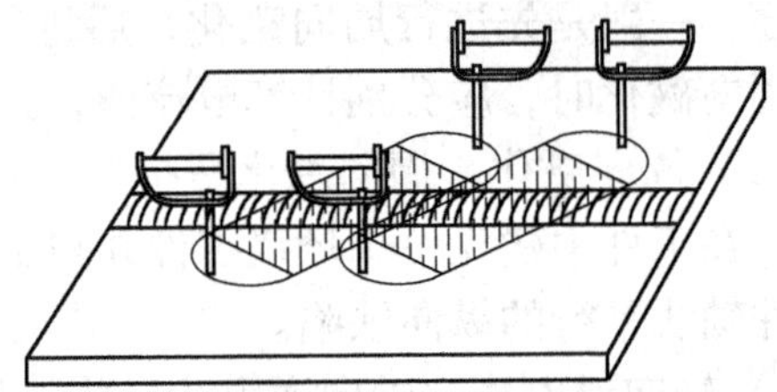
图 5-15　有效磁化区的重叠区

触头法适用于大型平板对接焊缝、T 形角焊缝及大型铸件、锻件和板材的局部磁粉检测。

此外，周向磁化还包括平行电缆法、偏置芯棒法、感应电流法和环形件绕电缆法等。

（2）纵向磁化　所谓纵向磁化，是指在被检工件中建立起沿其轴向分布的纵向磁场的磁化方法，其目的是检测取向基本与工件轴向相垂直的缺陷。常用的纵向磁化法为线圈法和磁轭法。

1）线圈法。线圈法是将工件放在通电线圈（螺管线圈法，如图 5-16a 所示）中，或将软电缆缠绕（绕电缆法，如图 5-16b 所示）在工件上通电磁化，形成纵向磁场。前者用于管

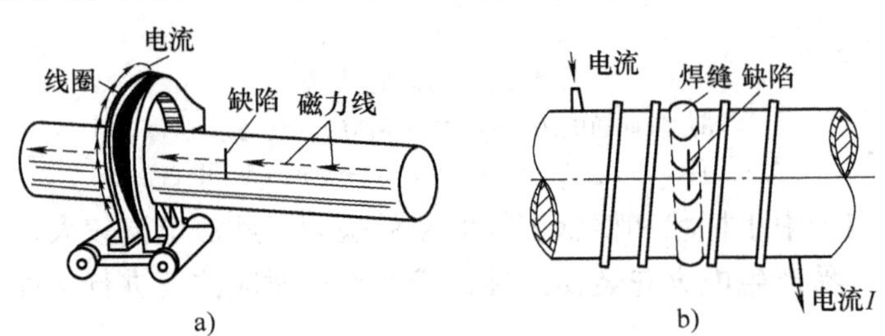

图 5-16　线圈法
a）螺管线圈法　b）绕电缆法

材和棒材横向缺陷的探测，后者主要用于管道环焊缝中纵向裂纹的探测。

2）磁轭法。磁轭法是指用电磁轭两磁极夹住工件进行整体磁化，或用电磁轭两磁极接触工件表面进行局部磁化，用于发现与两磁极连线垂直的缺陷，如图5-17所示。

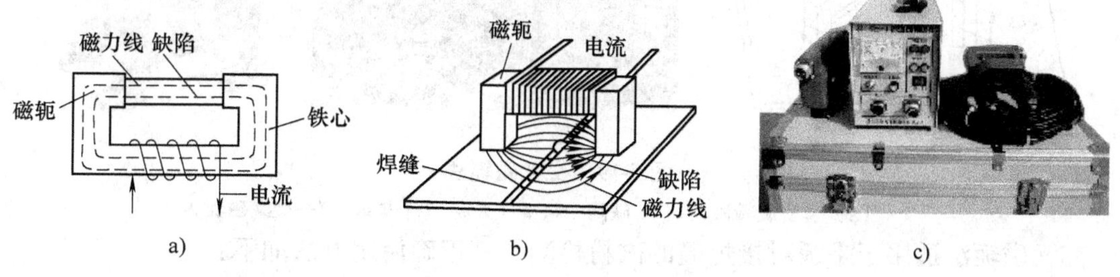

图5-17 磁轭法

a）电磁轭整体磁化 b）电磁轭局部磁化 c）磁轭法磁粉探伤仪

电磁轭一般做成带活动关节的形成，磁极间距 L 应控制在75～200mm之间，检测的有效区域为两极连线两侧各50mm的范围，如图5-18所示（阴影部分）。磁化区域每次重叠区应不少于15mm。

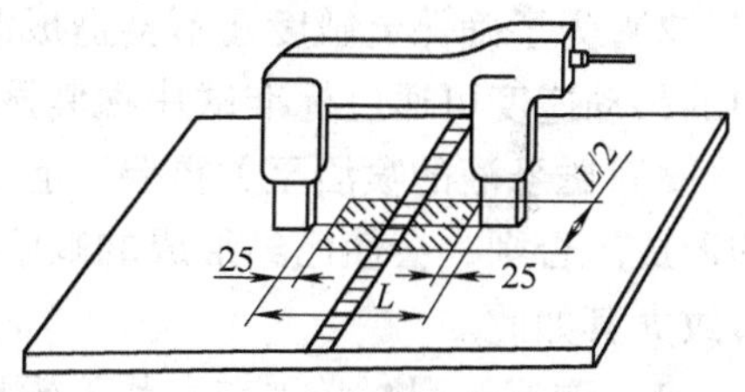

图5-18 磁轭法磁化的有效区域（阴影部分）

整体磁化只有在磁极截面大于工件截面时，才能获得较好的探伤效果；否则，工件便得不到足够的磁化，使用直流电磁轭比使用交流电磁轭时更为严重。整体磁化时，应尽量减小工件与电磁轭之间的空气间隙，当磁极间距大于1m时，工件便不能得到必要的磁化。另外，形状复杂且较长的工件宜采用整体磁化。

局部磁化是用电磁轭的两磁极与工件接触，使工件得到局部磁化，两磁极间的磁力线大体上平行于两磁极的连线，有利于发现与两磁极连线垂直的缺陷。

磁轭法的优点、缺点及适用范围见表5-8。

表5-8 磁轭法的优点、缺点及适用范围

优点	缺点	适用范围
1）非电接触 2）改变磁轭方位，可发现任何方向的缺陷 3）便携式磁轭可带到现场检测，灵活、方便 4）可用于检测带漆层的工件（当漆层厚度允许时） 5）检测灵敏度高	1）几何形状复杂的工件检测较困难 2）磁轭必须放到有利于缺陷检出的方向 3）用便携式磁轭一次磁化只能检测较小的区域，大面积检测时要求分块累积，很费时 4）磁轭磁化时须与工件接触良好，以尽量减小空气间隙的影响	1）适用于平板对接焊缝、T形焊缝、管板焊缝、角焊缝，以及大型铸件、锻件和板材的局部磁粉检测 2）整体磁化适用于工件横截面小于磁极横截面的磁粉检测

（3）复合磁化 复合磁化包括交叉磁轭法和交叉线圈法等，这里主要介绍交叉磁轭法。

交叉磁轭法使用的磁粉探伤仪有四个磁极，如图5-19所示，可在工件表面产生旋转磁场。这种多向磁化技术可以检测出非常小的缺陷，因为在磁化循环的每个周期，磁场方向都能与缺陷延伸方向相垂直，所以一次磁化可检测出工件表面任何方向的缺陷，检测效率高。

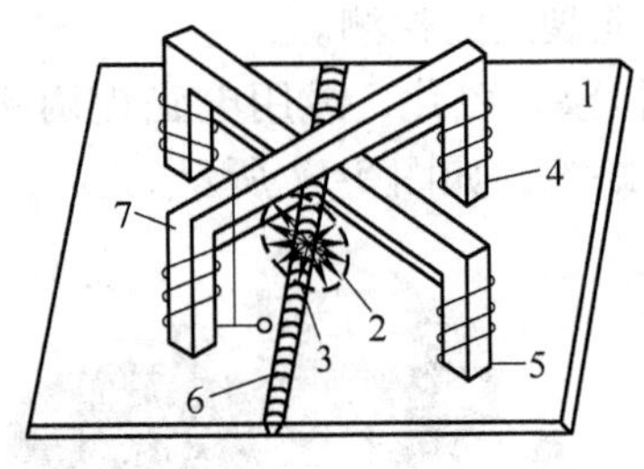

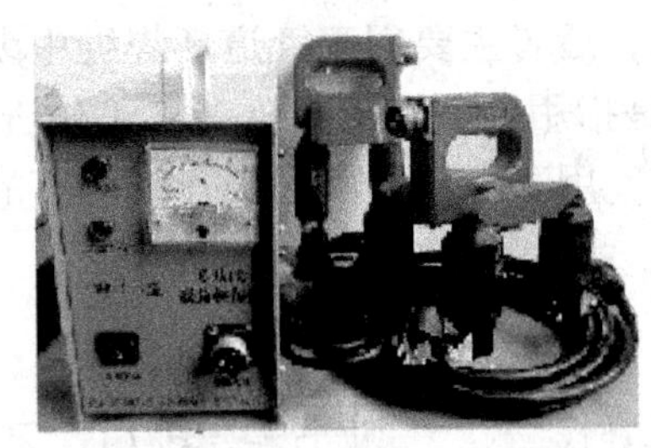

图 5-19　交叉磁轭法

1—工件　2—旋转磁场　3—缺陷　4、5—磁极　6—焊缝　7—交叉磁轭

交叉磁轭法适用于平板对接焊缝的磁粉检测，其正确使用方法如下：

1）交叉磁轭法只适用于连续检测，必须采用连续移动方式对工件进行磁化，而且要边移动交叉磁轭进行磁化，边施加磁悬液；最好不采用步进式的方法移动交叉磁轭。

2）为了确保灵敏度及不会造成漏检，磁轭的移动速度不能过快，不应超过 4m/min。适用的移动速度可通过标准试片磁痕显示来确定。

3）磁悬液的喷洒至关重要。有效磁化场范围必须始终保持润湿状态，以利于缺陷痕迹的形成。否则，会使已经形成的缺陷痕迹被磁悬液冲刷掉，造成缺陷漏检，对有埋藏深度的裂纹尤其如此。

4）磁痕的观察必须在交叉磁轭通过后立即进行，以避免已形成的缺陷磁痕遭到破坏。

5）交叉磁轭的外侧也存在有效磁化场，可以用来磁化工件，但必须通过标准试片确定有效磁化区的范围。

6）交叉磁轭磁极必须与工件接触良好，特别是磁极不能悬空，最大间隙不超过 1.5mm，否则会导致检测失效。

2. *磁化规范*

对工件进行磁化时，选择磁化电流值或磁场强度值所遵循的规则称为磁化规范。磁场强度过大，易产生过度背景，会掩盖相关显示；磁场强度过小，则磁痕显示不清晰，难以发现缺陷。因而，磁粉检测应使用既能检测出所有有害缺陷，又能区分磁痕显示的最小磁场强度。

磁化电流是为了在工件上产生磁场而采用的电流，其类型有交流电、整流电、直流电和脉冲电流等。其中常见的磁化电流是交流电（AC）、单相半波整流电（HWDC）和三相全波整流电（FWDC）三种。

（1）轴向通电法和中心导体法磁化规范　轴向通电法和中心导体法的磁化规范见表5-9。中心导体法可用于检测工件内、外表面上与电流方向平行的纵向缺陷和端面上的径向缺陷。检测外表面时，应尽量使用直流电或整流电。

表 5-9　轴向通电法和中心导体法的磁化规范

检测方法	磁化电流计算公式	
	交流电	三相全波整流电
连续法	$I=(8\sim15)D$	$I=(12\sim32)D$
剩磁法	$I=(25\sim45)D$	$I=(25\sim45)D$

注：I 表示磁化电流，单位为 A；D 表示工件横截面上的最大尺寸，单位为 mm。

（2）触头法磁化规范　连续法检测的触头法磁化电流值见表5-10，磁化电流应根据标准试片的实测结果进行校正。

表5-10　触头法磁化电流值

工件厚度 T/mm	电流值 I/A
$T<19$	$I=(3.5\sim4.5)L$
$T\geqslant19$	$I=(4\sim5)L$

注：I 表示磁化电流，单位为A；L 表示两触头的间距，单位为mm。

（3）磁轭法磁化规范

1）磁轭法的提升力。磁轭法的提升力是指通电磁轭在最大磁极间距时（有的指磁极间距为200mm时），对铁磁性材料（或制件）吸引力的大小。磁轭提升力的大小反映了磁轭对磁化规范的要求，即磁轭磁感应强度的峰值达到一定大小时所对应的磁轭吸引力。

提及提升力大小时，必须注明磁极间距 L，因为磁极间距 L 变化时，磁感应强度峰值也随之改变。

2）磁轭法的检测灵敏度。采用磁轭法进行磁化时，两磁极间距 L 一般应控制在75～200mm之间。当使用磁轭最大间距时，交流电磁轭至少应有45N的提升力，直流电磁轭至少应有177N的提升力，交叉磁轭至少应有118N的提升力（磁极与试件表面的间隙为0.5mm）。

采用便携式电磁轭磁化工件时，其磁化规范应根据标准试片上的磁痕显示来验证；采用固定式磁轭磁化工件时，应根据标准试片上的磁痕显示来校验灵敏度是否满足要求。

3. 检测方法

在磁粉检测中，常根据磁化工件与施加磁粉的相对时机，将检测方法分为连续法和剩磁法两种。

（1）连续法　所谓连续法，是指在被检工件有外加磁场作用的同时，向其表面施加磁粉或磁悬液的检测方法。连续法的工艺流程如图5-20所示。

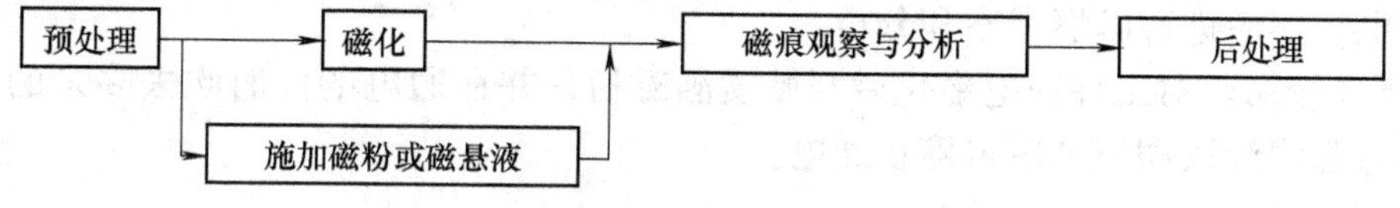

图5-20　连续法

连续法检测几乎适用于所有的钢铁零件。矫顽力小的工件，如低碳钢、所有退火状态或经过热变形的钢材，以及复合磁化只能采用连续法检测；一些结构复杂的大型构件也常采用连续法进行检测。在连续法检测中，磁痕的观察既可在外加磁场作用时，也可在撤去外加磁场以后进行。连续法既可用于干法，也可用于湿法检测。

连续法检测的特点是灵敏度高，但检测效率低下，易出现干扰缺陷评定的杂乱显示。

（2）剩磁法　所谓剩磁法，即使事先对被检工件进行磁化，待撤去外加磁场后，再利用被检工件上的剩磁进行磁粉检测的方法。剩磁法的工艺流程如图5-21所示。

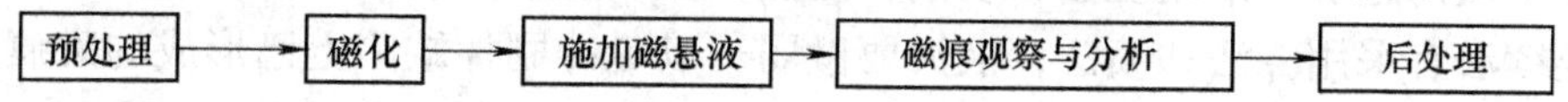

图5-21　剩磁法

在经过热处理的高碳钢或合金钢中，凡剩余磁感应强度在0.8T以上、矫顽力在800A/m以上的材料均可采用剩磁法进行检测。剩磁法检测一般不使用干粉。

剩磁法检测的特点是效率高，其磁痕易于辨别，并有足够的检测灵敏度。

5.1.4　磁粉检测的基本步骤

磁粉检测一般包括以下基本步骤：预处理、磁化、施加磁粉或磁悬液、磁痕观察与分析、后处理。

1. 预处理

1）用化学或机械方法彻底清除被检工件表面上的油污、锈斑、氧化皮、毛刺、焊渣等附着物。

2）采用直接通电法检测带有非导电涂层的工件时，应先彻底清除导电部位的局部涂料，以免因接触点接触不良而产生电火花，烧伤被检表面。

3）采用干法检测时，应使被检工件表面充分干燥。

2. 磁化

磁化是磁粉检测的关键步骤。磁化不足会导致缺陷的漏检；磁化过度，则会产生非相关显示而影响缺陷的正确判别。实际工作中，应根据被检工件的几何形状、尺寸大小，以及预计的缺陷种类、大小、位置和取向等特征，选取合适的磁化方法和工艺参数，使工件在缺陷处产生足够强度的漏磁场，以便吸附磁粉形成磁痕显示。

3. 施加磁粉或磁悬液

施加磁粉或磁悬液时，要注意施加的方法和施加的时机。连续法和剩磁法、干法和湿法对施加磁粉或磁悬液的要求各不相同。

（1）连续法

1）湿连续法。先用磁悬液润湿工件表面，在通电磁化的同时浇磁悬液，停止浇磁悬液后再通电数次，通电时间为1~3s；停止施加磁悬液至少1s后，待磁痕形成并滞留下来时方可停止通电，然后进行磁痕观察和分析。

2）干连续法。对工件通电磁化后开始喷洒磁粉，并在通电的同时吹去多余的磁粉，待磁痕形成与磁痕观察和记录后再停止通电。

（2）剩磁法

1）磁粉应在通电结束后施加，一般通电时间为0.25~1s。

2）浇磁悬液2~3遍，保证工件各个部位得到充分润湿。

3）若浸入搅拌均匀的磁悬液中，一般控制在10~20s后取出进行检测，时间过长会产生过度背景。

4）磁化后的工件在检测完毕前，不要与任何铁磁性材料接触，以免产生磁写（两个已磁化的工件互相接触，在接触部位产生由磁性变化导致的磁痕显示，为非相关显示）。

（3）湿法

1）磁悬液的施加可采用浇法、喷法和浸法，但不能采用刷涂法。

2）连续法宜采用浇法和喷法，液流要微弱，以免冲刷掉缺陷上已形成的磁痕显示。

3）剩磁法宜采用浇法、喷法和浸法。浇法和喷法的灵敏度低于浸法；浸法的浸放时间一般控制在10~20s，时间过长会产生过度背景。

4）使用水磁悬液时，应进行水断试验。

5）可根据工件表面的不同，选择不同的磁悬液浓度。

6）仰视检验和水中检验宜用磁膏。

（4）干法

1）工件表面要干净和干燥，磁粉也要干燥。

2）工件磁化时施加磁粉，并在观察和分析磁痕后撤去磁场。

3）将磁粉吹成雾状，轻轻地飘落在被磁化的工件表面上，形成薄而均匀的一层。

4）磁化时，用干燥的压缩空气吹去多余的磁粉，风压、风量和风口距离都要适当，并按顺序从一个方向吹向另一个方向，注意不要吹掉已形成的磁痕显示。

4. *磁痕观察与分析*

磁痕观察与分析一般应在磁痕形成后立即进行。辨认细小磁痕时，可用2～10倍的放大镜进行观察。观察非荧光磁粉的磁痕时，要求被检表面上的白光照度达到15000lx以上；观察荧光磁粉的磁痕时，要求被检表面上的紫外线（黑光）照度不低于970lx，且白光照度不高于10lx。

磁痕按其显示的原因主要分为三类：磁粉检测时，由于缺陷（裂纹、未熔合、气孔和夹渣等）产生的漏磁场吸附磁粉而形成的磁痕显示称为相关显示或缺陷显示；由于磁路截面突变及材料磁导率差异等原因产生的漏磁场吸附磁粉形成的磁痕显示称为非相关显示；不是由漏磁场吸附磁粉所形成的磁痕显示称为伪显示。

要正确认识磁痕，不仅要求分析者对被检工件的材质和加工工艺有全面的了解，还要求分析者有较丰富的实践经验。因而，要注意收集典型缺陷的磁痕，在实际工作中积累经验。焊接件缺陷的磁痕特征见表5-11，其示例如图5-22和图5-23所示。

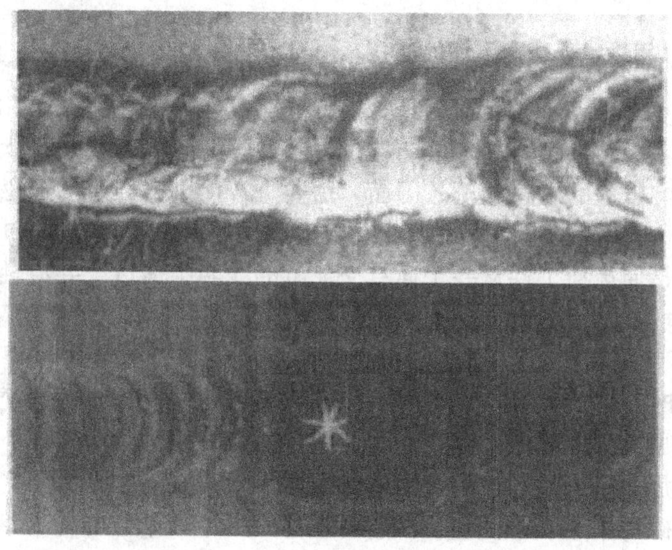

图5-22 焊接裂纹示例

对磁粉检测中发现的相关磁痕有时要永久性地记录保存，缺陷磁痕显示记录的内容包括磁痕显示的位置、形状、尺寸和数量等。常用的记录磁痕的方法有照相（通过照相、摄影记录缺陷磁痕）、贴印（利用透明胶纸粘贴复印缺陷磁痕显示）、录像、可剥性涂层（在缺

图 5-23　未焊透

陷磁痕显示处喷上一层快干可剥性涂层，待干后揭下保存）和临摹（在记录缺陷的表格上临摹缺陷显示）等。

对于特种设备，可根据 JB/T 4730.4—2005 中的内容进行磁粉检测的质量分级，或按某具体产品的磁粉检测质量进行缺陷评定，以决定产品的合格与否，读者可自行学习。

表 5-11　焊接件缺陷的磁痕特征

缺陷名称	磁 痕 特 征
焊接裂纹	热裂纹：浅而细小，磁痕清晰而不浓密 冷裂纹：多数是纵向的，一般深而粗大，磁痕浓密、清晰。冷裂纹容易引起脆断，危害极大。磁粉检测一般应安排在焊后 24h 或 36h 进行
未焊透	磁痕松散、较宽
气孔	磁痕呈圆形或椭圆形，宽而模糊，显示不太清晰；磁痕的浓度与气孔的深度有关
夹渣	磁痕宽而不浓密

5. 后处理

磁粉检测后，应进行退磁、清理被检表面上残留的磁粉或磁悬液、标志等后处理。

（1）退磁　工件经磁粉检测后所留下的剩磁，会影响安装在其周围的仪表、罗盘等计量装置的精度，或者吸引铁屑增加磨损。有时，工件中的强剩磁场会干扰焊接过程，引起电弧磁偏吹，或者影响以后的磁粉检测。因而，需要进行使剩磁回零的退磁工作。

1）交流退磁。常用的交流退磁方法有交流线圈法、交流电磁轭法和触头法等。常用的交流线圈退磁操作是使被检工件从一个通有交流电的线圈中通过，并沿轴向逐步撤出线圈外 1.5m 远，然后断电；或者将被检工件放在线圈中不动，逐渐将电流幅值降为零。

2）直流退磁。为了使工件内部能获得良好的退磁效果，可让电流通过工件，并不断切换电流的方向，同时使电流逐渐衰减至零。由于直流磁化比交流磁化穿透得深，所以直流退磁比交流退磁的效果要好。

此外，将工件加热到居里点以上也可达到退磁的目的。

测量工件的剩磁可采用剩磁测量仪。有时也可用一小段未被磁化的钢丝、铁丝去靠近零件的端部，若有剩磁，则钢丝或铁丝将被吸附。

（2）清理被检表面、标志　退磁之后，应清理被检表面，除去残留的磁粉或磁悬液。干磁粉可直接用压缩空气清除；油磁悬液可用汽油等溶剂清除；水磁悬液应先用水清洗，然后干燥。

磁粉检测后，应对被检工件进行合格与否标志，对含有缺陷的工件应标志出缺陷部位，以便对其进行修复等处理。

5.1.5 磁粉检测通用工艺规程和工艺卡

磁粉检测通用工艺规程应根据有关法规、产品标准、有关技术文件等相关检测标准的要求，并针对检测机构的特点和检测能力进行编制。磁粉检测通用工艺规程应涵盖本单位（制造、安装或检测单位）产品的检测范围。

磁粉检测通用工艺规程应至少包括以下内容：适用范围，引用标准、法规，检测人员资格，检测设备、器材和材料，检测表面制备，检测时机，检测工艺和检测技术，检测结果的评定和质量等级分类，检测记录、报告和资料存档，编制（级别）、审核（级别）和批准人，制定日期。

实施磁粉检测的人员应按检测工艺卡进行操作。特种设备磁粉检测工艺卡的格式见表5-12，特种设备磁粉检测操作要求及主要工艺参数卡的格式见表5-13。

表5-12 特种设备磁粉检测工艺卡

产品（或工件）名称		材料牌号		规格尺寸	
热处理状态		检测部位		被检表面要求	
检测时机		检测设备		标准试片（块）	
检测方法		光线及检测环境		缺陷磁痕记录方式	
磁化方法		电流种类磁化规范		磁粉、载液及磁悬液浓度	
磁悬液施加方法		检测方法标准		质量验收等级	
磁粉检测质量评级要求					

磁化方法示意图：			磁化方法附加说明：		
编 制	年 月 日	审 核	年 月 日	审 批	年 月 日

表 5-13　特种设备磁粉检测操作要求及主要工艺参数卡

工序号	工序名称		操作要求及主要工艺参数		
1	预处理				
2	磁化	设备选择			
		磁化方法			
		磁化规范			
		磁化次数			
		试片校核			
3	施加磁悬液的方式				
4	磁痕观察与记录	光线			
		检测环境			
		辅助观察器材			
		磁痕记录内容			
		磁痕记录方式			
		超标缺陷处理			
5	缺陷评级				
6	退磁				
7	后处理				
8	复验				
9	检测报告				
编制	年　月　日	审核	年　月　日	审批	年　月　日

5.2　渗透检测

渗透检测（PT，Penetrant Testing）是利用带有荧光染料或着色染料渗透剂的渗透作用，显示放大了的缺陷痕迹，从而能够用肉眼观察到试件表面开口缺陷的一种无损检测方法。

5.2.1　渗透检测原理及特点

渗透检测的基本原理是：工件表面被施涂含有荧光染料或着色染料的渗透剂后，在毛细作用下，经过一定时间，渗透剂可以渗入表面开口缺陷中；去除工件表面多余的渗透剂（保留渗透到表面缺陷中的渗透剂）并经干燥后，在工件表面施涂吸附介质——显像剂；同样在毛细作用下，显像剂将吸引缺陷中的渗透剂，即渗透剂回渗到显像剂中；在一定的光源下（黑光或白光），缺陷处的渗透剂痕迹被显示（黄绿色荧光或鲜艳红色）出来，从而探测出缺陷的形貌及分布形态。

渗透检测的基本步骤如图 5-24 所示。

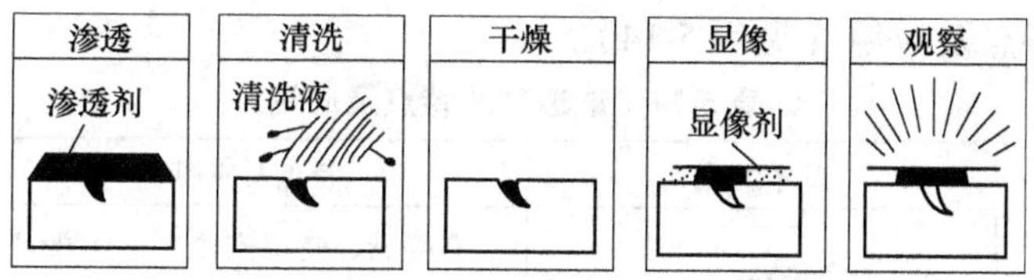

图5-24 渗透检测的基本步骤

与其他无损检测方法相比，渗透检测的主要优点有：

1）不受试件形状、大小、化学成分、组织结构的限制，也不受缺陷方位的限制，可以检测磁性材料，也可以检测非磁性材料；可以检测黑色金属，也可以检测有色金属，还可以检测非金属材料；可以检测焊接件或铸件，也可以检测压延件和锻件，还可以检测机加工件。

2）检测设备及工艺过程简单，检测费用低。

3）对检测人员的要求不高。

4）缺陷显示直观。

5）检测灵敏度较高。

6）一次操作可同时检测出所有的表面开口缺陷，检测效率较高。

渗透检测的局限性在于：

1）只能检测表面开口缺陷。

2）对多孔性材料检测困难。

3）检测结果受检测人员的影响较大。

5.2.2 渗透检测材料及设备

1. 渗透检测材料

渗透检测材料主要包括渗透剂、去除剂和显像剂。

（1）渗透剂 渗透剂是渗透检测中的关键材料，直接影响检测的灵敏度。其作用是渗入缺陷中，并被随后施加的显像剂所吸附，从而显示缺陷。

1）渗透剂的分类。

① 按渗透剂染料成分分类。可分为荧光渗透剂、着色渗透剂与荧光着色渗透剂三大类。

荧光渗透剂中含有荧光染料，只有在黑光照射下，缺陷图像才能被激发出黄绿色荧光，需在暗室内黑光下观察缺陷图像。

着色渗透剂中含有红色染料，缺陷显示为红色，可在白光或日光照射下观察缺陷图像。

荧光着色渗透剂中含有特殊染料，缺陷图像在白光或日光照射下显示为红色，在黑光照射下显示为黄绿色（或其他颜色）荧光。

② 按多余渗透剂的去除方法分类。可分为水洗型渗透剂、后乳化型渗透剂与溶剂去除型渗透剂三大类。

水洗型渗透剂分为两种：一种是以水为基本溶剂的水基渗透剂，使用时可以直接用水清洗去除工件表面多余的渗透剂；另一种是以油为基本溶剂的油基渗透剂，因加有乳化剂而形成自乳化型渗透剂，使用时可以用水直接清洗去除。

2）渗透剂的特点及应用（见表5-14）。

表5-14 渗透剂的特点及应用

<table>
<tr><th colspan="3">分类</th><th>基本组成</th><th>特点及应用</th><th>质量要求</th></tr>
<tr><td rowspan="4">着色渗透剂</td><td rowspan="2">水洗型</td><td>水基型</td><td>水、红色染料</td><td>不可燃、使用安全、不污染环境、价格低廉；但灵敏度差</td><td rowspan="7">1）渗透力强，容易渗入工件表面的缺陷
2）着色渗透剂应具有鲜艳的色泽，荧光渗透剂应具有鲜明的荧光
3）清洗性好，容易从工件表面清洗掉
4）润湿显像剂容易将渗透剂从缺陷中吸附到工件表面
5）对工件及设备无腐蚀性
6）稳定性好，在日光或黑光下，其成分和荧光亮度或色泽能维持较长时间
7）毒性小</td></tr>
<tr><td>自乳化型</td><td>油液、红色染料、乳化剂、溶剂</td><td>渗透性较好，容易吸收水分产生的浑浊、沉淀等污染现象</td></tr>
<tr><td colspan="2">后乳化型</td><td>油液、红色染料、溶剂</td><td>渗透力强，检测灵敏度高，适合检测浅而细微的表面缺陷，但不适合表面粗糙及不利于乳化的工件</td></tr>
<tr><td colspan="2">溶剂去除型</td><td>油液、低粘度易挥发溶剂、红色染料</td><td>具有很快的渗透速度，与快干式显像剂配合使用，可得到与荧光渗透检测相似的灵敏度</td></tr>
<tr><td rowspan="3">荧光渗透剂</td><td colspan="2">水洗型</td><td rowspan="2">油基渗透剂、互溶剂、荧光染料、乳化剂</td><td>乳化剂含量越高，越容易清洗，但灵敏度越低；荧光染料浓度越高，则亮度越大，但价格越贵；有高、中、低三种灵敏度</td></tr>
<tr><td colspan="2">后乳化型</td><td>缺陷中的荧光液不易被洗去，抗水污染能力强；荧光液灵敏度根据其在紫外光下发光的强弱可分为三种，即标准、高和超高灵敏度</td></tr>
<tr><td colspan="2">溶剂去除型</td><td>油基渗透剂、互溶剂、荧光染料、润湿剂</td><td>不需要水，具有很高的灵敏度，但对于批量工件的检测效率较低，适用于受限制区域的检测</td></tr>
</table>

（2）去除剂　在渗透检测中，用于去除工件表面多余渗透剂的溶剂称为去除剂。

1）水洗型渗透剂可直接用水去除，水就是一种去除剂。

2）溶剂型渗透剂采用有机溶剂去除，这些有机溶剂就是去除剂，如煤油、乙醇、丙酮、三氯乙烯等。

3）后乳化型渗透剂是在乳化后再用水去除。渗透检测中的乳化剂由具有乳化作用的活化剂和添加溶剂组成，以前者为主。乳化剂分为亲水型和亲油型两大类，两者的作用过程如图5-25和图5-26所示。

亲水型乳化剂的浓度决定了它的乳化能力、乳化速度和乳化时间，推荐使用浓度为5%～20%；亲油型乳化剂不加水使用，其粘度大时扩散速度慢，乳化过程容易控制，但乳化剂的拖带损耗大。

（3）显像剂　显像剂是渗透检测中的另一关键材料。其作用是：通过毛细作用，将缺陷中的渗透剂吸附到工件表面上形成缺陷显示；使形成的缺陷显示在被检表面上横向扩展，放大至人眼可见；提供与缺陷显示较大反差的背景，以利于观察。

目前，用于渗透检测的显像剂主要分为干式显像剂和湿式显像剂两大类。

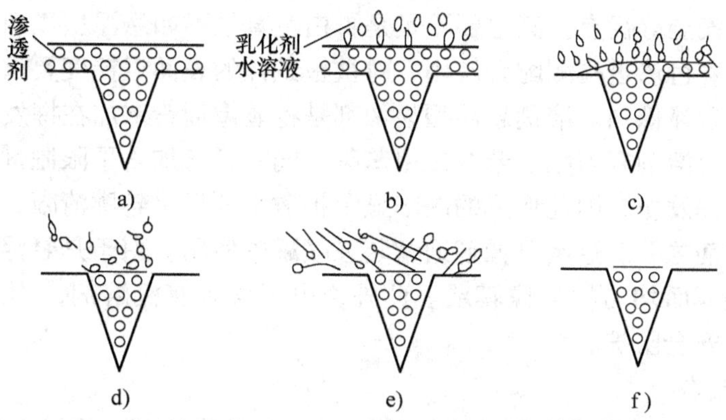

图5-25 亲水型乳化剂作用过程示意图（从左上至右下）

a）渗透 b）浸没在乳化剂水溶液中 c）开始扩散和浮化

d）搅拌和乳化 e）淋洗 f）清洁的表面

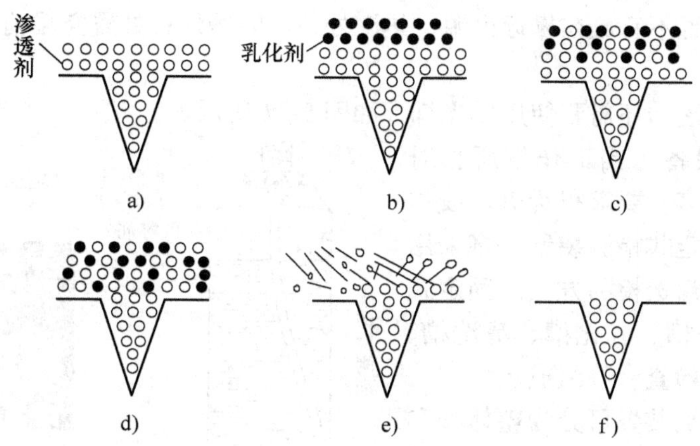

图5-26 亲油性乳化剂作用过程示意图（从左上至右下）

a）渗透 b）加乳化剂 c）开始溶解和扩散 d）扩散过程 e）淋洗 f）清洁的表面

1）干式显像剂。主要指干粉显像剂，它是一种白色粉末，如氧化镁、碳酸镁、氧化锌和氧化钛等的粉末。干粉显像剂一般与荧光渗透剂配套使用，是最常用的显像剂之一。

干粉显像剂的优点是操作简便，施加容易，不腐蚀试件，不挥发有害气体，清除容易；其缺点是会产生严重的粉尘，需要有空气净化装置或设备。

2）湿式显像剂。湿式显像剂是将显像干粉调和在载液中制成的，根据载液及干粉在载液中存在形式的不同，可将湿式显像剂进一步分为水悬浮型、水溶解型和溶剂悬浮型三种。

① 水悬浮型显像剂。水悬浮型显像剂是将干粉显像剂按一定比例加入水中配制而成的，一般还加入润湿剂、分散剂等。由于是悬浮液，使用前必须搅拌均匀，以得到薄而均匀的显像膜层。水悬浮型显像剂可用于荧光渗透检测和着色渗透检测。

② 水溶解型显像剂。水溶解型显像剂是将显像材料溶于水中配制而成的，为改善其性能，一般还加入润湿剂、助溶剂和缓蚀剂等。

水溶解型显像剂克服了水悬浮型显像剂易沉淀、不均匀和可能结块的缺点，还具有清洗方便、无毒、使用安全等优点。其主要不足是：白色背景不如悬浮型显像剂；不适合与水洗型荧光渗透检测和着色渗透检测配套使用，对被检试件的表面粗糙度要求很高。

③ 溶剂悬浮型显像剂。溶剂悬浮型显像剂是将显像剂粉末加在挥发性有机溶剂中配制而成的。常用的有机溶剂有丙酮、苯及二甲苯等，同时，还加入了限制剂和稀释剂。

由于有机溶剂挥发快，因此形成的缺陷显示扩散小，显示轮廓清晰，是目前渗透检测中灵敏度最高的显像剂之一。这类显像剂通常装在喷罐中使用。由于是悬浮液，故使用前须充分摇匀，以便得到薄而均匀的显像膜层。此外，由于含有有机溶剂，因此属于有毒或易燃品，使用中应注意安全防护。

2. 渗透检测设备

(1) 便携式设备　便携式设备的渗透检测剂（包括渗透剂、去除剂和显像剂）通常装在密闭的喷罐内。喷罐一般由盛装容器和喷射机构两部分组成，其典型结构如图 5-7 所示。

喷罐携带方便，适用于现场检测。使用喷罐前，应充分摇晃，使沉淀的固体显像剂粉末重新悬浮起来，成为细颗粒状均匀分布。喷罐应与工件表面保持一定的距离，太近会使检测剂施加不均匀；喷罐不宜放在靠近火源、热源处，以防爆炸；处置空罐前，应先破坏其密封性。

如果采用荧光法，还需要使用黑光灯，如图 5-27 所示。

(2) 固定式设备　当工作场所相对固定，工件数量较多，要求布置流水线作业时，一般采用固定式检测装置，多采用水洗型或后乳化型渗透检测方法。固定式设备主要由预清洗槽、乳化槽、清洗槽、干燥箱、显像槽及检查台等组成。

固定式渗透检测装置可分为整体型和分离型两种，分别适用于小型和大型工件的检测，如图 5-28 和图 5-29 所示。

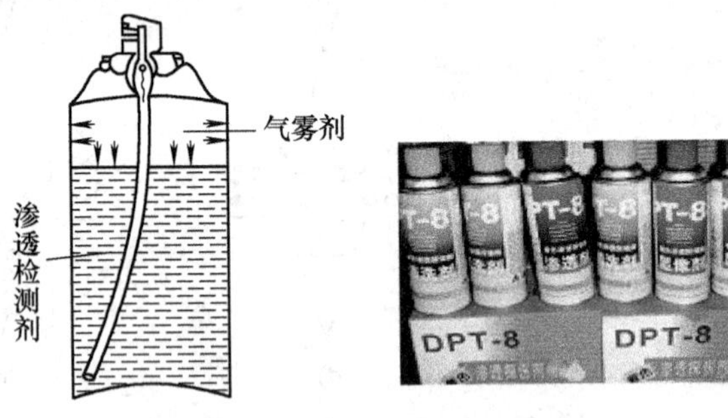

图 5-27　内压式渗透检测喷罐及其外形

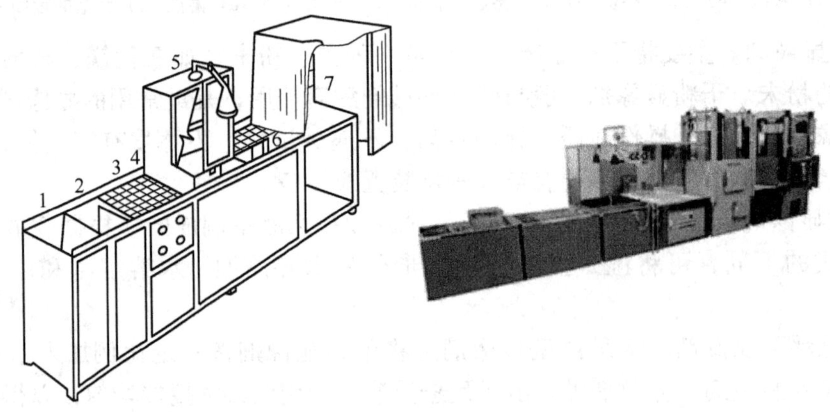

图 5-28　整体型渗透检测装置

1—渗透槽　2—乳化槽　3—滴落板　4—水洗槽　5—干燥箱　6—显像槽　7—观察室

3. 渗透检测试块

渗透检测试块又称灵敏度试块，是带有人工缺陷的试件。它是用于衡量渗透检测材料和

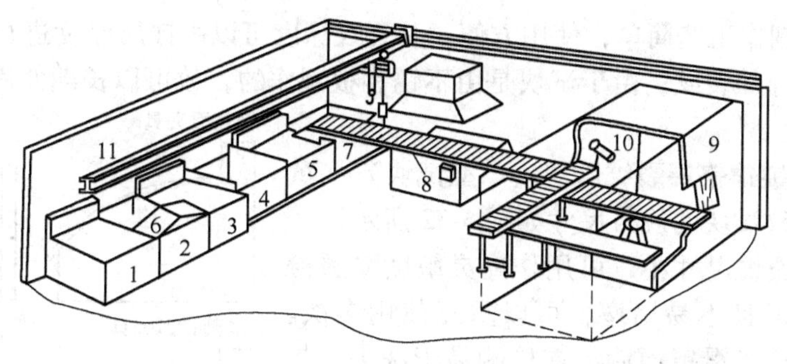

图 5-29　分离型渗透检测装置

1—渗透槽　2—滴落槽　3—乳化槽　4—水洗槽　5—显像槽
6、7—滴落板　8—传输带　9—观察室　10—黑光灯　11—吊轨

检测工艺所能达到的灵敏度的器材；也可以用来确定渗透检测的工艺参数，如渗透时间和温度、乳化时间和温度、干燥时间和温度等；还可以比较不同渗透检测系统相对性能的高低。

（1）铝合金淬火裂纹试块（A 型试块）　此类试块是目前国际上通用的渗透检测试块，其外形、尺寸及特征如图 5-30 所示。试样材质为 2A12 硬铝，工作面上的裂纹由淬火获得，分条状分布和网状分布两类。

A 型试块的优点是制作简单经济，同一试块上可提供各种尺寸的裂纹，且形状类似于自然裂纹；其缺点是不能精确控制裂纹尺寸，且尺寸较大，不适用于中、高和超高灵敏度渗透检测剂的性能鉴别。

A 型试块适合对两种不同的渗透检测剂在互不污染的情况下进行灵敏度对比试验，也适合对同一种渗透检测剂在不同操作工序中进行灵敏度对比试验。使用后的试块应及时清理，以备重复使用。

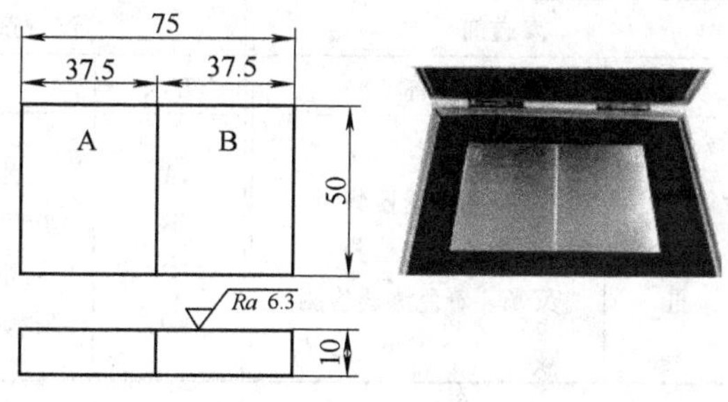

图 5-30　铝合金试块

（2）不锈钢镀铬辐射状裂纹试块（B 型试块）　不锈钢镀铬辐射状裂纹试块的规格和尺寸如图 5-31 所示。B 型试块主要用于校验操作方法与工艺系统的检测灵敏度，不能用于对不同检测材料或工艺进行对比。使用时，先在 B 型试块上按预定工艺进行渗透检测，再把检测结果与工艺所得检测结果（或其复制品）进行对比，以评定检测方法的正确性或检测灵敏度。

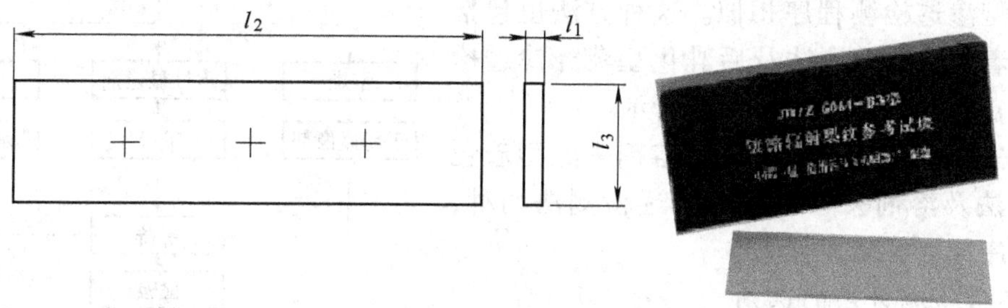

图 5-31　不锈钢镀铬辐射状裂纹试块

l_1—试块厚度（3～4mm）　l_2—试块长度（100～130mm）　l_3—试块宽度（30～40mm）

B 型试块的制作工艺简单，使用方便，其裂纹深度可以由镀层厚度进行控制，且同一试块上具有不同尺寸的裂纹；由于试块是由不锈钢板制作的，故可以长期使用。使用后的试块应及时进行清理。

（3）黄铜板镀镍铬层裂纹试块（C 型试块）　黄铜板镀镍铬层裂纹试块的规格尺寸如图 5-32 所示。

C 型试块的裂纹尺寸小，可用作高灵敏度渗透检测的性能测定，而且不易堵塞，可以重复使用多次。其缺点是镀层形成光滑镜面使渗透检测易于洗去，与实际工件表面状况差异较大，制作也比较困难，特别是裂纹尺寸的控制非常困难。C 型试块主要用于鉴别各类渗透检测剂的性能和确定灵敏度等级。

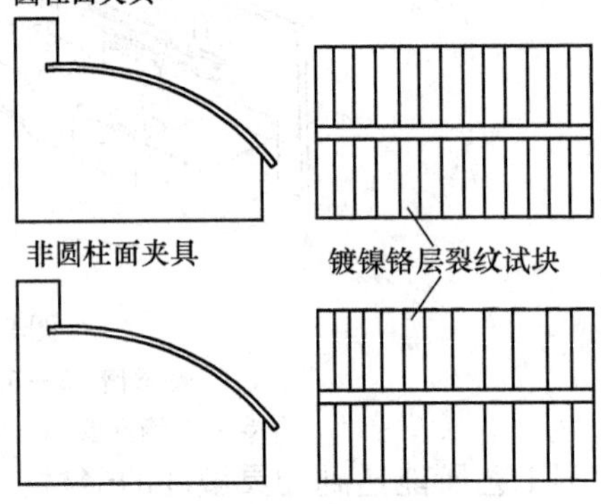

图 5-32　黄铜板镀镍铬层裂纹试块及弯曲夹具

5.2.3　渗透检测方法

1. 渗透检测方法分类

根据渗透剂种类和显像剂种类的不同，渗透检测方法分类见表 5-15。

表 5-15　渗透检测方法分类

渗透剂		渗透剂的去除		显像剂	
分类	名称	方法	名称	分类	名称
Ⅰ Ⅱ Ⅲ	荧光渗透检测 着色渗透检测 荧光、着色渗透检测	A B C D	水洗型渗透检测 亲油型后乳化渗透检测 溶剂去除型渗透检测 亲水型后乳化渗透检测	a b c d e	干粉显像剂 水溶解显像剂 水悬浮显像剂 溶剂悬浮显像剂 自显像

注：渗透检测方法代号示例：ⅡC-d 为溶剂去除型着色渗透检测（溶剂悬浮显像剂）。

2. 渗透检测法的程序

水洗型渗透检测法是广泛采用的渗透检测法之一，包括水洗型着色渗透检测法及水洗型荧光渗透检测法两种，其检测程序如图 5-33 所示。

后乳化型渗透检测法也是广泛采用的渗透检测法之一，这种方法除了多一道乳化工序外，其余与水洗型渗透检测程序相似。这种方法也包括后乳化型着色渗透检测法及后乳化型荧光渗透检测法两种，其检测程序如图 5-34 所示。

溶剂去除型渗透检测法包括溶剂去除型着色渗透检测法及溶剂去除型荧光渗透检测法两种，其检测程序如图 5-35 所示。

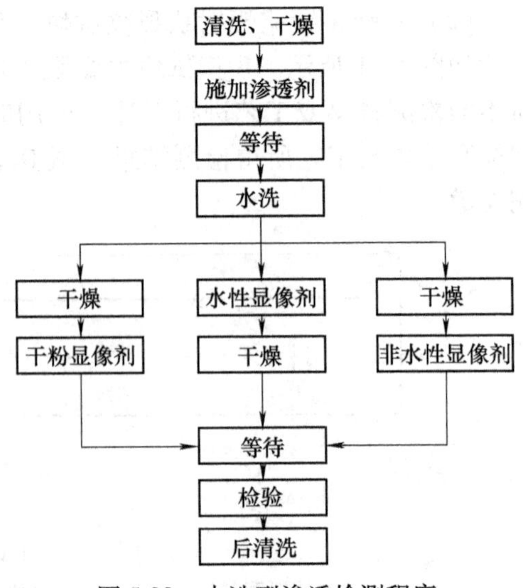

图 5-33　水洗型渗透检测程序

3. 渗透检测方法的选用

渗透检测方法的选用，首先应满足检测缺陷类型和灵敏度的要求。选用时，必须考虑被检工

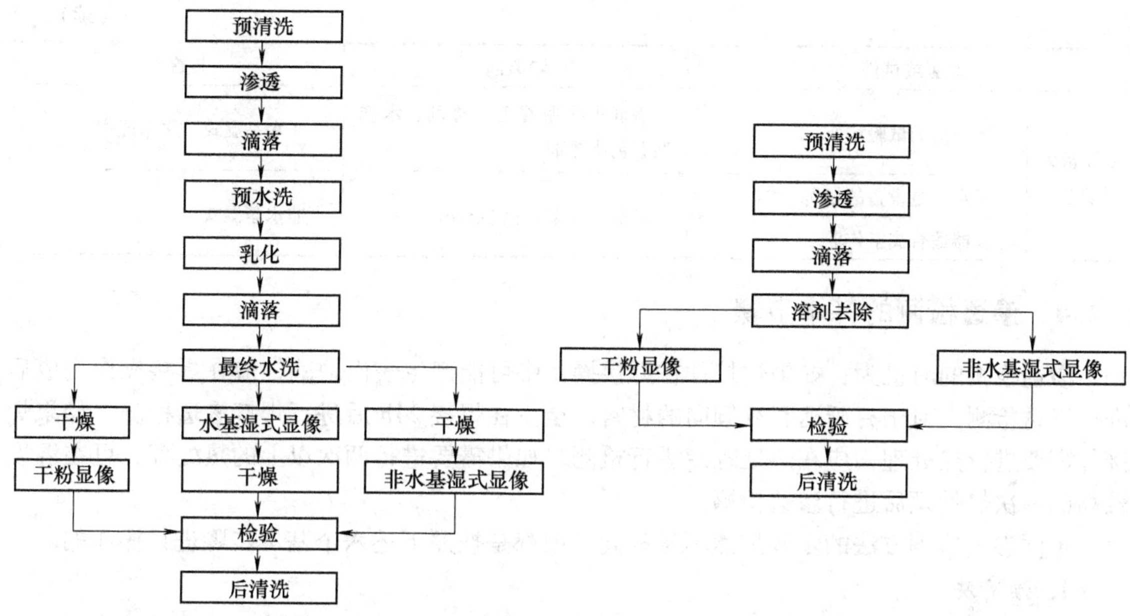

图 5-34　后乳化渗透检测程序　　图 5-35　溶剂去除型渗透检测程序

件的表面粗糙度、检测批量大小和检测现场的水源、电源等条件。另外，检测费用也是必须考虑的因素。

相同条件下，荧光法比着色法的灵敏度高。允许使用灵敏度等级较高的渗透剂代替灵敏度等级较低的渗透剂；反之则是不允许的，除非经过批准。若采用自显像工艺，则应经过批准，并使用专用的自显像渗透剂。渗透检测方法的选择见表 5-16。

表 5-16　渗透检测方法的选择

对象或试件		渗透剂	显像剂
以缺陷为标准选择	浅缺陷、宽而浅的缺陷	后乳化型荧光渗透剂	水基湿式、非水基湿式；缺陷长度在几毫米以上，可用干式
	深度在 10μm 以下的细微缺陷		
	深度为 10～30μm 的缺陷	水洗型渗透剂、溶剂去除型着色渗透剂	水基湿式、非水基湿式、干式（只用于荧光）
	深度在 30μm 以上的缺陷		
	缺陷靠近或聚集，需观察缺陷表面形状	水洗型荧光渗透剂、后乳化型荧光渗透剂	干式
以试样为标准选择	连续检测小批量工件	水洗型荧光渗透剂、后乳化型荧光渗透剂	湿式、干式
	间歇不定期检测少量工件	溶剂去除型着色渗透剂	非水基湿式
	检测大型部件、结构件的局部位置		
以表面粗糙度为标准选择	螺钉及键槽的拐角处	水洗型渗透剂	干式（只用于荧光）、水基湿式、非水基湿式
	表面粗糙的铸锻件		
	车削、刨削加工面	水洗型渗透剂、溶剂去除型着色渗透剂	
	磨削、抛光加工面	后乳化型荧光渗透剂	
	焊缝	水洗型渗透剂、溶剂去除型着色渗透剂	
	其他缓慢起伏的凸凹面		

（续）

对象或试件		渗透剂	显像剂
以设备为标准选择	无暗室的试验场所	溶剂去除型着色渗透剂、水洗型着色渗透剂	非水基湿式、水基湿式
	无水、电设备的场所	溶剂去除型着色渗透剂	非水基湿式
	仪器适合高空作业		

5.2.4　渗透检测的基本步骤

渗透检测的时机为：如果焊接件在焊接操作中可能产生表面缺陷，应在焊接操作完成后进行渗透检测；对于有延迟裂纹倾向的材料，至少在焊接24h后进行焊接渗透检测；如果焊接件需要进行热处理，应在热处理后进行检测，如果需要进行两次以上的热处理，可在温度较高的一次热处理后进行渗透检测。

不同渗透检测方法的步骤虽然不尽相同，但都是按照下述六个基本步骤进行操作的。

1. 预清洗

预清洗的要求是必须将可能影响渗透检测的污染物清除干净。在渗透检测前，应对受检表面及其附近25mm的范围进行清理。清理的方法包括机械清理、表面修整、碱洗、酸洗、溶剂去除、洗涤剂清洗、去漆处理等。清理时，必须了解污染物的类别、清洗方法的适用性以及预清洗方法对被检工件的影响等，选择合适的方法是非常重要的。

2. 施加渗透剂

渗透剂施加方法应根据被检工件的大小、形状、数量和检测部位来选择。所选方法应保证被检部位完全被渗透剂覆盖，并在整个渗透时间内保持润湿状态。具体施加方法如下：

1）喷涂：包括静电喷漆、喷罐喷涂或低压循环喷涂等，适用于大工件的局部或全部检测。

2）刷涂：用刷子、棉纱或抹布进行刷涂，适用于局部检测、焊缝检测。

3）浇涂：将渗透剂直接浇在受检工件表面上，适用于大工件的局部检测。

4）浸涂：把整个被检工件全部浸入渗透剂中，适用于小工件的表面检测。

渗透时间是指从施加渗透剂到开始去除处理之间的时间。一般渗透检测工艺规定：在10～50℃的温度下，施加渗透剂的渗透时间一般不得少于10min；对于怀疑有缺陷的被检工件，渗透时间可相应延长；应力腐蚀裂纹特别细微，其渗透时间更长，甚至长达2h。渗透温度一般控制在10～50℃的范围内。

3. 乳化和清洗

使用后乳化型渗透剂时，应在渗透后、清洗前，用浸涂、刷涂或喷涂方法将乳化剂施加于受检表面。乳化剂的停留时间可根据受检表面的表面粗糙度及缺陷程度确定，一般为1～5min，然后用清水洗净。

清洗表面多余的渗透剂时，注意不要将缺陷里面的渗透剂洗掉。用水清洗渗透剂时，可采用水喷法，水喷法的管压力为0.2MPa，水温不超过43℃。当采用荧光渗透剂时，对不宜在设备中洗涤的大型零件，可用带软管的管子喷洗，且应由上往下进行，以免留下一层难以去除的荧光薄膜。当采用溶剂去除型渗透剂时，应在受检表面喷涂溶剂，以除去多余的渗透剂，并用干净布擦干。

4. 干燥

干燥的目的是除去被检工件表面的水分，使渗透剂充分渗入缺陷或回渗到显像剂上。

采用溶剂去除法渗透检测时，不必进行专门的干燥处理，应在室温下自然干燥，不得加热干燥。对于用水清洗的被检工件，若采用干粉显像或非水基湿式显像，则在显像之前必须进行干燥处理；施加水湿式显像剂时，应在施加后进行干燥处理；若采用自显像，则应在水清洗后进行干燥。

干燥的方法有干净布擦干、压缩空气吹干、热风吹干、热空气循环烘干等，实际应用中是将多种干燥方法组合进行。

一般渗透检测工艺方法标准规定：干燥时，被检工件的表面温度不得大于50℃，干燥时间为5～10min。

5. 施加显像剂

显像是指在被检工件表面施加显像剂，利用毛细作用将缺陷中的渗透剂吸附至被检工件表面，从而产生清晰可见的缺陷显示图像的过程。常用的显像方法有干式显像、非水基湿式显像和自显像等。

显像时间很重要，必须有足够的时间让显像作用充分进行，但也应在渗透剂扩展得过宽及缺陷显示变得难以评定之前完成检验。JB/T 4730.5—2005（《承压设备无损检测　第5部分　渗透检测》）规定：自显像停留时间为10～120min，其他显像方法的显像时间一般不少于7min。

就荧光渗透剂而言，光滑表面优先选用溶剂悬浮型显像剂；粗糙表面应优先选用干式显像剂；其他表面应优先选用溶剂悬浮型显像剂，然后是干式显像剂，最后考虑水悬浮型或水溶解型显像剂。就着色渗透剂而言，任何表面状态都应优先选用溶剂悬浮型显像剂，然后是水悬浮型显像剂。

水溶解型显像剂不适用于着色渗透检测系统和水洗型渗透检测系统。

6. 观察及评定

（1）观察　观察缺陷显示一般应在显像剂施加后的7～60min内进行。对于溶剂悬浮型显像剂，应遵照说明书的要求或试验结果进行操作。

进行着色渗透检测时，缺陷显示的评定应在白光下进行，显示为红色图像。通常被检工件被检处的白光照度应大于或等于1000lx；荧光渗透检测时，缺陷显示的评定应在暗室或暗处的黑光灯下进行，显示为明亮的黄绿色图像。一般规定：距离黑光灯380mm处，被检表面辐照度不低于1 000μW/cm^2；自显像时，距离黑光灯150mm处，被检表面辐照度不低于3 000μW/cm^2。

渗透检测显示一般分为三种类型：由缺陷引起的相关显示，由工件结构等原因引起的非相关显示，以及由于表面未清洗干净而残留了渗透剂等所引起的虚假显示。

渗透检测人员应具有丰富的实际工程经验，并能够结合工件的材料、形状和加工工艺，熟练掌握各类缺陷显示的特征、产生原因及鉴别方法。必要时还应采用其他方法进行验证，尽可能使检测结果准确可靠。

（2）评定　渗透检测标准对缺陷显示进行等级分类时，一般将其分为线状缺陷显示、圆形缺陷显示和密集型缺陷显示等类型，如图5-36所示。图5-37所示为焊接接头渗透检测

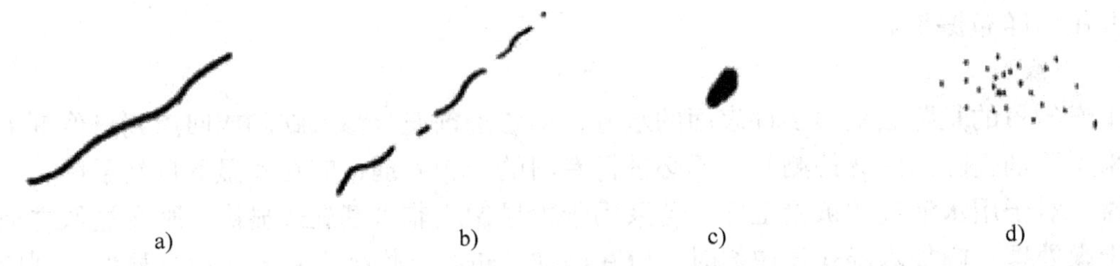

图 5-36　缺陷迹痕显示分类示意图

a）线状缺陷显示　b）断续线状缺陷显示　c）圆形缺陷显示　d）密集型缺陷显示

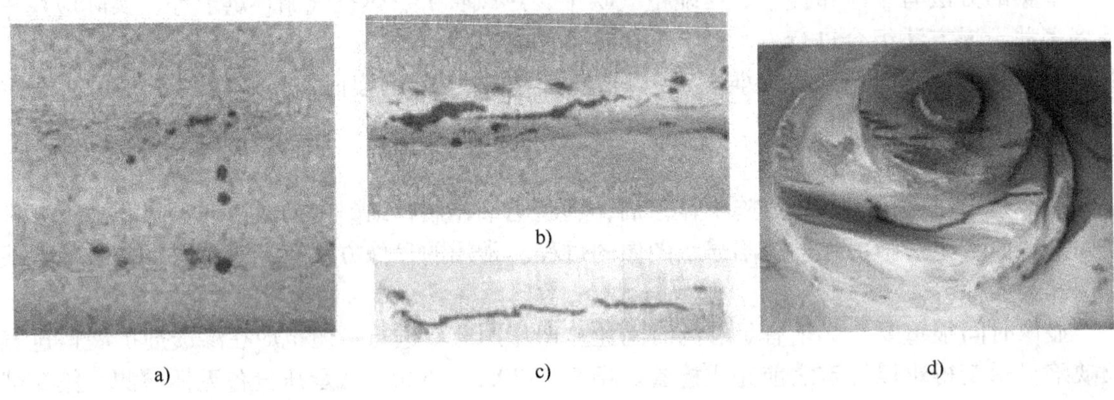

图 5-37　焊接接头渗透检测缺陷迹痕显示举例

a）焊缝上焊接气孔的迹痕显示　b）、c）、d）焊缝裂纹显示

缺陷迹痕显示举例。

对于能够确定为由裂纹类缺陷（裂纹、白点）引起的缺陷显示，可直接评定为不允许的缺陷显示。长宽比大于 3 的一般按线性缺陷评定、处理；长宽比小于或等于 3 的缺陷显示，一般按圆形缺陷评定、处理。圆形缺陷显示的直径一般是指其在任何方向上的最大尺寸。

（3）记录　非相关显示和虚假显示不必记录和评定。对缺陷显示迹痕进行评定后，有时需要将其形貌记录下来，一般记录方式如下：

1）草图记录。画出工件草图，标注出缺陷的相应位置、形状和大小，并说明缺陷的性质，这是最常见的记录方式。

2）照相记录。在适当光照条件下，用照相机直接把缺陷拍摄下来。

3）可剥性塑料薄膜等方式记录。溶剂蒸发后会留下一层带有显示的可剥离的薄膜层液体，显像剂显像后，将其剥落下来并贴到玻璃板上保存起来。

4）录像记录。在适当的光照条件下，采用模拟或数字式录像机完整记录缺陷迹痕显示的形成过程和最终形貌。

5.2.5　渗透检测通用工艺规程和工艺卡

渗透检测通用工艺规程是用于指导渗透检测工程技术人员和实际操作人员进行渗透检测工作，处理检测结果，进行质量评定并作出合格与否的结论，从而完成渗透检测任务的技术文件。

渗透检测通用工艺规程应根据相关法规、安全技术规范、技术标准、有关技术文件，并针对本单位的产品结构特点和检测能力进行编制。渗透检测通用工艺规程应涵盖本单位（制造、安装或检验检测单位）产品的检测范围。

渗透检测通用工艺规程至少包括以下内容：适用范围，引用标准、法规，检测人员资格，检测设备、器材和材料，检测表面准备，检测时机，检测工艺和检测技术，检测结果的评定和质量等级，检测记录、报告和资料存档，编制（级别）、审核（级别）和批准人，制定日期等。

渗透检测工艺卡是针对某一具体产品或产品上的某一部件，依据渗透检测通用工艺规程和被检工件的技术要求，专门制订的有关检测技术细节和具体参数条件的工艺文件。

表5-17是特种设备渗透检测工艺卡的示例。

表5-17 特种设备渗透检测工艺卡　　编号：

产品/工件名称		规格尺寸		热处理状态		检测时机	
被检表面要求		材料牌号		检测部位		检测比例	
检测方法		检测温度		标准试块		检测方法标准	
观察方式		渗透剂型号		乳化剂型号		清洗剂型号	
显像剂型号		渗透时间		干燥时间		显像时间	
乳化时间		检测设备		黑光辐照度		可见光照度	
渗透剂施加方法		乳化剂施加方法		渗透剂去除方法		显像剂施加方法	
水洗温度		水压		验收标准		合格级别	
渗透检测质量评级要求							
示意图							
工序号	工序名称	操作要求及主要工艺参数					
1	预清洗						
2	渗透						
3	去除多余渗透剂						
4	干燥						
5	显像						
6	观察及评定						
备注							
编制人及资格				审核人及资格			
日期				日期			

5.3 涡流检测

涡流检测（ET，Eddy Current Testing）是利用电磁感应原理，通过测定被检导电工件在交变磁场激励作用下所感生的涡流特征，来检测该试件中有无缺陷或评定其技术状态的无损检测方法。

5.3.1 涡流检测原理及特点

1. 涡流检测的原理

如图 5-38a 所示，若给线圈通以变化的交流电，根据电磁感应原理，穿过金属块中若干个同心圆截面的磁通量将发生变化，从而会在金属块内感应出交流电。由于这种电流的回路在金属块内呈漩涡状，故称涡流。

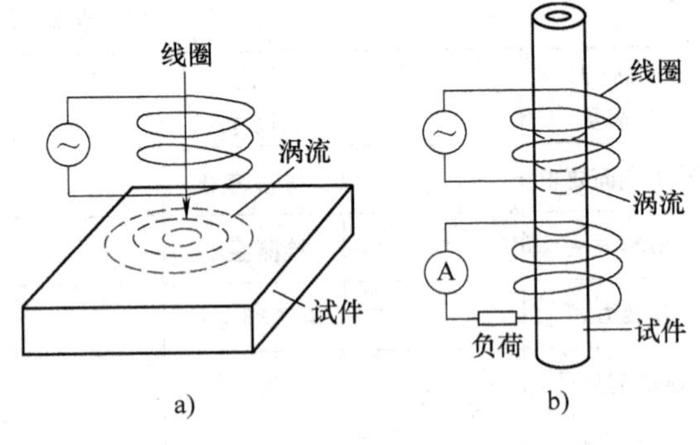

图 5-38　涡流的产生

如图 5-38b 所示，当直流电通过一圆柱导体时，导体所有截面上的电流密度均相同；当交流电通过圆柱导体时，各横截面上的电流密度则不同，表面的电流密度最大，越到圆柱体中心电流密度越小，这种现象称为趋肤效应。

如图 5-39 所示，将一通以交变电流的检测线圈靠近导电体时，在距导电体表面一定深度处将感生出涡流。此涡流将产生一感应磁场，并反作用于原激励磁场，使检测线圈（激励线圈）的磁场特性发生变化，其结果是导致检测线圈的复阻抗等参数发生改变。此复阻抗包含了试件的各种信息，当试件内存在缺陷时，涡流的流动将发生畸变，如果能检测出这种畸变信息，就能判定试件中有关缺陷的情况。

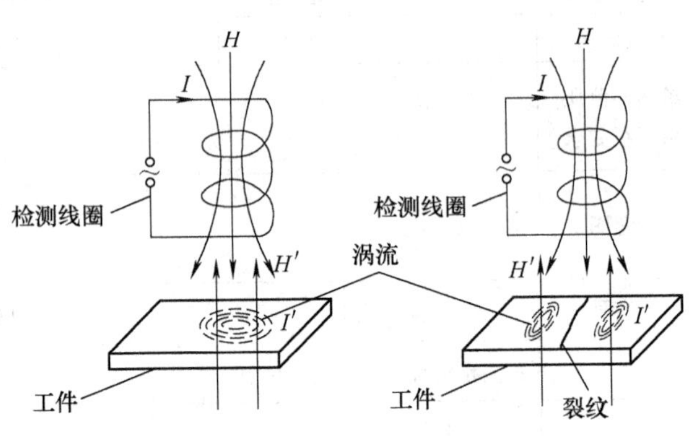

图 5-39　涡流检测的基本原理

但是，由于趋肤效应的存在，使交变电流激励磁场的强度及感生涡流的密度，从被检材料或工件的表面到其内部按指数分布规律递减。在涡流检测中，将涡流密度衰减为其表面密度的 1/e（36.8%）时所对应的深度定义为渗透深度，用 h（mm）表示。

由于被检工件表面以下 $3h$ 处的涡流密度仅约为其表面涡流密度的 5%，因此，通常将 $3h$ 作为实际涡流检测所能达到的极限深度。因而，涡流检测是一种表面及近表面缺陷的检测方法。

2. 涡流检测的特点

与其他无损检测方法比较，涡流检测的主要优点如下：

1）对导电体材料表面和近表面缺陷的检测灵敏度较高。

2）应用范围广，对影响感生涡流特性的各种物理和工艺因素均能实施检测。

3）在一定条件下，能反映有关裂纹深度的信息。

4）不需要耦合剂，易于实现管、棒、线材的高速、高效自动化检测。

5）可在高温、薄壁管、细线、零件内孔表面等其他检测方法不适用的场合实施检测。

涡流检测的局限性在于：只能检测导电材料；影响因素众多；信号解释困难，检测结果不够直观；只能检测表面或近表面缺陷；对形状复杂的试件检测有困难；一般只能判定缺陷的有无，缺陷定性、定位、定量都比较困难。

5.3.2　涡流检测器材与设备

涡流检测以检测线圈的阻抗分析为基础，通过监测检测线圈视在阻抗的变化，推断被检工件的技术状态，这是涡流检测的基本思路。

1. 传感器

涡流检测传感器又称探头，其主要功能是在被检试件中激发出涡流，并检测涡流反作用后的原磁场的变化。传感器是涡流检测的关键设备，其性能高低对检测结果影响很大。

目前，最常用的涡流检测传感器是检测线圈。为适应不同工件的检测要求，研制开发了多种形式不同、功能各异的检测线圈，其主要形式及使用特点见表5-18。

表5-18　检测线圈的形式及使用特点

分类		形式	使用特点
穿过式			检测速度快，广泛应用于管、棒、线材的自动检测
内插式			适用于管子内部及深孔部位的检测，试件中心线应与线圈轴线重合
探头式			带有磁心，具有磁场聚焦性质，灵敏度高，但灵敏区小。适用于板材和大直径管材、棒材的表面检测
自比式	自感式	线圈 1 2	采用两个相邻的相同线圈来检验同一试件两个部位的差异，能抑制试件中缓慢变化的信号，检测缺陷的突然变化。检测时，试件传送时的振动及环境温度对其影响较小；但无法检出试件上从头到尾的长裂纹（假定其深度相同）
	互感式	初级线圈 1 2 次级线圈	

（续）

分类		形式	使用特点
它比式	自感式	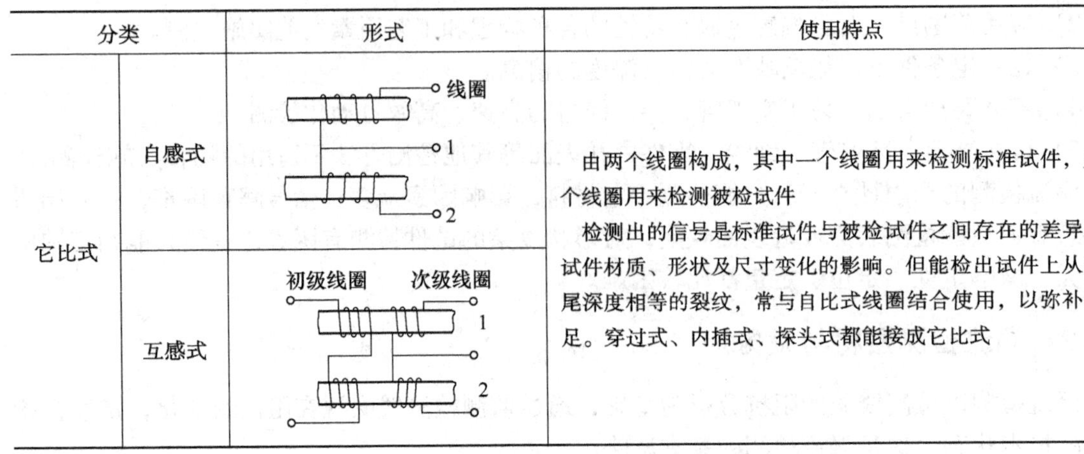	由两个线圈构成，其中一个线圈用来检测标准试件，另一个线圈用来检测被检试件 检测出的信号是标准试件与被检试件之间存在的差异，受试件材质、形状及尺寸变化的影响。但能检出试件上从头到尾深度相等的裂纹，常与自比式线圈结合使用，以弥补其不足。穿过式、内插式、探头式都能接成它比式
	互感式		

2. 涡流检测仪主机

涡流检测仪主机的主要功能是为涡流传感器提供电激励，接收来自传感器的反馈信号，并输出检测结果。图 5-40 所示为涡流检测仪主机的典型构成，一般包括振荡器、信号检出电路、放大器、显示器等基本模块。此外，为提高涡流检测仪的抗干扰能力，一般还设有同步检波器（又称相敏检波器）、滤波器、幅度鉴别器等模块。

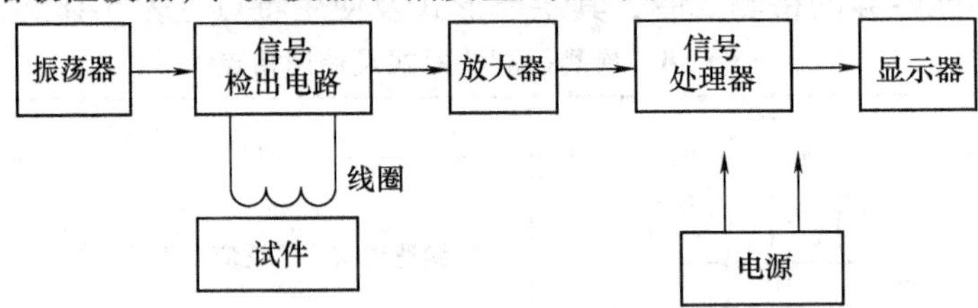

图 5-40　涡流检测仪主机的典型构成

涡流检测仪的工作原理是：振荡器产生的各种频率的振荡电流流经检测线圈，线圈产生交变磁场并在试件中感生涡流；同时，导电试件中的涡流会使检测线圈的电性能发生变化，通过信号输出电路将（包含待测信息的）检测线圈电性能的变化转变成电信号输出，经放大器放大，信号处理器消除各种干扰后，输入显示器显示检测结果。

图 5-41 所示为涡流检测仪及探头外形图。

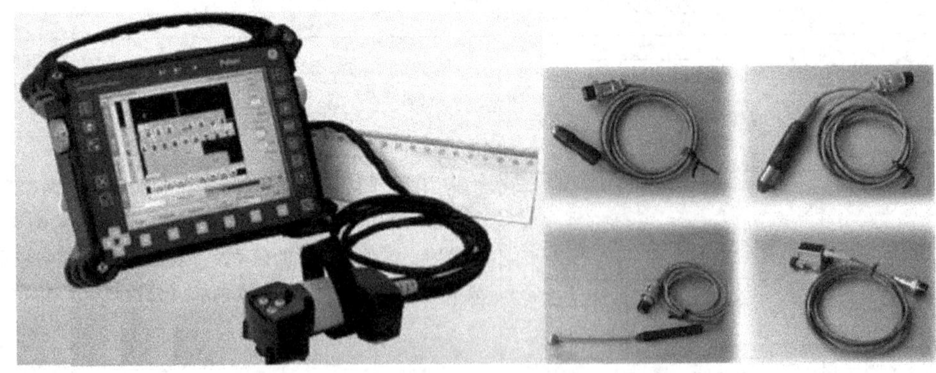

图 5-41　涡流检测仪及探头外形图

3. 对比试样

对比试样就是含有特定人工缺陷的标准试件。对比试样可用来设定或调整检测装置的灵敏度，确定检测仪上各旋钮的位置，还可用来定时地校核检测装置的灵敏度，使其维持在规定的电平上。

用于制备对比试样的钢管应与被检件的公称尺寸相同，化学成分、表面状况及热处理状态应相似，且具有相似的电磁特性。对比试样的表面应无氧化皮等影响校准的缺陷。

一般对比试样的人工缺陷有两种，即穿过管壁并垂直于钢管表面的孔和平行于钢管纵轴且侧边平行的槽口。对比试样上人工缺陷的位置、尺寸和加工要求，应满足相应的标准或其他技术文件的要求。

图5-42所示为几种常见的对比试样。

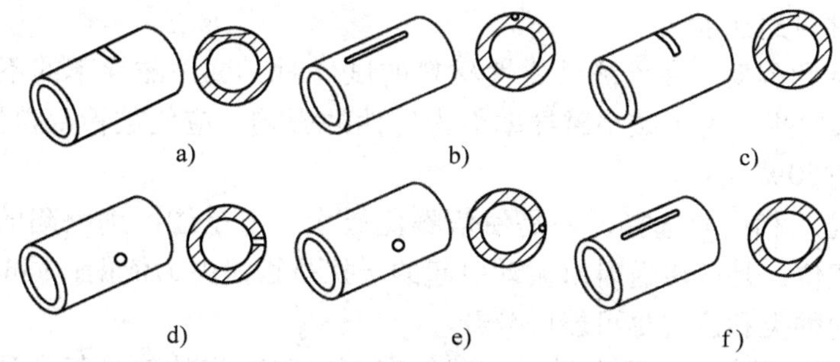

图5-42 几种常见的对比试样

a）平底铣槽 b）矩形槽 c）圆周铣槽 d）通孔 e）平底孔 f）V形槽

5.3.3 涡流检测的一般程序

1. 检测前的准备工作

1）根据被检工件的材质、形状、尺寸、数量，以及检测的目的和要求（灵敏度、效率）等，正确选择涡流检测设备和检测方法。

① 穿过式线圈由于线圈产生的磁场作用在试样外壁，因此检出外壁缺陷的效果较好。一般来说，其对内壁缺陷的检出灵敏度比外壁要低；厚壁管材的内壁缺陷则不能使用穿过式线圈来探伤。

② 内插式线圈是放在管子内部的实心圆筒形线圈，专门用来检测厚壁管子内壁或钻孔内壁的缺陷。

③ 探头式线圈是放置在试样表面上进行检测的，由于其体积小，故磁场作用范围也小，适宜检测尺寸较小的表面缺陷，也可对大直径管、棒材表面进行扫查检测。这种线圈不用于形状复杂的机械零件的检测。

④ 对检测管、棒、线材的穿过式线圈来说，线圈的填充系数 η 是一个影响缺陷检出率的参数，要求使用填充系数尽可能高的线圈。一般来说，η 应大于0.6。其公式为

$$\eta = (d/D_a)^2$$

式中 d——导电圆柱体直径；

D_a——检测线圈的内径。

在许多场合，线圈的连接都采用自比式连接形式，可使用自感式线圈，也可使用互感式

线圈。

2）对被检工件进行预处理，除去其表面的油脂、氧化皮及吸附的铁屑等杂物。矫直挠曲严重的管（棒）工件，以免检测线圈在通过工件时被损坏。

3）根据相应的技术条件或标准制备对比试样。

4）对检测装置进行预运行，检测仪通电后必须稳定地运行 10min 以上。

5）对于有传送装置的检测仪，应调整至使试样通过线圈时无偏心、无振动。

2. 确定检测规范

（1）选择检测频率　检测频率一般随透入深度和缺陷及其他参数的阻抗变化。其确定方法是：利用阻抗平面图找出由缺陷引起的阻抗变化最大处的频率，或者缺陷与干扰因素阻抗变化之间相位差最大处的频率，将其作为检测频率。

（2）确定工件传送速度

（3）调整磁饱和程度　在检测铁磁性材料的试件时，试件磁导率的不均匀性将引起噪声，从而影响检验结果。为了减小磁导率不均匀性的影响，应使被检部位置于直流磁场中，达到磁饱和状态的 80% 左右。

（4）调整相位　相位的选择，一是使信噪比最大，二是能区别缺陷的种类和位置。选择信噪比最大的相位，是以传送时由振动引起的干扰是否消失为依据；同时，相位的选择也应考虑到使缺陷的种类和位置尽可能区分开。

（5）确定滤波器频率　一般来说，由试件表面缺陷产生的信号频率是高频成分，且受缺陷大小、传送速度的影响；而由试件尺寸、材质变化和传送振动产生的干扰信号是低频；外来噪声及仪器本身的频率则更高。通常滤波器频率的调整应从试验中求得。

（6）调整幅度鉴别器　振幅小的干扰信号可以通过幅度鉴别器加以消除，其调整应在相位、滤波器频率调定后进行。

（7）调定平衡电路　桥路的平衡是指使没有缺陷的对比试样通过检测线圈，将桥路的输出调节为零。调节时，仪器灵敏度应处于最低位置，依次反复调节两个平衡旋钮，直到电表或阴极射线管的输出等于零；然后逐步提高仪器灵敏度，再依次反复调节这两个旋钮，直至到达所规定的灵敏度为止。

（8）调定灵敏度　灵敏度调节是指将对比试样上人工缺陷信号的大小调节到规定的电平。仪器灵敏度的选择，一般是将规定的人工缺陷在记录仪上的指示高度调整到记录仪满刻度的 50% ~60%。

3. 检测

在选定的检测规范下进行检测，应尽量保持固定的传送速度，同时使线圈与试件的距离保持不变。在连续检测过程中，应每隔 2h 或在每批检测完毕后，用对比试样校验仪器。

4. 分析检测结果

根据仪器的指示和记录器、报警器、缺陷标记器指示出来的缺陷，判断检测结果。如果对所得到的检测结果有疑问，应重新进行检测或用目视、磁粉、渗透和破坏性等方法加以验证。

5. 后处理

（1）消磁　为避免试样剩磁对后道加工或检测产生不良影响，或影响其他检测仪器，或造成试样之间及与其他物件的摩擦，铁磁性材料经饱和磁化后必须消磁。

消磁采用交流消磁，消磁线圈的场强应比磁饱和场强高。消磁后，可用测磁器或高斯计来确定消磁情况。

（2）标记和记录　凡是合格的试样，检测完毕后应做上标记。

对于检测结果，应进行记录、分析处理，并编制检测报告。检测报告一般应包括试样规格、数量，检验标准，检验日期，检验仪器及编号、检验线圈，检验规范，对比试样（包括人工缺陷的种类、尺寸和加工方法），判废标准，记录结果，检验人员的资格等。

5.3.4 涡流检测通用工艺规程和工艺卡

涡流检测通用工艺规程是根据检测标准编制的规定采用涡流检测方法或技术对一类产品或零件有效实施检测工作的最低要求的技术文件。检测工艺卡是针对具体的材料或零件，依据相关的检测规程或标准编制的，用于指导涡流检测人员逐步实施检测工作的作业指导书。

涡流检测工艺卡示例见表5-19。

表5-19　涡流检测工艺卡

零件名称		材料	
仪器		探头及编号	
仪器检测参数 频率： 相位： 增益： 垂直/水平比： 线圈形式		对比试样及图示	
检测步骤		零件示意图及扫查方式	
说明（必要时）			

编制人/日期/级别	审核人/日期/级别	批准人/日期

习　　题

一、填空题

1. 磁粉检测、渗透检测和涡流检测都属于________无损检测。

2. 所谓磁粉检测，就是利用磁粉在缺陷________处的聚集，得到放大且对比度更高的________，以显示试件________与________缺陷的无损检测方法。

3. 用荧光磁粉进行检测时，须在紫外光灯（又称黑光灯）下观察磁痕，它适用于任何颜色的受检表面，其检测结果容易观察、检测灵敏度高、检测速度快。荧光磁粉多用于________法检测。

4. 磁粉检测标准试片和标准试块用来定期检查系统的________。我国使用的标准试片有________型、________型、________型和 M_1 型四种。

5. 交叉磁轭法使用的磁粉检测仪有四个磁极，可在工件表面产生________磁场，这种多向磁化技术可以检测出非常小的缺陷。

6. 在磁粉检测中，常根据磁化工件与施加磁粉的相对时机，将检测方法分为________法和________法两种。________法既可用于干法检测，也可用于湿法检测。

7. 工件经磁粉检测后会留下剩磁，因而需要进行使剩磁回零的退磁工作，常用的退磁方法是________法和________法。

8. 渗透检测的局限性在于只能检测表面________缺陷。

9. 按染料成分分类，渗透剂可分为________渗透剂、________渗透剂与________渗透剂三大类。

10. ________是指带有人工缺陷的试件。它是用于衡量渗透检测材料和检测工艺所能达到的灵敏度的器材。

11. 一般渗透检测工艺规定：在 10 ~ 50℃ 的温度下，施加渗透剂的渗透时间一般不得少于________min。

12. 就荧光渗透剂而言，光滑表面优先选用________显像剂；粗糙表面应优先选用干式显像剂；其他表面应优先选用溶剂悬浮型显像剂，然后是干式显像剂，最后考虑水悬浮型或水溶解型显像剂。

13. 渗透检测显示一般分为三种类型：由缺陷引起的________显示，由工件结构等原因引起的________显示，以及由于表面未清洗干净而残留了渗透剂等所引起的________显示。

14. 涡流检测就是利用________原理，通过测定被检导电工件在交变磁场激励作用下所感生的涡流特征，来无损地检测该试件中有无缺陷或评定其技术状态的无损检测方法。

15. 涡流由于存在________效应，因而涡流检测是一种表面及近表面缺陷的检测方法。

二、简答题

1. 简述磁粉检测的原理及特点。
2. 简述磁粉检测连续法和剩磁法的工艺流程。
3. 简述渗透检测的基本原理及特点。
4. 简述渗透检测的基本步骤。
5. 简述涡流检测的基本原理。

第6章　非常规无损检测技术

【学习目标】

1）熟悉各种焊接接头非常规无损检测技术的基本原理及特点。

2）了解各种焊接接头非常规无损检测技术使用的仪器及器件；了解它们的基本应用。

随着物理学、材料学、电子学、计算机技术、信息技术及人工智能等学科的发展，出现了许多非常规无损检测技术。由于其具有常规检测方法所不能取代的某些优势，因此得到了日益广泛的应用。本章简要介绍检测焊接接头质量的一些现代非常规无损检测新技术。

6.1　声发射检测技术

声发射是一种常见的自然现象。材料或结构受外力或内应力作用发生变形或断裂，或内部缺陷状态发生变化时，以弹性波方式释放出应变能的现象称为声发射（AE，Acoustic Emission）。大多数材料在变形和断裂时有声发射发生，但许多材料的声发射信号强度很弱，人耳不能直接听见，需要借助灵敏的电子仪器才能检测出来。用仪器代替人耳检测、分析声发射信号和利用声发射信号推断声发射源的技术称为声发射技术。

1. 声发射检测原理、应用及特点

声发射检测技术是一种评价材料或构件损伤的动态无损检测技术，它通过对声发射信号的处理和分析来评价缺陷的发生和发展规律，并确定缺陷的位置。声发射现象的实质是物体在外界条件下，其缺陷或异常部位因应力集中而产生变形或断裂，并以弹性波形式释放出应变能。声发射需要具备两个条件：一是材料要受外载作用，二是材料内部结构或缺陷要发生变化。

基于以上原理，就可以利用声发射检测技术，获得材料的微观变形、开裂及裂纹发生和发展的动态信息。声发射源往往是材料灾难性破坏的发源地，由于声发射现象往往在材料破坏之前就会出现，因此只要及时捕捉这些信息，根据其声发射信号的特征及发射强度，就可以推断声发射源的目前状态及形成历史，并对其发展趋势进行预测。

声发射检测技术主要用于以下几个方面：机械制造过程中的在线监控、压力容器的安全性评价、油田应力测量、结构完整性评价、复合材料特性研究、泄漏检测、焊接构件疲劳损伤检测等。

与常规无损检测方法相比，声发射检测具有如下特点：

1）声发射检测仪可显示和记录那些在力的作用下扩展的危险缺陷，不同于常规检测方法按缺陷尺寸进行评判的做法，按其活动性和声发射强度进行评价。

2）声发射检测对扩展中的缺陷有很高的灵敏度，可以探测到零点几微米数量级的裂纹增量。

3）可将若干声发射传感器固定在工件表面，构成几个阵列来检测整个工件，不需要使传感器在工件表面移动。因此，声发射检测对工件表面状态和加工质量要求不高。

4）缺陷尺寸及其在焊缝中的位置和走向不影响声发射检测结果。

5）声发射检测与射线检测超声检测相比，其受材料的限制比较小。例如，对于奥氏体钢焊缝的凝固组织裂纹，特别是热裂纹，采用 X 射线和超声检测都有较大困难，但声发射检测却有极大的优越性。

2. 声发射检测仪器及器件

（1）模拟式声发射仪　模拟式声发射仪的工作原理如图 6-1 所示。发射仪由信号接收（传感器）、信号处理（包括前置放大器、主放大器、滤波器及与各种处理方法相适应的仪器）和信号显示（各种参数显示装置）三部分组成。图 6-2 所示是一种便携式声发射检测仪。

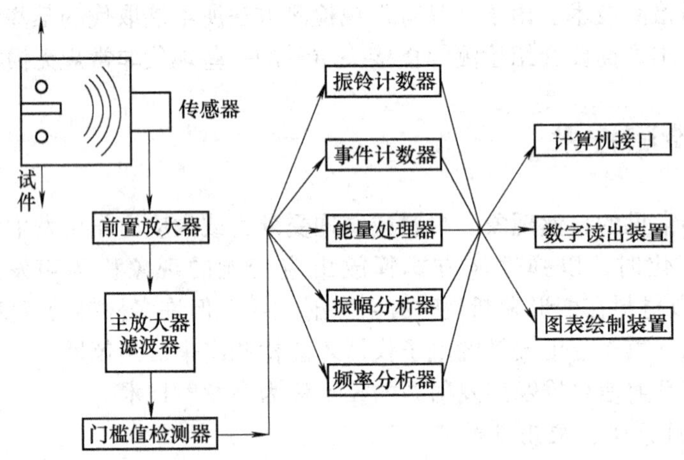

图 6-1　模拟式声发射仪工作原理图

声发射信号的检测过程如图 6-3 所示。声发射信号是物体受到外部条件作用，其状态发生改变而释放出来的一种瞬时弹性波。传感器用来接收声发射信号；前置放大器对传感器输出的非常微弱的信号（有时只有十几微伏）进行放大，以实现阻抗匹配；滤波器用来选择合适的频率窗口，以消除各种噪声的影响；主放大器进一步放大滤波后的声发射信号，以便记录、分析和处理。

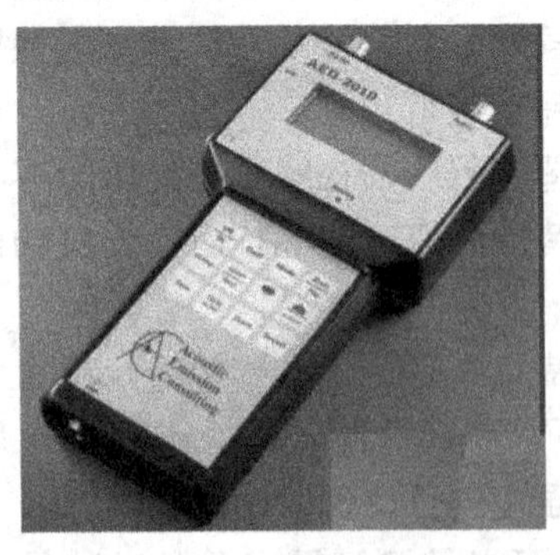

图 6-2　便携式声发射检测仪

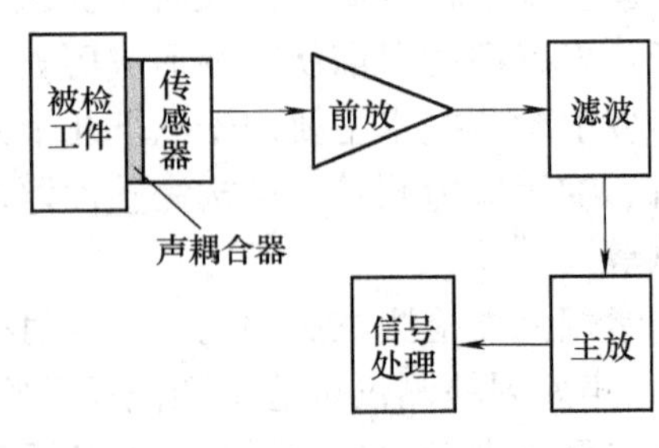

图 6-3　声发射信号的检测过程

声发射信号的表征参数是针对仪器输出波形而言的，这些参数主要有声发射事件计数、平均事件计数、振铃计数、平均振铃计数、振铃事件比、幅度分布、能量和能量率等。声发射信号的处理方法通常有振铃法、事件法、能量分析法、振幅分析法及频率分析法等几种。

（2）数字式声发射仪　这是一种全数字式声发射系统，近几年得到了迅速发展，其工作原理如图 6-4 所示，图 6-5 所示为其外形图。

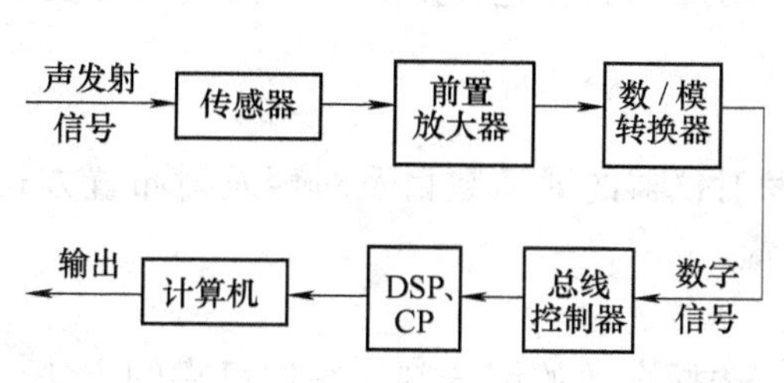

图 6-4　数字式声发射仪工作原理图

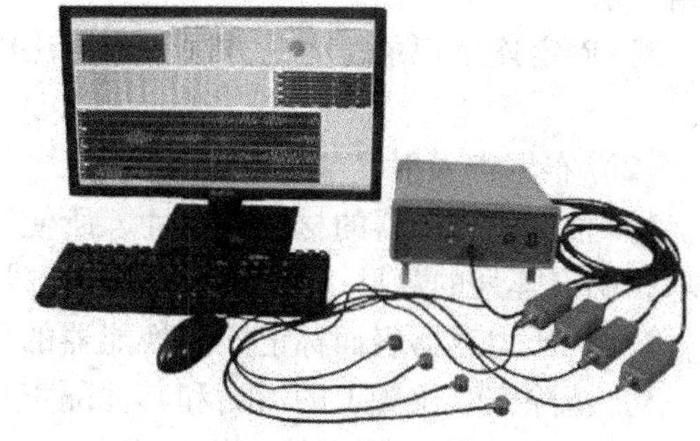

图 6-5　数字式声发射仪外形图

传感器接收的声发射信号经前置放大器后，进入数/模转换器转换为数字信号，并进行声发射信号的特征提取和瞬态数据存储，再经过总线控制器进入数字信号处理器 DSP 和 CP 控制面板，然后输入计算机中，由计算机输出全部数字式参数。

（3）声发射换能器　声发射换能器是声发射检测中一个非常重要的器件，它的任务是接收声发射信号并将其转换为电信号。声发射换能器以压电式换能器的应用最为广泛，它一般由壳体、压电元件、阻尼块、导线和高频插座等组成，图 6-6 所示为声发射换能器结构图，图 6-7 所示为其外形图。

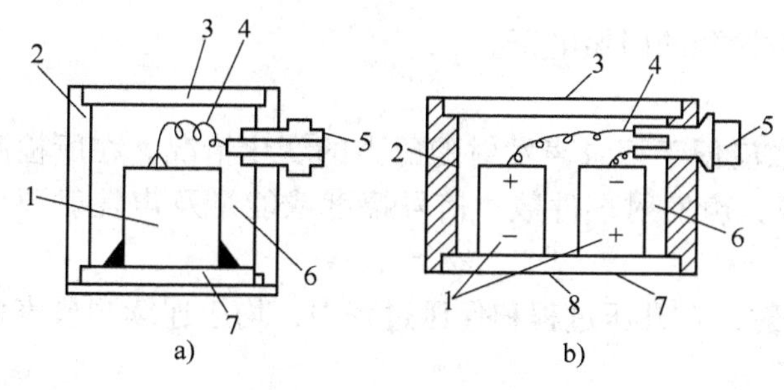

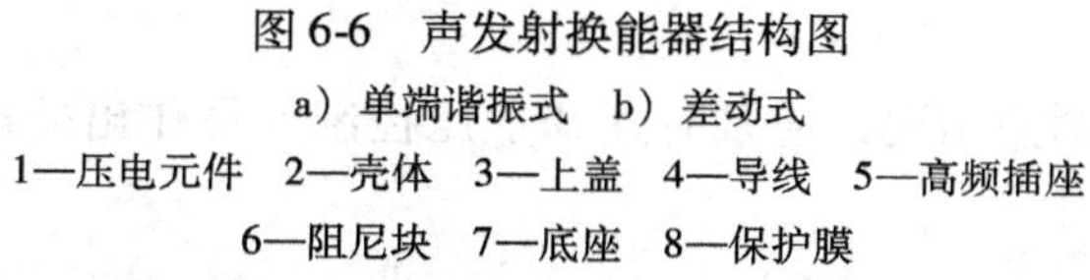

图 6-6　声发射换能器结构图

a）单端谐振式　b）差动式

1—压电元件　2—壳体　3—上盖　4—导线　5—高频插座

6—阻尼块　7—底座　8—保护膜

图 6-7　声发射换能器外形图

压电元件是声发射换能器的关键元件，其材料以具有较大的压电模数、高的强度、稳定的性能和较高的居里点（270 ~ 400℃）的锆钛酸铅最为常用。

3. *声发射检测程序*

现以压力容器升压过程中的声发射检测为例，说明声发射检测的一般程序。

（1）准备工作　关于被检测的压力容器，声发射检测人员必须了解以下情况：

1）该压力容器的安装情况、周围环境情况和各种可能的噪声来源。

2）熟悉压力容器的结构、形状和尺寸，明确焊缝的位置和预计的薄弱部位。

3）了解压力容器的材料及热处理情况，熟悉该材料的声发射特性。

4）了解压力容器试验时的加压装置，确定声发射检测人员与加压装置控制人员之间的联络方法。

5）确定连续记录压力的方法，该方法应能表明加压的全过程及其与声发射各参数的关系。

（2）布置声发射换能器

1）根据压力容器的材料和尺寸、所使用声发射仪器的通道数目及对声发射布置方式的要求，确定阵列的数目、大小，布置换能器的位置。

2）在压力容器表面标记安装换能器的位置。

3）清除安装位置上的污垢和其他隔声材料，选择合适的耦合剂，采用可靠的方法，使换能器与压力容器之间保持良好的耦合。

4）用模拟声发射源逐个检查换能器的耦合质量和耦合的一致性。

5）用模拟声发射源检查换能器阵列的大小是否合适，并测量出换能器之间的距离。

（3）校准声发射仪器

1）根据材料的声发射特性、试验人员的经验及模拟声发射源的检验结果，确定正式试验时声发射系统的总增益。

2）用模拟声发射源在容器的监视区域输入模拟声发射信号，用示波器观察主放大器的输出，调整各个换能器通道的增益，使各通道的检测灵敏度一致。

3）测量每个通道背景噪声的强度，设法排除强的噪声源。测量噪声时，应使压力容器内保持有与升压试验时同样的填充物。

4）根据背景噪声的强度，调整声发射检测的门槛电压。

（4）试验

1）确定声发射检测的参数，这些参数应便于记录声发射随压力的变化情况。在所检测的声发射参数中，最好包括以下三个参数：声发射事件数、信号幅度或能量及声发射源位置。

2）至少应在升压前 2s 开始测量声发射，在升压过程和保压过程中，均应连续测量声发射情况。

3）在升压初期，应特别注意噪声的发生，如遇到强的噪声，应设法将其排除后再进行升压试验。

4）在试验过程中，如遇到反常情况和紧急情况，应及时通知加压控制人员作出处理决定。

（5）分析试验结果和填写报告

1）根据声发射检测结果推断声发射源，按照有关标准对声发射源进行分类。

2）对重要的、值得注意的缺陷应进行超声检测或其他检测。

3）填写书面试验报告。试验报告中应有以下内容：试验目的、试验地点及时间、压力容器的准备情况、声发射检测系统、换能器的安装及阵列布置、声发射仪器的校正方法及校正结果、背景噪声情况、升压经过、升压和保压过程中声发射的情况、声发射的分析结果、试验人员及试验日期。

4. 压力容器缺陷的检测和评价

新制造、在役及在线压力容器的声发射检测与评价过程分别如图 6-8 ~ 图 6-10 所示。

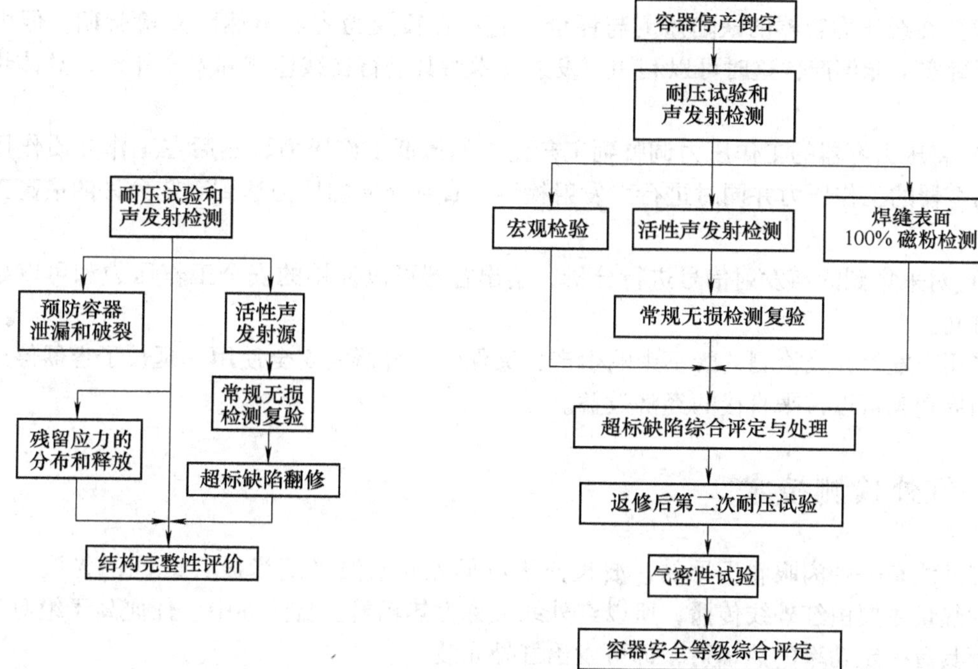

图 6-8　新制造压力容器的声发射检测与评价过程框图

图 6-9　在役压力容器的声发射检测与评价过程框图

(1) 在役压力容器缺陷监测与评价　采用声发射技术对在役压力容器进行缺陷检测和评价的步骤如下：

1) 将容器停产倒空，不开罐首先直接进行耐压试验（试压介质一般为水，也可采用其他液态或气态介质）和声发射检测，根据声发射检测结果确定容器壳体上有意义的活性声发射源部位。

2) 利用宏观（目视）检验，磁粉、渗透、超声等常规无损检测方法对声发射源部位进行复验，排除声发射源干扰信号，找出壳体上存在的活性缺陷。

3) 对容器焊缝的内、外表面进行 100% 的磁粉检测，发现并消除那些在声发射检测过程中不活动的表面裂纹。

4) 按在役压力容器检测规程对容器的内、外表面进行宏观检测和超声测厚检测。

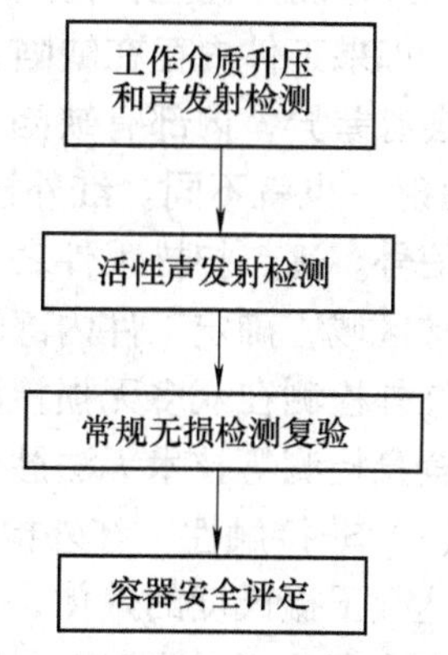

图 6-10　在线压力容器的声发射检测与评价过程框图

5）对声发射检测发现的超标缺陷，按活动发展性缺陷进行处理；对常规无损检测发现的超标缺陷，按非活动性缺陷进行处理。

6）对经过返修的压力容器进行第二次耐压试验。

7）进行气密性试验。

8）出具综合检测报告，对压力容器的安全等级进行综合评定。

（2）在线压力容器的缺陷监测与评价　有些在役压力容器虽然已到检验期，但由于生产需要确实不能停产，这时可以利用声发射技术对其进行在线监测和安全评价，具体步骤如下：

1）将压力容器的工作压力调整到工艺允许的最低工作压力，然后在工作介质作用下逐步提高容器的工作压力并同时进行声发射检测，直到介质的压力达到工艺允许的最高工作压力为止。

2）对采集到的声发射信号进行分析，给出容器可以使用的安全工作压力和可以延长的工作时间。

采用声发射在线检测，既不影响生产，又保证了容器的安全使用，延长了容器停产开罐检测的周期，可以带来直接的经济效益。

6.2　红外检测技术

红外线是一种肉眼看不见的，波长介于可见光和微波（毫米波）之间的光波。由于太阳光的热量主要由红外线传播，所以红外线又称为热辐射。自然界中，任何高于绝对零度的物体都具有一定功率的热辐射，即可发出红外光波。

红外检测是利用红外辐射原理，对设备或材料及其他物体的表面进行检验和测量的专门技术，也是采集物体表面温度信息的一种手段。

1. 红外检测原理及特点

红外检测是建立在传热学理论基础上的一种无损检测方法。检测时，将一恒定热流注入工件，如果工件内存在缺陷，由于缺陷区与无缺陷区的热扩散系数不同，则工件表面的温度分布会有差异，内部有缺陷与无缺陷区所对应的表面温度就不同，由此所发出的红外光波（热辐射）也就不同。红外检测仪器可以响应红外光波（热辐射），并将其转换成相应大小的电信号。逐点扫描工件表面，可以得知工件表面温度的分布状态，从而找出工件表面的温度异常区域，确定工件内部缺陷的部位。

红外检测在众多无损检测方法中有其独到之处，可以完成X射线、超声波、声发射及激光全息检测等技术无法胜任的检测，其特点如下。

（1）非接触性　红外检测的实施不需要接触被检目标，被检物体可静可动，可以是温度高达数千摄氏度的热体，也可以是温度很低的冷体。所以，红外检测的应用范围极广，且便于在生产现场对设备、材料和产品进行检测和测量。

（2）安全性极强　红外检测探测的是自然界本身无处不在的红外辐射，所以其检测过程对人员、设备及材料都不会构成任何危害；而检测时又不接触被检目标，因而即使被检目标是对人体有害的物体，也可由于红外检测技术的遥控遥测而避免危险。

（3）检测准确　红外检测的温度分辨率和空间分辨率都可以达到相当高的水平，检测结果的准确度很高，无论是在国外还是国内，不少行业都把红外热像的判读当作“确诊率”的关键。

（4）操作便捷　红外检测设备的检测速度很高。例如，其探测系统的响应时间都是以μs或ms计，扫描一个物体只需数秒或数分钟即可完成，特别是在红外设备诊断技术的应用中，往往是在设备的运行中就已经完成了红外检测，而且检测结果的控制和处理保存也相当方便。

2. 红外检测仪器

红外检测仪器目前分为四类，按检测物体的点、线和面分，有红外点温仪（红外测温仪）、红外行扫仪、红外热电视和红外热像仪。其中，红外点温仪用于检测物体的点温，红外行扫仪用于检测物体的线温，后两种则可以检测物体的二维温度场。

（1）红外点温仪　图6-11所示是典型红外点温仪的工作原理。来自工件的红外光波经光学系统1的反射、聚焦后，由分光镜反射至调制盘2，调制盘将来自工件和标准红外光源5的红外光波轮流交替地送入红外探测器6中，将其转换成相应大小的电信号输出；输出信号经窄带放大器7、参考信号发生器8、同步整流器9和信号处理及显示装置10后，得到工件表面被测点的温度。图6-12所示是一种便携式红外测温仪。

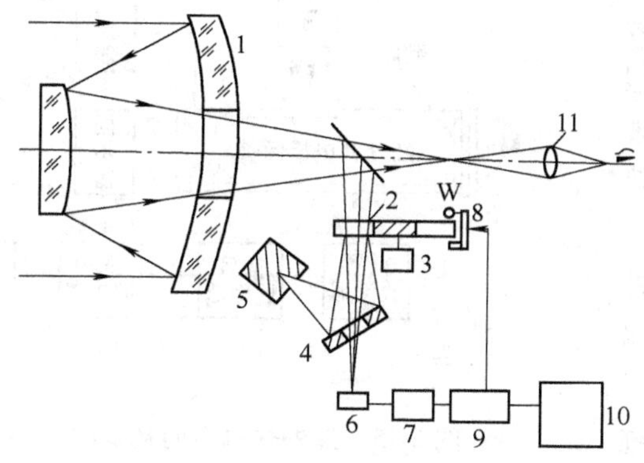

图6-11　红外点温仪的工作原理

1—光学系统　2—调制盘　3—电动机　4—反射镜
5—标准红外光源　6—红外探测器　7—窄带放大器
8—参考信号发生器　9—同步整流器
10—信号处理及显示装置　11—目镜　W—灯泡

图6-12　便携式红外测温仪

（2）红外行扫仪　图6-13所示是红外行扫仪的工作原理图。检测时，将行扫仪对准被测物体，扫描镜将在两个止挡间作周期性的摆动进行扫描。扫描镜的一面将被测物体的可见光透射过去，使操作人员能够观察到视场内目标的可见光图像；扫描镜的另一面则把目标的红外辐射反射到红外聚光镜上，经过汇聚到达红外探测器。被测物体的红外辐射由红外探测器转换为相应的电信号，再经过放大处理后送到LED阵列，使二极管发光；LED阵列的光束通过扫描镜的反射到达显示屏，从而在显示屏上显示出被测物体的可见光图像与一条供读出温度用的红色热模拟迹线的叠加图像。图6-14所示是一种多光谱红外行扫描仪。

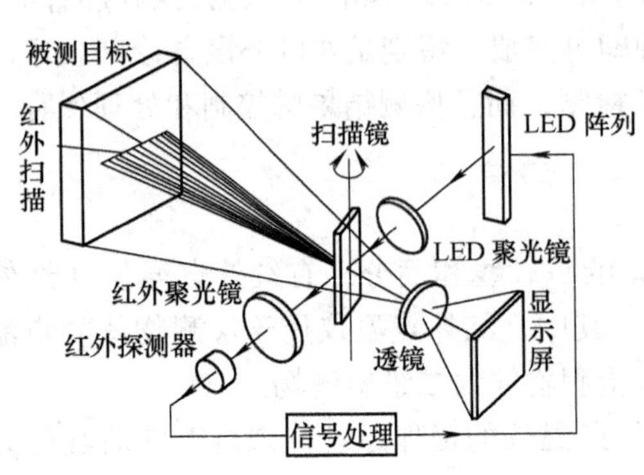

图 6-13　红外行扫仪工作原理图

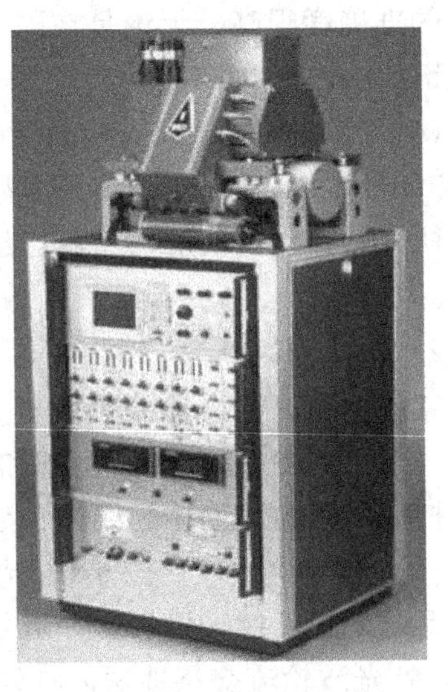
图 6-14　多光谱红外行扫描仪

(3) 红外热电视　红外热电视是利用热释电（热电转换）效应制成的热成像装置，其核心器件是红外热释电摄像管，还包括扫描器、同步器、前置放大器、信号处理器、电源、视频放大器和显示器等。红外热电视的基本结构如图 6-15 所示。

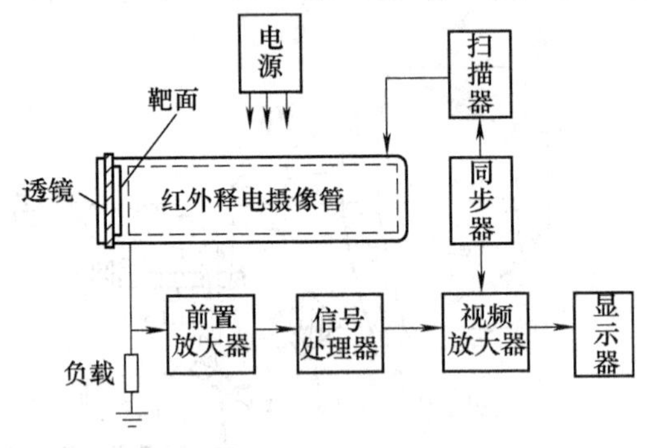

图 6-15　红外热电视的基本结构

(4) 红外热像仪　图 6-16 所示是红外热像仪基本结构框架图。被测物体表面的温度借助于红外辐射发射到红外热像仪的光学系统，被光学系统接收后又被光机扫描系统扫描成像在探测器上，再由红外探测器转换成视频电信号，经过放大后送到终端，显示出被测物体的热图像。

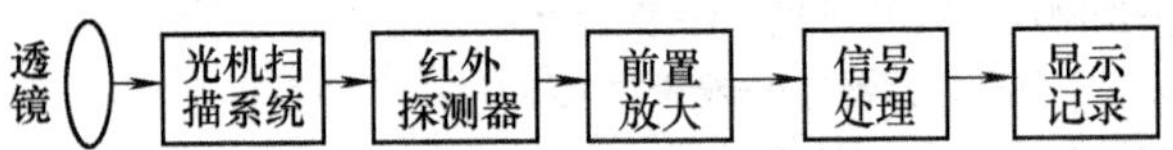

图 6-16　红外热像仪基本结构框图

3. 红外检测方法

红外检测的方法分为两大类，即被动式和主动式。被动式红外检测在设备的红外诊断中应用较多，主动式红外检测又分为单面法和双面法。红外检测仪器的安装和运载方式有固定式、便携式、车载式和机载式（直升机装载）等多种。

(1) 被动式红外检测　所谓被动式，是指进行红外检测时不对被测目标进行加热，仅利用被测目标的温度不同于周围环境温度的条件，在被测目标与环境的热交换过程中进行红外检测。被动式红外检测应用于运行中的设备、元器件和科学试验中。由于它不需要附加热源，因此生产现场基本都采用这种方式。

（2）主动式红外检测　主动式红外检测是在进行红外检测之前对被测目标主动加热，加热源可来自被测目标的外部或在其内部，加热方式有稳态和非稳态两种。红外检测根据不同情况可在加热过程当中进行，也可在停止加热后一定时间进行。

1）单面法。对被测目标的加热和红外检测在被测目标的同一侧面进行。

2）双面法。相对于单面法而言，双面法是指对被测目标的加热和红外检测分别在目标的正、反两个侧面进行。

（3）加热方式

1）稳态加热。将被测目标加热到其内部温度达到均匀稳定的状态时，再将其置于一个低于（或高于）该温度的环境中进行红外检测。这种方式多用于材料的质量检测，如当被测物内部有裂纹、孔洞或脱粘等缺陷时，被测物与环境的热交换中的热流将受到缺陷的阻碍，其相应的外表面就会产生温度变化，与没有缺陷的表面相比会出现温差。

2）非稳态加热。对被测目标加热时，不需要使其内部温度达到均匀稳定状态，而在其内部温度尚不均匀，处于导热状态的过程中即进行红外检测。如将热量均匀地注入被测目标，热流进入目标内部的速度由其内部状况决定，若内部有缺陷，则会成为阻挡热流的热阻，经一定时间后会产生热量堆积，并在其相应表面产生热流异常。缺陷造成的热流变化取决于缺陷的位置、走向、几何尺寸和材料的热物理性能。

4. 红外检测在焊接检测中的应用

焊接接头的红外检测常采用主动式检测方法。图6-17所示是用红外线检查定位焊焊接接头质量的原理图。焊接工艺应保证焊接接头的缺陷只能是部分未焊透。利用红外灯泡1非接触加热焊接接头，采用双面法检测。将接头处加热至80～100℃，在放置热像仪的一侧冷却接头十几秒钟后，在显示装置（荧光屏）上就能很清楚地显示出接头的等温线直径；将它与标准定位焊焊接接头的等温线直径相比，凡等温线直径大于标准定位焊焊接接头等温线直径的接头质量合格，否则说明存在未焊透缺陷。

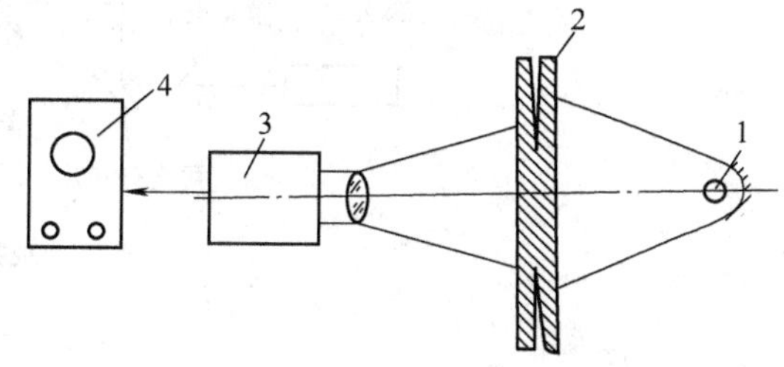

图6-17　用红外线检查定位焊焊接接头质量原理图
1—红外灯泡　2—定位焊焊接接头
3—红外探测器　4—显示装置

6.3　激光全息检测技术

1. 激光全息照相原理

激光全息检测是指利用激光全息照相检测产品的表面和内部缺陷。全息照相是一种对一些具有任意形状目标的漫散射建立完整图像的工艺。全息照相工艺分为两步，即记录与重建。

（1）记录　图6-18a所示为一种全息照相记录过程光路布置简图。激光器射出的激光束通过可变分束片分成两束：一束为参考光束，它经反射镜1和空间滤波器扩束后，再经反射镜2投射到记录介质上；另一束为物体光束，它经空间滤波器扩束后投射到被测物体上，再由物体反射到记录介质上。由于激光具有很高的时间相干性和空间相干性，所以参考光束和物体光束在空间的叠加区域内会发生干涉。将记录介质（如感光乳胶片）插在这一叠加区域的任意位置上，即能记录这些干涉条纹，经处理后就能形成一张全息图。

（2）重建　要想由全息图看到被测物体的图像，必须用一束与参考光束的波长和传播方向完全相同的光束照射全息图，此时可以观察到一幅非常逼真的原物形象（虚像），此形象悬空地再现在全息图后面原来物体的位置上，如图 6-18 所示。

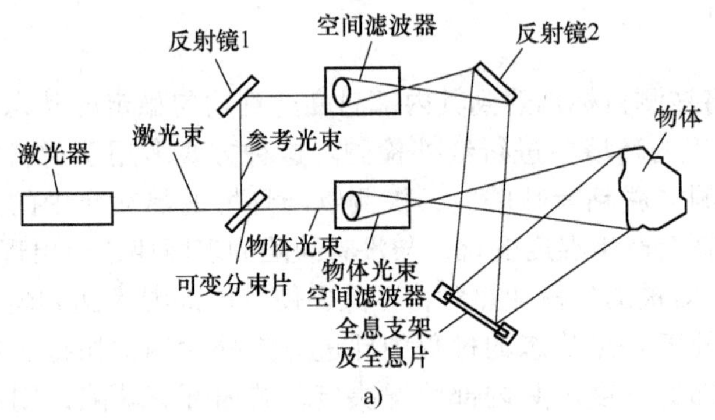

a)

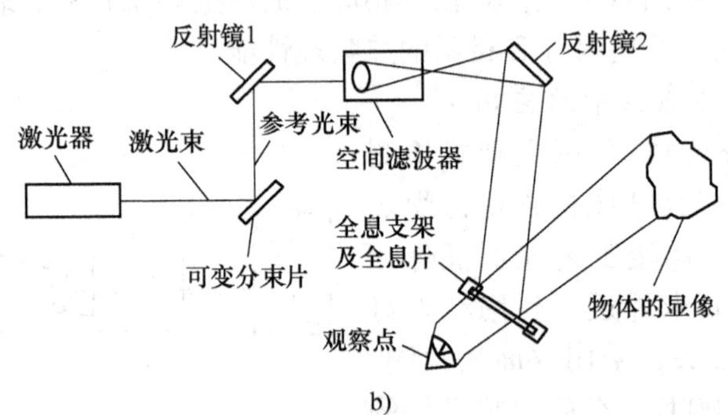

b)

图 6-18　激光全息照相

a）记录　b）重建

可以用光波（包括激光、红外线）、X 射线、超声波和微波等产生全息图。在所有的全息照相方法中，以激光全息照相最为成功。在激光全息照相中，两束激光是由同一个激光器所发出的激光分离而得到的，所以它们具有高度的相干性，产生的干涉条纹相当稳定和清晰。

2. 激光全息检测设备

激光全息检测设备的基本组成有：光源（激光器）、全息照相系统、支持全息系统的台、全息照相光学元件、记录与再现像读出系统。

（1）光源　氦-氖、氮和红宝石激光器最为常用，双频钕-钇铝激光器已日渐广泛地用于脉冲全息照相。

（2）支持全息系统的台　小的、廉价的全息照相系统通常用一个通用的隔振台支持，目前常见的有蜂窝台、厚板台和焊接台，其中蜂窝台由蜂窝夹心壁板制成，应用较广泛。

（3）全息照相光学元件　全息照相光学元件包括曝光控制器、光束分离器（空间控制器）、反射镜、透镜与光具座等。

（4）记录与再现像读出系统 全息照相最常用的记录介质是卤化银乳胶。对再现像进行无损检测分析时，必须将显示的缺陷真实地描绘在被检目标的表面上。此外，还必须对再现像进行翻拍，为此，应配备必要的照相设备以得到优质的翻拍照片。

（5）全息照相系统 常见的全息照相系统包括固定型和便携型两种。对可移动的目标和相应的加应力装置到检测系统作分析时，通常使用固定型系统；便携型全息照相系统能够移至被检目标，而且能以最少的安置时间实施操作。

3. 激光全息检测方法

激光全息检测按观察工件表面微量位移的方法，分为实时法、二次曝光法和时间平均法三种。

（1）实时法 检测时，先用激光全息术摄取一张工件不加载的标准全息图，将此全息图精确地放到原来成像的地方；然后对工件加载，加载后工件的反射光波将与标准全息图的虚像发生干涉。如有缺陷，则有缺陷的地方会出现突然不连续的条纹。由于再现虚像和加载工件反射波之间的干涉度量是在观察时完成的，所以被称为实时法。这种方法的优点是检测过程只需摄取一张全息图，比较经济；其缺点是要将全息图在精度不超过几个激光光波长度的情况下放回原成像处，其难度较大。

（2）二次曝光法 这种方法是在一张全息照片上进行两次曝光，同时记录下工件加载前、后的工件反射波，然后建像观察。如没有缺陷，则干涉图像是连续的，并与工件外形轮廓的变化同步；如有缺陷，则干涉条纹在有缺陷的区域会出现异常情况。

（3）时间平均法 此方法是在工件振动时摄取全息图，在底片曝光时间内，工件要进行许多周期的振动。由于正弦式的振动把大部分时间都消耗在振动工件的两个端点，所以底片上所摄取的是振动工件两端点振动状态的叠加。当再现全息图时，这两个端点振动状态的像将产生一系列的干涉条纹，把振幅相同的轮廓勾画出来。如果工件中有缺陷存在，则干涉条纹图样的状态和分布就会出现异常。

激光全息检测分为连续波激光和脉冲波激光两种技术，其适用性比较见表6-1。

表6-1 连续波激光与脉冲波激光全息干涉技术适用性比较

项目		连续波激光全息干涉技术	脉冲波激光全息干涉技术
被检目标状态	静止	实时法、二次曝光法	单脉冲曝光
	静止与畸变	实时法、二次曝光法	双脉冲曝光
	运动	不适用	单脉冲曝光
	运动与畸变	不适用	双脉冲曝光

4. 激光全息检测在焊接检测中的应用

激光全息检测在焊接检测中，可应用于小型压力容器、蜂窝状夹层和叠层胶接结构件的检测。

图6-19所示是利用激光全息检测技术检测小型压力容器的光路布置图。被检容器7长为360mm，外径为ϕ44mm，壁厚3mm，材质为12Cr18Ni9Ti，筒体纵缝和封头环缝均采用钨极氩弧焊。检测时，容器的一端由虎钳6夹持，呈水平悬臂状态；另一端封头接一挠性进水管。加载时，以每0.98MPa为一台阶。每次升压，均稍停留1min左右以待状态稳定，加载压力最高为14.7MPa。容器外表面涂一层白粉以增加漫反射效果。采用降压方式进行两次曝

光，拍摄全息图。通过对全息图上畸变干涉条纹的分析，可以得知容器筒体上有两条环向裂纹。

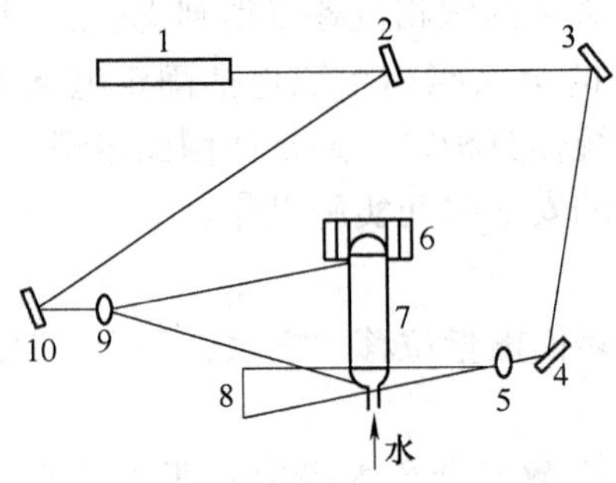

图 6-19　激光全息检测小型压力容器光路布置图

1—氦-氖激光器　2—分光器　3、4、10—反射镜　5、9—扩束镜　6—虎钳　7—被检容器　8—全息胶片

6.4　其他射线检测技术

6.4.1　X 射线实时成像检测技术

X 射线实时成像检测是指利用转换屏接收穿透被检物体后的 X 射线，经过光电增强后，用适当的方法直接将物体的内部结构显示出来，然后直接进行观察。国内外常将其用于钢管、压力容器壳体焊缝的检查，微电子器件和集成电路的检查，汽车、飞机零部件检测，食品包装夹杂物检查及海关安全检查等。总的来说，由于图像噪声和设备能力等方面的影响，这种方法的图像质量和缺陷检出能力远不如 X 射线胶片照相法，因而只能作为一种普查手段，用来验证工艺的合理性和进行质量监控，还不能作为判断焊缝质量合格或不合格的依据。

X 射线实时成像的工作原理是：X 射线透过工件后，经 X 射线图像增强器将不可见的射线转换成可见光图像，再由高对比度和高灵敏度的摄像管摄像，使其在监视器上显示出来，由于物体内部有缺陷和无缺陷处的 X 射线的衰减程度不同，所以根据差异程度不同的二维图像，便可确定物体中有伤或无伤及伤的性质，并可通过照相、录像长期记录其检测结果，如图 6-20 所示。

图像增强器是 X 射线实时成像系统中最重要的部件，其基本结构如图 6-21 所示，它由外壳、射线窗口、输入转换屏、聚焦电极和输出屏等组成。在图像增强器中，通过射线→可见光→电子→可见光的转换过程，可得到比简单荧光屏图像亮度高 30～10 000 倍的可见光图像亮度。然后由数字式摄像机摄取图像，将模拟信号转换为数字信号并送入图像处理器，进行各种图像处理以改善图像质量，处理后的图像送入显示器显示。

与常规射线照相相比，X 射线实时成像技术有以下优点和局限性：

1）工件一送到检测位置就可以立即获得透视图像，检测速度快，工作效率比射线照相高数十倍。

2）不使用胶片，不需处理胶片的化学药品，运行成本低，且不造成环境污染。

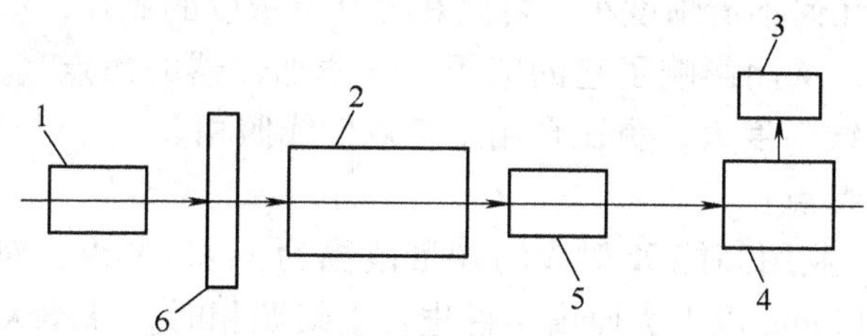

图 6-20　X 射线实时成像原理图
1—X 射线机　2—图像增强器　3—录像机
4—电视监视器　5—摄像机　6—工件

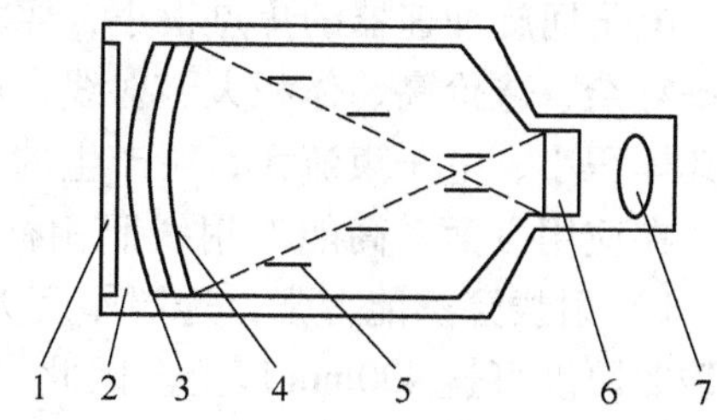

图 6-21　图像增强器的基本结构
1—射线窗口　2—外壳　3—输入转换屏
4—光电层　5—聚焦电极　6—输出屏　7—透镜

3）检测结果可转化为数字化图像用光盘等存储器存放，存储、调用和传送比底片方便。

4）图像质量，尤其是空间分辨率和清晰度低于使用胶片的射线照相。

5）图像增强器体积较大，检测系统应用的灵活性和适用性不如普通射线照相装置。

6）设备一次性投资较大。

7）显示器视域有局限，图像的边沿容易出现扭曲失真。

6.4.2　高能 X 射线照相

能量在 1MeV 以上的 X 射线称为高能射线。工业检测使用的高能射线大多数是通过电子加速器获得的，通常使用两种加速器，即回旋加速器和直线加速器。

如图 6-22 所示，电子回旋加速器本质上是一个变压器，变压器的一次绕组与交流电源连接，产生的电子流由存在于导线中的自由电子构成。环形真空管（环形室）通常是瓷制的，内侧涂有导电的靶层并接地。环形真空管位于产生脉冲磁场的电磁体的两级之间，射入管中的电子由于磁场的作用将在环形通道中加速，被加速的电子在撞击靶之前要环绕轨道转几十万圈，以获得足够的能量。

直线加速器的主体是由一系列空腔构成的加速管，空腔两端有孔，可以使电子从一个空腔进入下一个空腔。图 6-23 所示是直线加速器的总体布置。

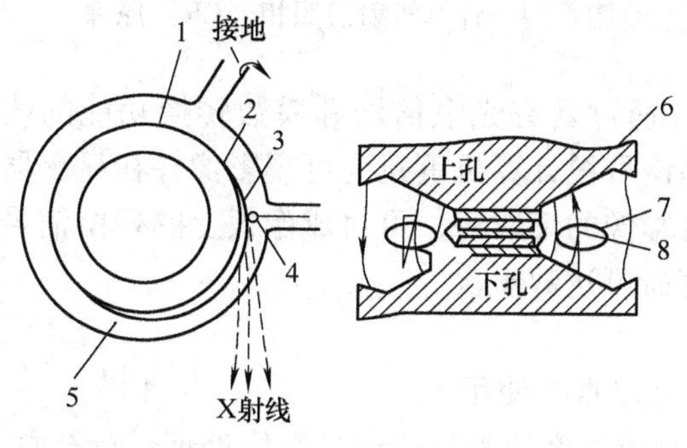

图 6-22　电子回旋加速器示意图
1—平衡轨道　2—盘形轨道　3—靶结构　4—发射器
5—内部深靶　6—钢片　7—环形室　8—电子轨道

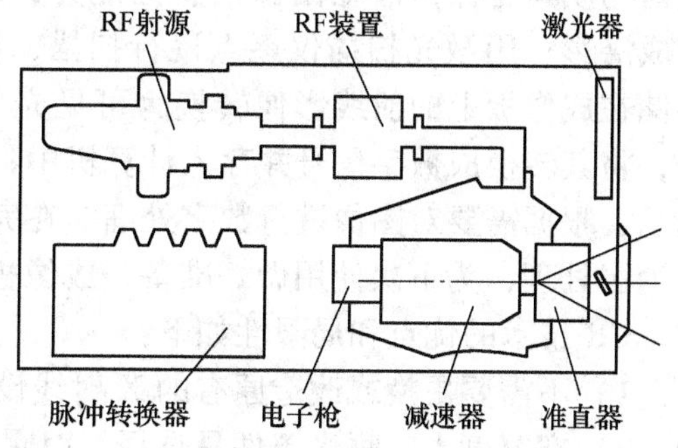

图 6-23　直线加速器的总体布置

电子回旋加速器的焦点很小，照相的几何不清晰度小，可以获得高灵敏度的照片；但其设备复杂、造价高、体积大、射线强度低，从而影响了它的应用。直线加速器的焦点稍大，但其体积小、电子束流大，所产生的X射线强度大，更适合用于工业射线照相。

在应用方面，高能X射线照相有以下特点：

1）射线穿透能力强，透照厚度大。工业用高能X射线的能量范围为1～24MeV，对钢的透照厚度可达400mm以上。因此，对200mm以上大厚度工件进行射线照相时，高能X射线几乎是唯一的选择。

2）焦点小，焦距大，照相清晰度高。

3）散射线少，照相灵敏度高。

4）射线强度大，曝光时间短，可以连续运行，工作效率高。对于大厚度工件照相的工作效率很高，透照100mm的钢制工件时，曝光时间仅为1min左右。

5）照相厚度宽容度大，这是由于在10～100MeV范围内，物质的射线吸收系数随能量增高而缓慢增大。

6.4.3 数字化射线成像技术

一般认为，数字化射线成像技术包括计算机射线照相技术（CR）、线阵列扫描成像技术（LDA）和数字平板直接成像技术（DR）。

（1）计算机射线照相技术　计算机射线照相（CR，Computed Radiography）是将X射线透过工件后的信息记录在成像板（IP，Imaging Plate）上，经扫描装置读取，再由计算机生出数字化图像的技术。整个系统由成像板、激光扫描器、读出器、数字图像处理和储存系统等组成，如图6-24所示。

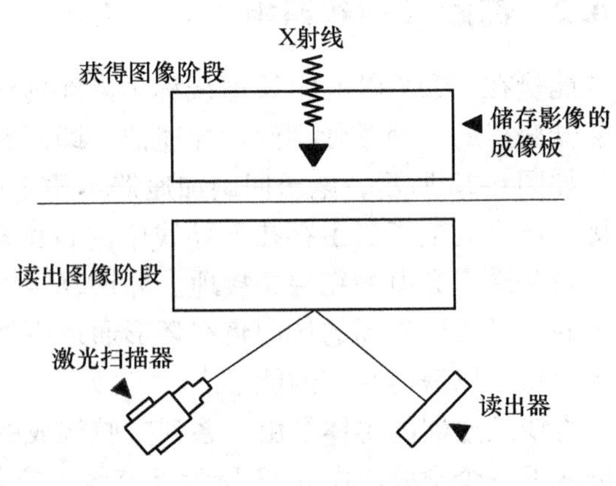

图6-24　计算机射线照相（CR）原理

计算机射线照相的工作过程为：用普通X射线机对装于暗盒内的成像板进行曝光，射线穿过工件到达成像板，成像板上的荧光发射物质具有保留潜在图像信息的能力，即形成潜影；用激光扫描仪逐点逐行扫描，将存储在成像板上的射线影像转换为可见光信号，通过具有光电倍增和模数转换功能的读出器，将其转换成数字信号并存入计算机中；数字信号被计算机重建为可视影像并在显示器上显示，根据需要对图像进行数字处理。在完成对影像的读取后，可对成像板上的残留信号进行消影处理，为下次使用做好准备，成像板的寿命可达数千次。

CR技术的优点和局限性如下：

1）不需要更换或改造原有的X射线设备，可以直接使用。

2）宽容度大，曝光条件易选择，对曝光不足或过度的胶片可通过影像处理进行补救。

3）可减小照相曝光量。CR技术可对成像板获取的信息进行放大增益，从而可大幅度地减少X射线曝光量。

4）数字图像存储、传输、提取、观察方便。

5）成像板与胶片一样有不同的规格，能够分割和弯曲。成像板可重复使用几千次，其寿命取决于机械磨损程度。虽然单板的价格昂贵，但实际比胶片便宜。

6）CR成像的空间分辨率可达到5线对/mm（即100μm），稍低于胶片水平。

7）虽然比胶片照相速度快一些，但是不能直接获得图像，必须将CR屏放入读取器中才能得到图像。

8）CR成像板与胶片一样，对使用条件有一定要求，不能在潮湿环境中和极端的温度条件下使用。

（2）线阵列扫描成像技术（LDA）　线阵列扫描成像系统的工作原理如图6-25所示。由X射线机发出的经准直为扇形的一束X射线穿过被检测工件，被线扫描成像器（LDA探测器）接收，将X射线直接转换成数字信号，然后传送到数据采集控制器和计算机中。每次扫描时，LDA探测器所生成的图像仅仅是很窄的一条线，为了获得完整的图像，必须使被检测工件作匀速运动，同时反复进行扫描。计算机将多次扫描获得的线形图像进行组合，最后在显示器上显示出完整的图像，完成整个成像过程。

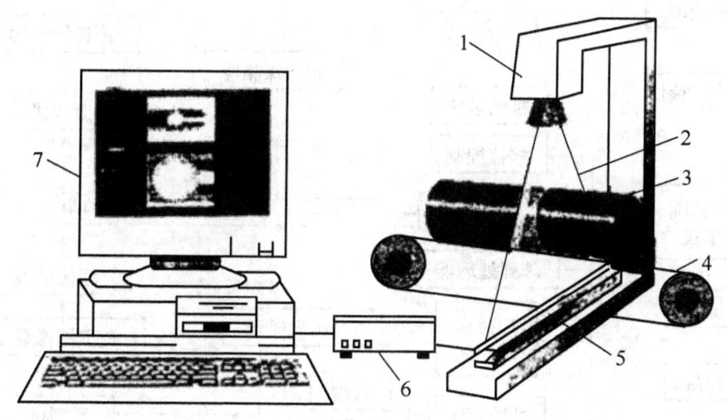

图6-25　线阵列扫描成像系统的工作原理
1—X射线管　2—准直后的X射线束　3—工件　4—传送装置
5—LDA探测器　6—数据采集控制器　7—显示器

典型LDA探测器由以下几个主要部分组成：闪烁体、光敏二极管阵列、探测器前端和数据采集系统、控制单元、机械装置、辅助设备、软件等。

（3）数字平板直接成像技术　数字平板直接成像（DR，Direct Digital Panel Radiography）是近几年发展起来的全新数字化成像技术。数字平板直接成像技术与胶片照相或CR的处理过程不同，在两次照相期间，不必更换胶片和存储荧光板，仅仅需要几秒钟的数据采集，就可以观察到图像，检测速度和效率大大高于胶片照相和CR技术。除了不能进行分割和弯曲外，数字平板与胶片和成像板具有几乎相同的适应性和应用范围。数字平板的成像质量比实时成像系统好很多，不仅成像区均匀，没有边缘几何变形，而且空间分辨率和灵敏度要高得多，其图像质量已接近或达到胶片照相水平。与LDA技术相比，数字平板可做成大面积平板一次曝光形成图像，而不需要移动或旋转工件经过多次线扫描才能获得图像。

数字平板有非晶硅（α-Si）、非晶硒（α-Se）和互补金属氧化物半导体（CMOS）三种。

6.4.4　X 射线计算机层析成像技术

X 射线计算机层析成像（X-CT，X-ray Computed Tomography）技术是近 20 多年来迅速发展起来的将计算机与 X 射线相结合的检测技术。该技术最早应用于医学，工业 CT 检测技术在近年来也逐步进入了实际应用阶段。

工业 CT 中，用经过高度准直的窄束 X 射线对工件分层进行扫描。X 射线管与探测器作为同时转动的整体，分别位于工件两侧的相对位置。检测时，X 射线束从各个方向对被探查断面进行扫描，位于对侧的探测器接收透过断面的 X 射线，然后将这些 X 射线信息转变为电信号，再由 A/D 转换器将电信号转换为数字信号并输入计算机进行处理，最后由图像显示器用不同的灰度等级显示出来，就成为一幅 X-CT 图像。

工业 CT 通常由 X 射线源、机械扫描系统、探测器系统、计算机系统和屏蔽设施等组成。典型工业 CT 系统的组成结构示意图如图 6-26 所示。

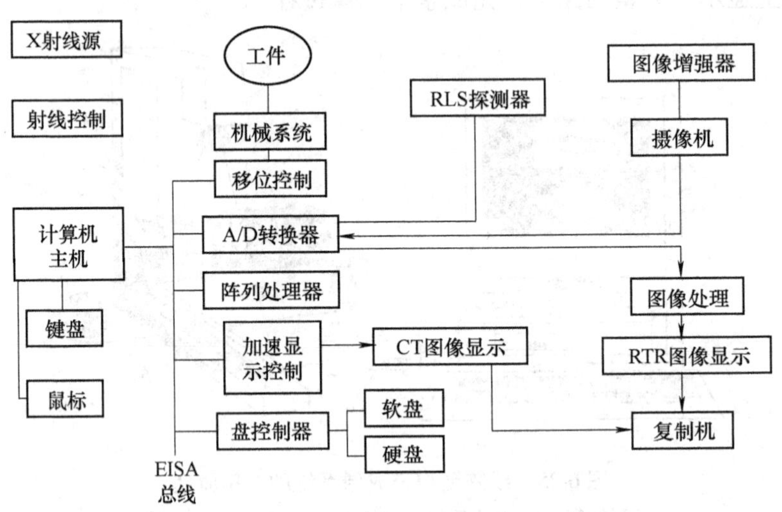

图 6-26　典型工业 CT 系统的组成结构示意图

工业 CT 获得的是工件的分层断面图像，可以给出工件任意平面层的图像，从而发现平面内任何方向的缺陷，它具有不重叠、层次分明、对比度高和分辨率高等特点，容易准确地确定缺陷的位置和性质。另外，工业 CT 产生的数字化图像信号储存、转录均十分方便。工业 CT 技术目前主要应用于下列方面。

（1）缺陷检测　主要用于检测小型、复杂、精密的铸件和锻件，以及大型固体火箭发动机。

（2）尺寸测量　如精密铸造的飞机发动机叶片的尺寸测量，尺寸误差应不大于 0.1mm。

（3）结构和密度分布检查　在航空工业中，CT 技术用于检测与评价复合材料和复合结构，以及某些复合件的制造过程。CT 技术还可用于检查工程陶瓷和粉末冶金产品制造过程中材料或成分的变化。

6.4.5　中子射线照相

1. 中子射线

中子是一种不带电荷的基本粒子。与X射线和γ射线一样，中子具有很强的穿透物质的能力；但其性质与X射线和γ射线又迥然不同，中子主要与物质的原子核发生作用，形成吸收和散射，与核外电子几乎没有什么作用。

中子射线与物质相互作用的强度减弱服从指数衰减规律，即

$$I = I_0 e^{-\mu T}$$

式中　μ——衰减系数；

T——物质的厚度。

描述中子射线的参数为强度和能量，强度是中子源单位时间内发射出来的中子数目，能量与中子的速度有关。常见的中子能量区域是10^{-3} ~ 10^{7}eV，习惯上把能量在0.1MeV以上的中子称为快中子，把能量在1keV以下的中子称为慢中子，介于其间的为中能中子。能量为10^{-2}eV左右的中子，由于其能量相当于分子、原子晶格处于热运动平衡的能量，所以又称热中子。比热中子能量更低的中子称为冷中子。

目前，无损检测广泛应用的是热中子照相检测技术。这是因为对不同元素或不同物质，热中子质量吸收系数的差异最大，因此其检测灵敏度较高。此外，热中子源相对容易得到。

2. 热中子射线照相原理及应用

图6-27所示是中子射线照相透照布置图。快中子源发出的中子束射向被检测物体，由于物体的吸收和散射，中子的能量被衰减，穿过物体的中子束被影像记录仪所接收而形成物体的射线照片。必须说明的是，实际使用的热中子必须由快中子减速得到，因此任何类型的中子源都要使用体积庞大的慢化剂。另外，热中子还需要进行准直，其目的是限制到达物体的中子束发散。

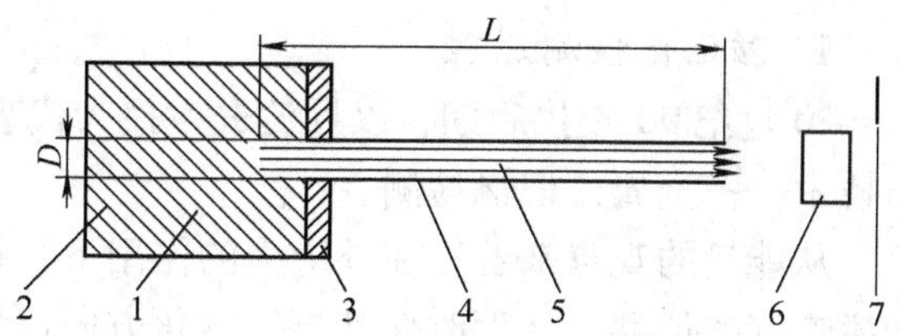

图6-27　中子射线照相透照布置图
1—慢化剂　2—快中子源　3—中子吸收层
4—准直器　5—中子束　6—工件　7—胶片

中子本身不具有直接使胶片感光的能力，但是某些转换屏在中子的照射下可发生核反应，产生α粒子、β粒子和γ光子，进而使胶片感光。

中子射线照相检测技术的主要缺点是中子源价格昂贵，使用时须特别注意中子的安全与防护问题，从而限制了该技术的应用。中子射线照相检测技术可用于核工业装置、爆炸装置、汽轮机叶片、电子器件及航空结构件（包括金属蜂窝结构和组件）等。

3. 热中子射线照相探伤方法

根据转换屏的不同，热中子射线照相法可分为直接曝光法和间接曝光法两种。

（1）直接曝光法　如图6-28a所示，将胶片夹在两层转换屏之间，中子穿过物体落在转换屏上，使转换屏产生辐射而使胶片感光，产生的辐射通常是β射线或γ射线。转换屏的材料多为钆，它的像分辨率和照相速度都比较高。在热中子射线的轰击下，钆能发射能量很低（70keV）的电子。

直接曝光法可以在低通量下进行长时间曝光，完成射线照相。其缺点是胶片将同时受到从工件及周围物体产生的射线的照射，导致图像质量降低。

（2）间接曝光法　如图 6-28b 所示，穿过物体的中子束首先使转换屏曝光而使其具有放射性，然后将转换屏与胶片紧密地放在一起，转换屏发出的射线使胶片曝光而产生影像。

间接曝光法常用的转换屏材料是铟。此方法避免了工件本身具有的放射性或热中子束中所含的 γ 射线对照相质量的不良影响。

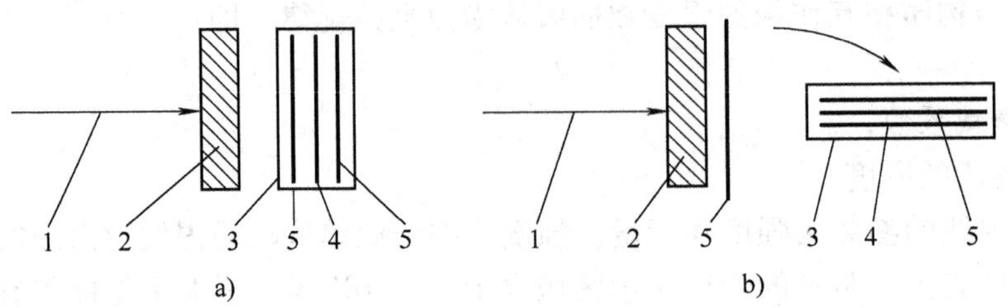

图 6-28　热中子射线照相法

a）直接曝光法　b）间接曝光法

1—中子束　2—工件　3—暗盒　4—胶片　5—转换屏

6.5　磁记忆检测

1. 磁记忆检测原理

20 世纪 90 年代后期，以杜波夫教授为代表的俄罗斯学者率先提出了一种全新的金属诊断技术——金属磁记忆检测。

从能量的观点来看，在外应力的作用下，铁磁体产生磁致伸缩性质的形变时，必然会引起磁畴壁的位移，从而改变其自发磁化方向以增加磁弹性能，来抵消应力能的增加。而在应力和地球磁场的作用下，铁磁体内所产生的晶粒转动和磁致伸缩逆效应，会引起材料宏观磁特性的不连续分布。并且在应力撤除后，由应力集中所造成的材料在该区域宏观磁特性的不连续性将得到保留，这种现象称为磁记忆效应。产生磁记忆效应的原因是，在外应力的作用下，为了抵消铁磁体内部增加的应力能，势必引起磁弹性能的变化。

在工程应用中，在周期性或振动负载的作用下，金属磁化显著增加的效应表现在许多结构上。理论和实践证明，金属设备与构件运行时，受工作载荷的作用，其残余磁性会发生改变和重新分布，并在工件表面形成漏磁场，这是磁弹性和磁机械效应共同作用的结果。因此，可利用磁记忆检测仪器测定铁制工件表面漏磁场量的变化强度，从而准确地推断出工件内部残留应力集中的区域。

2. 磁记忆检测的特点

磁记忆检测与现有漏磁场检测方法相比，其特点是：

1）不需要专门的磁化设备就能对铁制工件进行可靠的检测。

2）不需要对被检测工件的表面进行清理或其他预处理。

3）提离效应的影响很小。

4）设备轻便、操作简单、灵敏度高，重复性与可靠性好。

金属磁记忆检测可准确、可靠地探测出被测对象上以应力集中区为特征的危险部件和部位，是迄今为止对金属部件进行早期诊断的唯一行之有效的无损检测方法。因此，可以首先通过磁记忆检测准确确定在役运行设备上正在形成或发展的金属缺陷区段，然后通过其他无损检测方法进一步确定缺陷的具体种类和位置，并根据对构件应力变形状态的评定，及时对构件的受损部位进行强化处理或更换。也可在设备或构件的疲劳试验中，准确地确定应力集中的部位，对疲劳分析、设备寿命评估及结构与工艺设计发挥有效的先导作用。

利用金属的磁记忆特性，对铁磁构件实施早期诊断，比常规无损检测方法前进了一步。但是在现阶段，金属磁记忆方法还很不完善。例如，在金属材料受到磁污染或是在对近似无限长的构件进行检测等特殊条件下，都给金属磁记忆方法的实施带来困扰。另一方面，作为一种快速的无损检测手段，金属磁记忆检测虽然具备不少优点，但目前还不能实现对缺陷的定量检测。

3. 磁记忆检测仪

磁记忆检测仪是基于磁记忆效应原理开发出来的新型无损检测设备，它与其他电磁检测设备一样，都是由传感器、主机及其他辅助设备组成的。

图6-29所示是典型的磁记忆检测仪结构框图，它包括由磁敏传感器、温度传感器和测速装置组成的探头，由滤波器、放大器及A/D转换器等组成的信号处理电路，显示及键控装置，CPU系统等。其中，传感器是相当重要的部件，传感器性能的好坏对检测结果影响非常大。图6-30所示是磁记忆检测仪的外形图。

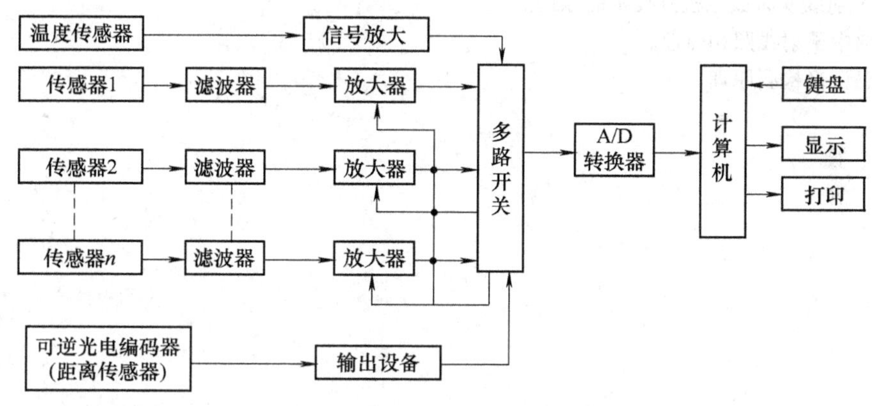

图6-29　磁记忆检测仪结构框图

4. 对接焊缝的磁记忆检测

各种不同用途的管道、容器及重要结构的焊接接头会突然发生脆性疲劳破坏，有时会导致后果严重的重大事故。

采用磁记忆检测方法可以对焊缝状态实施早期诊断。由磁记忆检测原理可知，在焊接接头中其他条件相同的情况下，焊缝中会有残余磁化现象产生，残余磁化的分布方向和性质完全取决于焊接完成后金属冷却时形成的焊接残留应力和变形。因此，在焊缝的应力集中部位或在金属组织最不均匀处和有焊接工艺缺陷的部位，散射磁场的法向分量具有突跃性变化，即散射磁场改变符号并具有零值，散射磁场符合变换线（此处磁场强度为零）的相当于残留应力和变形集中线。这样，通过读出在焊接过程中形成的散射磁场，就可以完成对焊缝实际状态的整体鉴定，同时确定每道焊缝中的残留应力和变形，以及焊接缺陷的分布情况。

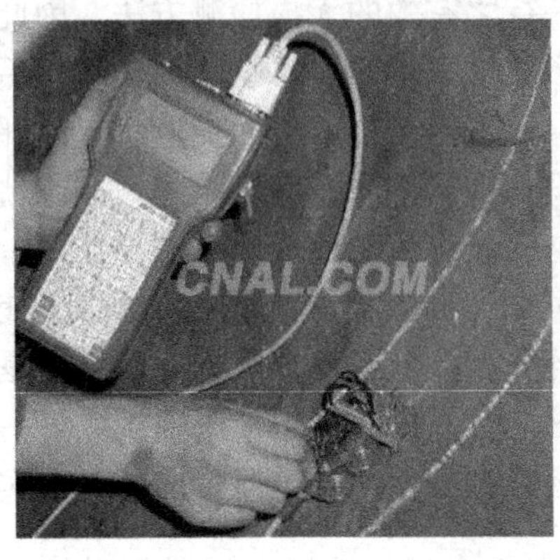

图 6-30　磁记忆检测仪

习　题

简答题

1. 简述声发射检测技术的原理。
2. 简述红外检测技术的原理。
3. 简述激光全息照相原理。
4. 简述 X 射线实时成像检测技术的原理。
5. 简述热中子射线照相原理。
6. 简述磁记忆检测原理。

第 7 章　耐压试验和泄漏试验

【学习目标】

1）掌握耐压试验和泄漏试验的目的。

2）熟悉耐压试验和泄漏试验的程序；了解其注意事项。

目前，承压设备已广泛应用于化工、电力、能源、航天等领域，承压设备的制造质量直接关系到生产设备的安全运行。对承压设备的容器、管道和其他受压部件，应按相应技术监督规程的要求做压力试验，以检验结构和焊接接头的整体强度和密封性。

压力试验包括耐压试验和泄漏试验。耐压试验主要用于强度检验，包括液压试验（主要是水压试验）和气压试验；泄漏试验主要用于结构上可拆连接部位和焊接接头的密封性检验，也称为致密性试验。

7.1　耐压试验

1. 耐压试验简介

液压试验与气压试验的安全性相差极大，主要原因在于气体具有可压缩性。气压试验中一旦发生破坏事故，不仅要释放积聚的能量，而且要以最快的速度恢复在升压过程中被压缩的体积，其破坏力极大，相当于爆炸时产生的冲击波。GB 150. 1—2011（《压力容器　第 1 部分：通用要求》）要求气压试验应采取安全措施，该安全措施须经试验单位技术总负责人批准，并经本单位安全部门检查监督。为了保证气压试验的安全性，GB 150. 4—2011（《压力容器　第 4 部分：制造、检验和验收》）规定，对进行气压试验容器的 A、B 类焊接接头，应进行 100% 射线或超声检测。

综上所述，耐压试验应优先选择液压试验，一般只有在下列情况下允许采用气压试验：

1）容器充满液体介质后，会因自重和液体的重量导致容器本身或基础破坏，这主要是指直径大、压力低且充满气态介质的容器。

2）因结构原因，液压试验后难以将残存液体吹干排净，而使用时容器内又不允许残存任何液体。

（1）耐压试验前的准备

1）压力容器各连接部位的紧固螺栓必须装配齐全，紧固妥当。

2）耐压试验时应至少采用两个量程相同且经过检定合格的压力表，压力表安装在容器顶部便于观察的部位。

3）对压力容器上焊接的临时受压元件应采取适当的措施，保证其强度和安全性。

4）耐压试验场地应当有可靠的安全防护设施，并且经过使用单位技术负责人和安全部门检查认可。

（2）耐压试验通用要求

1）耐压试验过程中，检验人员与使用单位压力容器管理人员到试验现场进行检验。检验时不得进行与试验无关的工作，无关人员不得在试验现场停留。

2）保压期间不得采用连续加压的方法维持试验压力不变，耐压试验过程中不得带压拧紧紧固件或对受压元件施加外力。

3）耐压试验后，由于焊接接头或接管泄漏而进行返修的，或者返修深度大于其厚度的1/2 的压力容器，应当重新进行耐压试验。

2. 耐压试验程序

（1）液压试验

1）试验时，容器顶部应设排气口，充液时应将容器内的空气排尽。试验过程中，应保持容器观察表面的干燥。

2）当压力容器的壁温与液体温度接近时，试验时压力应缓慢上升，达到规定试验压力后，保压时间一般不少于 30min。然后将压力降至规定试验压力的 80% 并保持足够长的时间，以对所有焊缝和连接部位进行检查。如有渗漏，应在修补后重新进行试验。不得采用连续加压的方法维持试验压力不变。

3）对于夹套容器，先进行内筒液压试验，合格后再焊夹套，然后进行夹套内的液压试验。

4）液压试验完毕后，应将液体排尽，并用压缩空气将内部吹干。

对于内筒外表面仅部分被夹套覆盖的压力容器，应分别进行内筒与夹套的液压试验；对于内筒外表面大部分被夹套覆盖的压力容器，只进行夹套的液压试验。

（2）气压试验　试验时，压力应缓慢上升至规定试验压力的 10%，保压 5min，然后对所有焊缝和连接部位进行初次泄漏检查，如果有泄漏，应在修补后重新进行试验。初次泄漏检查合格后，再继续缓慢升压至规定试验压力的 50%，若无异常，则按规定试验压力的 10% 的极差逐级增至规定试验压力，保压 10min。然后降至设计压力，保压足够长的时间进行检查，检查其间压力应当保持不变。如果有泄漏，修补后再按上述规定重新试验。

3. 试验介质、温度和压力

（1）试验介质

1）凡在试验时不会导致发生危险的液体，在低于其沸点的温度下，都可以用作液压试验介质，一般采用水。当采用可燃性液体进行液压试验时，试验温度必须低于可燃性液体的闪点，试验场地附近不得有火源，并且须配备合适的消防器材。

2）以水为介质进行液压试验时，所用的水必须是洁净的。奥氏体不锈钢制压力容器用水进行液压试验时，水中的氯离子含量不得超过 25mg/L。

3）气压试验一般选用干燥、洁净的空气、氮气或其他惰性气体作为试验介质。

（2）试验温度　进行液压和气压试验时，试验温度（容器壁金属温度）应比容器壁金属无塑性转变温度至少高 30℃或按有关标准规定执行。如果由于板厚等因素造成材料无塑性转变温度升高，则应相应提高试验温度。

（3）试验压力

1）液压试验。内压容器的液压试验压力为

$$p_T = 1.25p\frac{[\sigma]}{[\sigma]^t}$$

式中　p_T——试验压力最低值（MPa）；

p——设计压力（MPa）；

$[\sigma]$——试验温度下材料的许用应力（MPa）；

$[\sigma]^t$——设计温度下材料的许用应力（MPa），当 $[\sigma]/[\sigma]^t$ 的值大于1.8时，取1.8。

外压容器与真空容器按内压容器进行液压试验，试验压力为设计压力的1.25倍，即 $p_T = 1.25p$。

夹套容器应在图样上分别注明内筒和外筒的试验压力。对于内筒，当其设计压力为正值时，按内压容器确定试验压力；当其设计压力为负值时，按外压容器确定试验压力。夹套按内压容器确定试验压力。在确定了试验压力后，必须校核内筒在试验压力下的稳定性，如不能满足要求，则在进行夹套液压试验时，须使内筒保持一定压力，以便在整个试验过程中，内筒和夹套的压力差不超过规定值。

2）气压试验。内压容器的气压试验压力为

$$p_T = 1.1p\frac{[\sigma]}{[\sigma]^t}$$

各符号的含义同前。

对于外压容器，试验压力为设计压力的1.1倍，即 $p_T = 1.1p$。

4. 合格条件

（1）液压试验　容器无渗漏，无可见的变形，试验过程中无异常的响声。

（2）气压试验　压力容器无异常响声，经肥皂液或其他检漏液检查无漏气，无可见的变形。

5. 气液组合压力试验

对于因承重等原因无法注满液体的压力容器，可根据承重能力先注入部分液体，然后注入气体，进行气液组合压力试验。气液组合压力试验的危险性与气压试验相当，因此，其升降压要求、安全防护要求及合格标准和气压试验完全一致。

7.2　泄漏试验

1. 泄漏试验简介

泄漏试验是专门检验液体或气体从承压容器中漏出或从外面渗入真空容器中的无损检测技术。随着现代工业和科学技术的发展，核工业设备和容器、化工容器和管道、冶金、航天等领域对产品、设备密封性的要求越来越高。为了保证产品的安全可靠，防止易燃、易爆、有毒、腐蚀介质的漏出，或为了获得真空，泄漏检测技术变得越来越重要。

压力容器在制造完成后进行泄漏检测是十分必要的，因为压力容器在焊接过程中会不可避免地产生各种各样的缺陷。对于一些小缺陷，如果在无损检测或耐压试验中没有发现，一旦发生泄漏，会对整个系统生产造成影响，有时会引起有毒、有害物质泄漏到空气中，造成人畜伤亡，对于易燃易爆物质还会引起燃烧和爆炸。

泄漏检测是根据密闭容器内外存在压差时，流体能够从漏道（指气体或液体从壁的一侧渗漏到另一侧的孔洞、缝隙）渗入或渗出的原理来检测容器或系统的密封性，因此也称为致密性试验。

2. 泄漏检测方法

泄漏检测方法分类见表 7-1。

表 7-1　泄漏检测方法分类

名称	试验方法	应用范围
气密性试验	将焊接容器组装密封后，按设计图样规定的气密试验要求通入压缩空气，在焊缝外涂以肥皂水进行检查，不产生肥皂泡为合格	密封容器
吹气试验	用压缩空气对着焊缝的一面猛吹，焊缝的另一面涂以肥皂水，不产生气泡为合格 试验时，要求压缩空气的压力大于 405kPa，喷嘴与焊缝表面的距离不得超过 30mm	敞口容器
载水试验	将容器充满水，观察焊缝外表面，无渗水为合格	敞口容器
水冲试验	对着焊缝的一面用高压水流喷射，在焊缝的另一面观察，无渗水为合格 水流的喷射方向与试验焊缝表面的夹角不小于 70°，水管喷嘴直径在 15mm 以上，水压应使垂直面上的反射水环直径大于 400mm；检查竖直焊缝时，应从下往上移动喷嘴	大型敞口容器，如船甲板等密封焊缝的检查
沉水试验	先将容器浸到水中，再向容器内充入压缩空气，使检验焊缝处于水面下 50mm 左右的深处，无气泡浮出为合格	小型容器
煤油试验	煤油的粘度小、表面张力小、渗透性强，具有可透过极小的贯穿性缺陷的能力。试验时，将焊缝表面清理干净，涂以白粉水溶液，待干燥后，在焊缝的另一面涂上煤油浸润，经 30min 后白粉无油浸为合格	敞口容器，如储存石油、汽油的固定式储器和同类型的其他产品
氨检漏试验	在检验焊缝上贴上比焊缝宽的石蕊试纸或涂料显色剂，然后向容器内通以规定压力的含氨的压缩空气，保压 5～30min，检查试纸或涂料，未发现变色为合格	致密性要求较高的密封容器，如尿素设备的焊缝检验
氦检漏试验	氦气是惰性气体，不会与其他物质发生反应；氦气的密度小，能穿过微小的空隙。氦检漏试验是向被检容器充氦气或用氦气包围容器后，检查容器是否漏氦和漏氦的程度	对致密性要求很高的压力容器

按照 TSG R0004—2009（《固定式压力容器安全技术监察规程》）的规定，对固定式压力容器应用的泄漏检测方法介绍如下，其中最为常用的是气密性试验。

（1）气密性试验

1）气密性试验简述。如图 7-1 所示，气密性试验是将容器密封，按图样规定的压力通入压缩空气，保压足够长的时间后，经检查无泄漏为合格。

气密性试验的目的是检查压力容器的致密性，包括对焊缝的检查（对接焊缝的针孔缺陷、角焊缝的焊接质量等），对设备法兰密封性能的检查及对接管法兰密封性能的检查（管道、安全附件的连接法兰等）。

图 7-1　气密性试验

气密性试验的常见要求包括：

① 气密性试验应在液压试验合格后进行，而设计图样上要求做气压试验的压力容器是否需要再做泄漏试验，应当在设计图样上规定。

② 气密性试验所用气体应为干燥、清洁的空气、氮气或其他惰性气体。

③ 进行气密性试验时，一般应将安全附件（安全阀、减压阀等）装配齐全。

④ 进行气密性试验时，压力应缓慢上升，达到规定气压试验压力后，保压时间不少于 30min，然后降至设计压力后保压进行泄漏试验。若有泄漏，应在修补后重新进行液压试验和气密性试验；经检查无泄漏，则设备泄漏检测合格。

⑤ 碳素钢和低合金钢制压力容器，其试验用气体的温度根据标准规定应不低于 5℃，其他材料制成的压力容器按设计图样规定的温度进行试验。

2）气密性试验程序。

① 进行气密性试验前，应清理干净容器的被检部位，不得有油污或其他杂质。用于气密性试验的气源（压缩空气或氮气）、压力表、瓶装肥皂水及其他器具，如抹布（检测前后清理设备表面）、手电筒（增强光照度，便于检测）、软棉布或毛笔（涂抹肥皂水）等均应准备妥当。

② 容器耐压试验后，不拆去联接螺栓，直接将氮气瓶通过压力表、气管连接到容器上。

③ 缓慢松开氮气瓶阀门，同时观察压力表，当压力达到 0.6MPa 时，用肥皂水检查容器所有连接部位、密封面、焊缝，在没有泄漏的情况下继续升压到试验压力，保压时间不少于 30min；同时用干净的毛笔或软棉布蘸上肥皂水，均匀地涂抹在被检处（四周都涂），全面检查容器上的所有连接部位、密封面、焊缝。过几分钟后，借助手电筒仔细观察所有连接部位、密封面、焊缝上是否有气泡产生。

④ 气密性试验结束后，稍开启瓶阀放气，缓慢放气完成后，将容器表面擦干。

若容器上所有连接部位、密封面、焊缝无肥皂泡产生，即表明无泄漏，则说明该容器气密性试验检测合格；若有肥皂泡出现，即表明该处有泄漏，则该容器气密性试验检测不合格，须在容器泄漏处做好明显标记，以待处理。

（2）氨检漏试验

1）氨检漏试验简述。氨检漏试验属于比色检漏，以氨为示踪剂、试纸或涂料为显色剂进行渗漏检查和贯穿性缺陷的定位。试验时，在焊缝上贴上比焊缝宽的石蕊试纸或涂料显示剂，然后向容器内通入规定压力的含氨气的压缩空气并保压，其检查速率为可发现 3.1cm^3/

年的渗漏量。

当对压力容器焊缝有高致密要求，不允许存在微小渗漏通道，而气密性试验或煤油试验又无法进行时，可采用氨检漏试验。例如，对于有防腐蚀层作衬里的容器，要检查其衬里的焊缝是否有微小泄漏通道时，常采用此法。

按照设计图样的要求，可采用氨-空气法、氨-氮气法、100%氨气法等氨检漏法，所用压力可分别为0.05MPa、0.15MPa和0.185MPa，保压时间为5～30min。

若有泄漏通道，具有高渗透性的氨便会渗透出来，再通过容器外层预先设置好的检漏孔排出。这时，用5%的硝酸汞或酚酞水溶液浸渍过的纸条（或其他试剂）在检漏孔处进行检查即可。

2）氨检漏试验操作程序。氨检漏试验分为抽真空法和置换法。置换法是指采用其他气体（一般为氮气）与氨气互换，以达到检测的目的。图7-2所示为压力容器氨检漏试验（置换法）示意图，其操作程序如下：

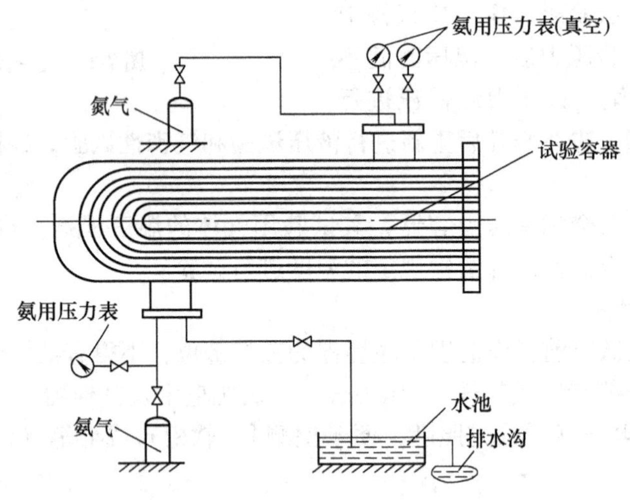

图7-2　压力容器氨检漏试验（置换法）示意图

① 按工艺及规范完成该试压产品的水压试验，水压试验合格后，使产品保持充满试压水的状态，事先应在水池中放入自来水。

② 打开放气排水阀门排水，同时打开氮气（惰性气体）压力钢瓶的阀门，充入氮气。当放气排水管在水池中的管口有氮气溢出（即有大量气泡）时，关闭放气排水阀门和氮气压力钢瓶的阀门。

③ 打开氨气压力钢瓶阀门，充入氨气，使压力达到0.09MPa（表压）。

④ 关闭氨气压力钢瓶阀门，停止充氨气。

⑤ 打开氮气（惰性气体）压力钢瓶阀门，充入氮气，使压力达到0.60MPa（表压）。

⑥ 将检漏显示剂（或试纸）紧密涂覆在管板上，并始终让其保持润湿状态。

⑦ 关闭氮气（惰性气体）压力钢瓶阀门，停止充氮气。

⑧ 进行保压检漏，在检漏压力下，保压时间为6h。检查泄漏情况的时间和次数为：保压开始后0.5h、1h各检查一次，以后每2h检查一次，观察试纸上有无红色斑点出现。

⑨ 检漏试验完毕后，应小心缓慢地开启放气排水阀门进行排气，避免因压力过大吹跑

水池中的水。

⑩ 当压力降为 0MPa 时，打开氮气（惰性气体）压力钢瓶阀门和三通管路进气阀门，充入氮气，用容积为 3 ~ 5 倍充气空间的氮气（惰性气体）进行置换，清除氨气后，关闭阀门。

⑪ 拆除检漏用的设备和仪表并进行清理。

（3）氦检漏试验 氦气的质量小，能穿过微小的空隙。利用氦气检漏仪可以发现千万分之一的氦气存在，是灵敏度很高的致密性试验方法。对压力容器来说，氦检漏试验的目的是检测容器是否有微量泄漏，因此主要用于致密性要求很高的压力容器。

氦检漏试验装置由氦质谱检漏仪、抽真空机组、真空表、压力表、阀门等设备和仪器仪表组成。氦检漏试验可以参考 GB/T 15823—2009（《无损检测 氦泄漏检测方法》）进行。

（4）卤素检漏试验 卤素，即卤族元素（包括氟 F 、氯 Cl 、溴 Br 、碘 I），检漏试验的原理是：金属铂在 800 ~ 900℃ 的温度下会发生正离子发射，当遇到卤素气体时，这种发射会急剧增加，这就是所谓的“卤素效应”，利用该效应，可以含卤素的气体为示漏气体进行检漏试验。

以含卤素的气体为示漏气体制成的检漏仪器称为卤素检漏仪。该类仪器分两类：一种为传感器（即探头）与被检件相连接的固定式（也称探头式）卤素检漏仪；另一种是传感器（即吸枪）在被检件外部搜索的便携式（也称内探头式）卤素检漏仪。示漏气体有氟利昂、氯仿、碘仿、四氯化碳等，其中氟利昂-12 最常用。卤素检漏仪的灵敏度可达 3.2×10^{-9} Pa · m^3/s。

卤素检漏试验一般用于不锈钢及钛制设备的泄漏试验。

习 题

一、填空题

1. 耐压试验主要用于____________检验，包括液压试验（主要是水压试验）和气压试验。
2. ____________试验主要用于结构上可拆连接部位和焊接接头的密封性检验，也称为致密性试验。
3. 进行耐压试验前，压力容器各连接部位的紧固螺栓必须____________。
4. 气压试验一般选用干燥、洁净的空气、____________或其他惰性气体。
5. 奥氏体不锈钢制压力容器用水进行液压试验时，水中的____________含量不得超过 25mg/L。
6. 液压试验的合格条件是____________，____________，____________。
7. 对于有防腐蚀层作衬里的容器，要检查其衬里的焊缝是否有微小泄漏通道时，常采用____________试验。
8. 卤素检漏试验一般用于________________________的泄漏试验。

二、简答题

1. 简述液压试验的程序。
2. 简述气密性试验的程序。

参 考 文 献

[1] 赵熹华．焊接检验［M］．北京：机械工业出版社，2005.

[2] 李家伟，陈积懋．无损检测手册［M］．北京：机械工业出版社，2002.

[3] 强天鹏．射线检测［M］．2 版．北京：中国劳动社会保障出版社，2007.

[4] 王跃辉．目视检测［M］．北京：机械工业出版社，2006.

[5] 宋天民．无损检测新技术［M］．北京：中国石化出版社，2012.

[6] 宋志哲．磁粉检测［M］．2 版．北京：中国劳动社会保障出版社，2007.

[7] 胡学知．渗透检测［M］．2 版．北京：中国劳动社会保障出版社，2007.

[8] 许利民．焊接检测及技能训练［M］．长沙：中南大学出版社，2010.

[9] 强天鹏．无损检测员［M］．北京：中国劳动社会保障出版社，2010.

[10] 罗茗华．焊接检测技术［M］．北京：中国劳动社会保障出版社，2011.

[11] 李国华，吴淼．现代无损检测与评价［M］．北京：化学工业出版社，2009.

[12] 中国机械工程学会焊接学会．焊接手册［M］．3 版．北京：机械工业出版社，2007.

[13] 屠海令，干勇．金属材料理化测试全书［M］．北京：化学工业出版社，2008.